EUROPA LEHRMITTEL

EUROPA-FACHBUCHREIHE
für Kraftfahrzeugtechnik

# Rechenbuch Kraftfahrzeugtechnik

**Lehr- und Übungsbuch**

**8. Auflage**

Bearbeitet von Gewerbelehrern und Ingenieuren (siehe Rückseite)

Lektorat: Rolf Gscheidle, Studiendirektor, Winnenden-Stuttgart



VERLAG EUROPA-LEHRMITTEL · Nourney, Vollmer GmbH & Co.
Düsselberger Straße 23 · 42781 Haan-Gruiten

**Europa-Nr.: 20329**

Autoren des Rechenbuches Kraftfahrzeugtechnik:

| | | |
|---|---|---|
| Bohner, Max | Dipl.-Ing., Studienprofessor | Heilbronn |
| Keil, Wolfgang | Studiendirektor | München |
| Leyer, Siegfried | Dipl.-Ing., Studienprofessor | Weinsberg-Heilbronn |
| Pichler, Wolfram | Ing. (grad.), Studiendirektor | München |
| Saier, Wolfgang | Oberstudienrat | Stuttgart |
| Schmidt, Harro | Dipl.-Ing., Studienprofessor | Karlsruhe |
| Siegmayer, Paul | Dipl.-Ing., Studiendirektor | Langenalb-Pforzheim |
| Zwickel, Heinz | Dipl.-Ing., Studiendirektor | Karlsruhe |

Leitung des Arbeitskreises und Lektorat:
Rolf Gscheidle, Studiendirektor, Winnenden-Stuttgart

Bildbearbeitung:
Zeichenbüro des Verlags Europa-Lehrmittel GmbH & Co., 70771 Leinfelden-Echterdingen

Das vorliegende Buch wurde auf der **Grundlage der neuen amtlichen Rechtschreibregeln** erstellt.

## Vorwort

Das Rechenbuch Kraftfahrzeugtechnik wird als Lehr- und Übungsbuch modernen pädagogischen Anforderungen gerecht. Es baut auf den Grundkenntnissen des allgemeinen Rechnens, die im 1. Abschnitt behandelt werden, auf. In weiteren drei Hauptabschnitten wird das technische, das kraftfahrzeugtechnische Rechnen und das Kostenrechnen behandelt. Im 5. Abschnitt trägt ein neu geschaffenes Kapitel mit projektorientierten Prüfungsaufgaben dem fächerverbindenden Ansatz der Neuordnung der Ausbildungsberufe besonders Rechnung. In jedem Kapitel wird der Stoff in Lehrbuchform methodisch entwickelt und mit Beispielen, Bildern und mehrfarbigen grafischen Darstellungen veranschaulicht. Darauf folgen dann zahlreiche Übungsaufgaben, die dem Schüler Gelegenheit geben, das Erlernte am praktischen Fall anzuwenden und sich dadurch den Stoff einzuprägen und sein Wissen zu vertiefen.

Bei den Rechnungen werden Größengleichungen nach DIN 1313 verwendet. Diese sind durch Rotrasterunterlegung besonders hervorgehoben. Dort, wo eine gewisse Vereinfachung zum besseren Verständnis notwendig erschien, sind auf bestimmte Einheiten zugeschnittene Formeln (Zahlenwertgleichungen nach DIN 1313) angegeben und diese durch ein Blauraster besonders gekennzeichnet. Einheitengleichungen sind mit Grauraster unterlegt. Merksätze oder Rechenregeln, die für den Schüler besonders wichtig sind, werden durch eine rote Umrandung besonders kenntlich gemacht.

In der 8. Auflage wurden in allen Formeln, Aufgaben und Lösungen die DM-Beträge in Euro-Beträge umgestellt.

Das Buch wurde für den Auszubildenden wie auch für den Meisterschüler geschaffen und bildet eine Einheit mit den weiteren Büchern der Fachbuchreihe Kraftfahrzeugtechnik.

Stuttgart, im Sommer 2000 — Rolf Gscheidle

8. Auflage 2000
Druck 5 4 3
Alle Drucke derselben Auflage sind parallel einsetzbar, da sie bis auf die Behebung von Druckfehlern untereinander unverändert sind.

ISBN 3-8085-2038-8

Umschlaggestaltung unter Verwendung eines Fotos der Volkswagen AG, Wolfsburg.


http://www.europa-lehrmittel.de

Satz: B. Krüger, Formel- und Tabellensatz · DTP, 42799 Leichlingen, bk-dtp@gmx.de
Druck: Tutte Druckerei GmbH, 94121 Salzweg/Passau

# Inhaltsverzeichnis

# 1 Allgemeines Rechnen

## 1.1 Zahlensystem

**Natürliche Zahlen** Alle geraden und ungeraden Zahlen.

Gerade Zahlen, z.B. 2, 4, 6, 8, 10, ...
Ungerade Zahlen, z.B. 1, 3, 5, 7, 9, ...

**Primzahlen** Sie sind nur durch 1 oder sich selbst ohne Rest teilbare natürliche Zahlen.

2, 3, 5, 7, 11, 13, 17, 19, 23, 29, ...

**Ganze Zahlen** Alle positiven und negativen ganze Zahlen einschließlich der Null.

Positive ganze Zahlen, z.B. +1, +2, ...
Negative ganze Zahlen, z.B. –1, –2, ...

**Dezimalzahlen** Dezimalzahlen sind Zahlen mit Komma, die auch als Dezimalbrüche geschrieben werden können.

$0{,}1 = \frac{1}{10}$; $7{,}05 = \frac{705}{100}$; $18{,}003 = \frac{18\,003}{1\,000}$

**Irrationale Zahlen** Alle nichtperiodischen Dezimalzahlen mit unendlich vielen Stellen.

$\sqrt{2} = 1{,}4142...$, $\sqrt[3]{4} = 1{,}5874...$
$\pi = 3{,}1415927...$

**Runden von Zahlen** Ergibt eine Rechnung nach dem Komma mehr Stellen, als es die Genauigkeit verlangt, so wird auf eine bestimmte Stellenzahl auf- oder abgerundet.

**Abrunden** Ist die Ziffer nach der letzten Stelle, die noch angegeben werden soll eine 0, 1, 2, 3 oder 4, so bleibt die noch anzugebende Stelle unverändert.

Die Zahlen 9,652 und 8,7849 sollen auf die zweite Stelle nach dem Komma gerundet werden.
Lösung: 9,652 = 9,65; 8,7849 = 8,78

**Aufrunden** Ist die Ziffer nach der letzten Stelle, die noch angegeben werden soll 5, 6, 7, 8 oder 9, so wird die letzte noch anzugebende Ziffer um 1 erhöht.

Die Zahlen 6,28; 13,4732 sollen auf eine Stelle nach dem Komma gerundet werden.
Lösung: 6,28 = 6,3; 13,4732 = 13,5

**Größen** Sie setzen sich aus einem Zahlenwert und einer Einheit zusammen. Das Malzeichen zwischen Zahlenwert und Einheit wird nicht geschrieben.

5 m; 100 kW; 60 $cm^3$; 50 km/h
└ Einheit
└ Zahlenwert

**Aufgaben**

1. Runden Sie folgende Zahlen auf zwei Stellen nach dem Komma.
   a) 79,25632 b) 21,013 c) 3,14159 d) 0,26666... e) 3,0055 f) 449,00459
2. Wandeln Sie nachfolgende Dezimalzahlen in Dezimalbrüche um.
   a) 0,4 b) 0,07 c) 0,25 d) 0,003 e) 4,27 f) 3,0204 g) 113,4
   h) 0,876 i) 0,125 k) 0,0000115
3. Ordnen Sie den physikalischen Einheiten mit Hilfe des Tabellenbuches die Namen der jeweiligen physikalischen Größe zu.
   a) kW b) m c) $cm^3$ d) A e) J f) N g) kg h) Pa
   i) $mm^2$ k) V l) kWh m) K n) s o) km/h p) $m/s^2$
4. Suchen Sie aus Aufgabe 3 die SI-Basiseinheiten heraus und ordnen Sie ihnen die Formelzeichen ***I***, ***t***, ***m***, ***T***, ***l*** richtig zu.

**Vorsätze für Zehnerpotenzen (Auswahl)**

| Vorsatz | Vorsatzzeichen | Faktor | Ausgeschriebene Zahl | Beispiel |
|---|---|---|---|---|
| Nano | n | $10^{-9}$ | 0,000 000 001 | $2{,}82 \cdot 10^{-9}$ m = 2,82 nm |
| Mikro | µ | $10^{-6}$ | 0,000 001 | $4{,}7 \cdot 10^{-6}$ F = 4,7 µF |
| Milli | m | $10^{-3}$ | 0,001 | $2{,}8 \cdot 10^{-3}$ bar = 2,8 mbar |
| Zenti | c | $10^{-2}$ | 0,01 | $4{,}8 \cdot 10^{-2}$ m = 4,8 cm |
| Dezi | d | $10^{-1}$ | 0,1 | $1{,}45 \cdot 10^{-1}$ m = 1,45 dm |
| Deka | da | $10^{1}$ | 10 | $2{,}4 \cdot 10^{1}$ N = 2,4 daN |
| Hekto | h | $10^{2}$ | 100 | $0{,}8 \cdot 10^{2}$ l = 0,8 hl |
| Kilo | k | $10^{3}$ | 1000 | $4{,}4 \cdot 10^{3}$ g = 4,4 kg |
| Mega | M | $10^{6}$ | 1 000 000 | $3{,}3 \cdot 10^{6}$ W = 3,3 MW |
| Giga | G | $10^{9}$ | 1 000 000 000 | $4{,}5 \cdot 10^{9}$ J = 4,5 GJ |

## 1.2 Rechnen mit Zahlengrößen

**Addieren** (Zusammenzählen)

Die Reihenfolge der Summanden ist beliebig. Es können nur Größen mit gleicher Einheit addiert werden.

$5 + 7 = 7 + 5 = 12$

6,83 m + 6,5 m + 1,22 m = 14,55 m

**Subtrahieren** (Abziehen)

Die Subtrahenden werden in beliebiger Reihenfolge vom Minuend abgezogen. Es können nur Größen mit gleicher Einheit subtrahiert werden.

$20 - 3 - 7 - 5 = 20 - 7 - 5 - 3 = 5$

(3: Subtrahend; 20: Minuend)

13 m − 0,2 m = 12,8 m

**Multiplizieren** (Malnehmen)

Die Reihenfolge der Faktoren ist beliebig. Hat in einer Multiplikation ein Faktor den Wert 0, so ist das Produkt auch 0.

$5 \cdot 6 \cdot 4 = 6 \cdot 4 \cdot 5 = 120$

$13 \cdot 0 = 0$

$28 \cdot 0 \cdot 4 = 0$

**Dividieren** (Teilen)

Durch 0 darf nicht dividiert werden; 0 ist in jedem Dividenden unendlich oft enthalten.

$\frac{83}{0} \rightarrow \infty$

**Gemischte Punkt- und Strichrechnung**

Punktrechnungen (·/:) sind vor Strichrechnungen (+/–) durchzuführen.

1. Punktrechnung
2. Strichrechnung.

$9 \cdot 3 + 6 \cdot 5 - 4 \cdot 2 = ?$

$9 \cdot 3 = 27 \quad 6 \cdot 5 = 30 \quad 4 \cdot 2 = 8$

$27 + 30 - 8 = 49$

**Klammerrechnung**

Die in einer Klammer stehenden Werte werden zuerst ausgerechnet.

$12\,(8 + 22) - 4\,(6 + 3) = ?$

$12 \cdot 30 - 4 \cdot 9 = 324$

**Aufgaben**

1. a) $15 \cdot 2 + 7 \cdot 3 - 12 = ?$ b) $0{,}785 \cdot 36 + 0{,}785 \cdot 16 = ?$ c) $127 : 25{,}4 + 157 : 3{,}14 = ?$
2. a) $(7 + 6) \cdot (5 - 3) = ?$ b) $(12 - 3) \cdot (8 + 12) = ?$ c) $81 \cdot 0{,}85 - 25 \cdot 0{,}785 = ?$
3. a) $(6{,}3 + 3{,}7) \cdot 3 : 5 = ?$ b) $(26{,}4 - 4{,}6) : 0{,}5 - 2 \cdot 4{,}4 = ?$ c) $169 : 13 - 8 \cdot 0{,}5 = ?$
4. a) $(27 + 3) - 3 \cdot (2{,}4 + 1{,}6) = ?$ b) $(6 + 2) \cdot (6 - 2) = ?$ c) $(6 + 2) - (6 + 2) = ?$
5. Wandeln Sie in Zehner-Potenzschreibweise um.
   a) 532 = ? b) 0,4 = ? c) 95 = ? d) 9 930 000 = ? e) 0,006 = ?
6. Wandeln Sie in Dezimalschreibweise um.
   a) $3{,}2 \cdot 10^{7} = ?$ b) $6 \cdot 10^{-3} = ?$ c) $2{,}93 \cdot 10^{4} = ?$ d) $4{,}2 \cdot 10^{-6} = ?$ e) $5{,}62 \cdot 10^{3} = ?$
   f) $7{,}5 \cdot 10^{-1} = ?$ g) $3{,}14 \cdot 10^{6} = ?$ h) $4{,}43 \cdot 10^{-9} = ?$ i) $9{,}564 \cdot 10^{2} = ?$ k) $0{,}5454 \cdot 10^{-3} = ?$

## 1.2.1 Bruchrechnen

### Gemeine oder gewöhnliche Brüche

Teilt man ein Ganzes – dargestellt durch eine Kreisfläche – in 8 gleiche Teile, so ist jedes dieser Teile ein Achtel. Dafür schreibt man $\frac{1}{8}$.

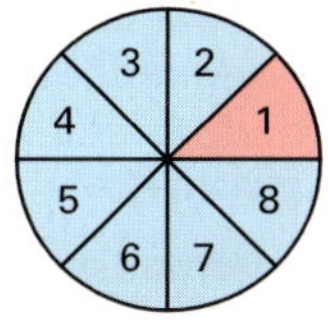


Der Zähler zählt die Teilstücke. Er gibt also an, wie viel Teilstücke vorhanden sind.

Der Nenner benennt die Teilung des Ganzen. Er gibt also an, in wie viel Teile das Ganze zu teilen ist.

Der waagrechte (–) oder der schräge (/) Bruchstrich trennt Zähler und Nenner. Bruchstriche können auch durch das Teilungszeichen (:) ersetzt werden.

Jeder Bruch ist eine Umschreibung einer Teilung (Division) und kann deshalb als Quotient bezeichnet werden.

$$\text{Bruch} = \frac{\text{Zähler}}{\text{Nenner}} = \frac{1}{8}$$

$$\frac{1}{8} = 1/8 = 1:8$$

### Arten von gemeinen Brüchen

**Echter Bruch.** Der Nenner ist größer als der Zähler.

**Unechter Bruch.** Der Zähler ist größer als der Nenner.

**Gemischte Zahl.** Sie besteht aus einer ganzen Zahl und einem Bruch.

**Gleichnamige Brüche.** Sie haben gleiche Nenner.

**Ungleichnamige Brüche.** Sie haben voneinander verschiedene Nenner.

| | | |
|---|---|---|
| $\frac{1}{3}$ | $\frac{2}{3}$ | $\frac{7}{8}$ |
| $\frac{4}{3}$ | $\frac{8}{5}$ | $\frac{16}{7}$ |
| $3\frac{1}{2}$ | $1\frac{2}{5}$ | $6\frac{3}{8}$ |
| $\frac{1}{4}$ | $\frac{2}{4}$ | $\frac{3}{4}$ |
| $\frac{1}{3}$ | $\frac{2}{7}$ | $\frac{4}{9}$ |

### Rechnen mit Brüchen

**Erweitern von Brüchen**

Erweitern eines Bruches heißt Zähler und Nenner mit der gleichen Zahl multiplizieren. Dabei ändert sich der Wert des Bruches nicht.

$$\frac{3}{4} = \frac{3 \cdot 2}{4 \cdot 2} = \frac{6}{8}$$

**Kürzen von Brüchen**

Kürzen eines Bruches heißt Zähler und Nenner durch die gleiche Zahl dividieren. Dabei ändert sich der Wert des Bruches nicht.

Bestehen Zähler oder Nenner bzw. Zähler und Nenner aus einer Summe oder einer Differenz, dann werden diese vor dem Kürzen berechnet.

$$\frac{48 + 13 - 16}{68 - 9 + 31} = \frac{45}{90} =$$
$$= \frac{45 : 45}{90 : 45} = \frac{1}{2}$$

**Addieren und Subtrahieren von Brüchen**

Bei gleichnamigen Brüchen sind die Zähler zu addieren bzw. zu subtrahieren.

$$\frac{3}{4} + \frac{5}{4} - \frac{1}{4} = \frac{7}{4} = 1\frac{3}{4}$$

Bei ungleichnamigen Brüchen ist vor dem Addieren oder Subtrahieren der Hauptnenner zu suchen, d. h. die Brüche sind gleichnamig zu machen.

Als Hauptnenner verwendet man das kleinste gemeinsame Vielfache (KGV), in dem alle Nenner der zu addierenden oder zu subtrahierenden Brüche enthalten sind. Dazu sind alle Brüche auf den Hauptnenner zu erweitern.

$$\frac{1}{3} + \frac{3}{5} = ?$$

Hauptnenner: $3 \cdot 5 = 15$

$$\frac{1}{3} = \frac{1 \cdot 5}{3 \cdot 5} = \frac{5}{15}$$

$$\frac{1}{3} + \frac{3}{5} = \frac{5}{15} + \frac{9}{15} = \frac{14}{15}$$

## Multiplizieren von Brüchen

### Bruch mit ganzer Zahl

Ein Bruch wird mit einer ganzen Zahl multipliziert, indem man den Zähler des Bruches mit der ganzen Zahl multipliziert. Der Nenner des Bruches bleibt unverändert.

$$\frac{3}{10} \cdot 7 = \frac{3 \cdot 7}{10} = \frac{21}{10} = 2\,\frac{1}{10}$$

### Bruch mit Bruch

Ein Bruch wird mit einem Bruch multipliziert, indem man Zähler mit Zähler und Nenner mit Nenner multipliziert.

$$\frac{3}{5} \cdot \frac{7}{4} = \frac{3 \cdot 7}{5 \cdot 4} = \frac{21}{20} = 1\,\frac{1}{20}$$

### Gemischte Zahl mit ganzer Zahl

Die gemischte Zahl wird zuerst in einen unechten Bruch verwandelt und dann der Zähler mit der ganzen Zahl multipliziert.

$$4\,\frac{1}{2} \cdot 3 = \frac{9}{2} \cdot 3 = \frac{27}{2} = 13\,\frac{1}{2}$$

## Dividieren von Brüchen

### Bruch durch ganze Zahl

Ein Bruch wird durch eine ganze Zahl dividiert, indem man den Nenner mit der ganzen Zahl multipliziert oder den Zähler durch die ganze Zahl dividiert.

$$\frac{8}{9} : 4 = \frac{8}{9 \cdot 4} = \frac{8}{36} = \frac{2}{9} \quad \text{oder}$$
$$\frac{8}{9} : 4 = \frac{8 : 4}{9} = \frac{2}{9}$$

### Bruch durch Bruch

Ein Bruch wird durch einen Bruch dividiert, indem man den ersten Bruch mit dem Kehrwert (reziproken Wert) des zweiten Bruches multipliziert.

$$\frac{5}{8} : \frac{3}{7} = \frac{5}{8} \cdot \frac{7}{3} = \frac{35}{24} = 1\,\frac{11}{24}$$

### Lösung von Doppelbrüchen:

Zählerbruch wird durch Nennerbruch dividiert (siehe „Bruch durch Bruch“).
Der Zählerbruch wird mit dem Kehrwert des Nennerbruches multipliziert.

$$\frac{\frac{4}{7}}{\frac{2}{5}} = \frac{4}{7} : \frac{2}{5} = \frac{4}{7} \cdot \frac{5}{2} = \frac{20}{14} = \frac{10}{7} = 1\,\frac{3}{7}$$

## Dezimalbrüche

Dezimalbrüche sind Brüche mit den Nennern 10, 100, 1000. Sie können stets auch als Dezimalzahlen geschrieben werden.

$$\frac{9}{10} = 0{,}9; \quad \frac{3}{100} = 0{,}03; \quad \frac{7}{1000} = 0{,}007$$

## Verwandeln von Brüchen

### Gemeiner Bruch in Dezimalbruch

Ein gemeiner Bruch wird in einen Dezimalbruch verwandelt, indem man den Zähler durch den Nenner dividiert und damit eine Dezimalzahl erhält. Diese verwandelt man dann in einen Dezimalbruch.

| $\frac{1}{2}$ | = 1 : 2 = | 0,5 = | $\frac{5}{10}$ |
|---|---|---|---|
| Gemeiner Bruch | Division | Dezimalzahl | Dezimalbruch |

### Endlicher Dezimalbruch in gemeinen Bruch

Ein endlicher Dezimalbruch wird in einen gemeinen Bruch verwandelt, indem man in den Zähler alle Ziffern nach dem Komma schreibt und in den Nenner eine 1 mit so vielen Nullen, wie der Zähler Stellen hat.

$$0{,}12 = \frac{12}{100} = \frac{3}{25}$$
$$0{,}285 = \frac{285}{1000} = \frac{57}{200}$$

## Aufgaben

### Addieren und Subtrahieren von Brüchen

1. a) $\frac{1}{4}+\frac{3}{4}-\frac{2}{4}$ b) $\frac{3}{8}+\frac{7}{8}+\frac{1}{8}-\frac{5}{8}$ c) $\frac{5}{2}+\frac{3}{2}+\frac{1}{2}-\frac{7}{2}$
2. a) $\frac{3}{24}+\frac{3}{4}$ b) $\frac{157}{5}+\frac{20}{25}$ c) $\frac{18}{60}+\frac{21}{72}$
3. a) $\frac{1}{6}+\frac{3}{12}+\frac{5}{6}$ b) $\frac{3}{4}+\frac{4}{7}+\frac{5}{9}$ c) $\frac{4}{7}+\frac{3}{5}+\frac{7}{8}$
4. a) $\frac{4}{11}+\frac{3}{5}+\frac{4}{9}$ b) $\frac{7}{8}-\frac{2}{7}-\frac{1}{4}$ c) $\frac{11}{13}-\frac{1}{4}+\frac{3}{8}$
5. a) $\frac{96}{12}-\frac{40}{45}+3$ b) $\frac{91}{70}+\frac{210}{35}-\frac{3}{10}$ c) $6\frac{11}{17}-\frac{16}{19}$
6. a) $\frac{85}{6}-\frac{134}{85}$ b) $\frac{18}{4}+\frac{127}{5}-7\frac{1}{2}$ c) $\frac{104}{23}-\frac{34}{10}+1\frac{3}{5}$
7. a) $6\frac{12}{13}+4\frac{7}{9}$ b) $5\frac{2}{3}-2\frac{5}{9}+3\frac{7}{8}$ c) $\frac{27}{6}+\frac{43}{13}-\frac{22}{7}$

### Multiplizieren und Dividieren von Brüchen

8. a) $\frac{3}{4}\cdot\frac{4}{7}$ b) $\frac{9}{11}\cdot\frac{22}{7}$ c) $\frac{1}{3}\cdot\frac{7}{8}\cdot\frac{2}{3}$
9. a) $\frac{7}{9}\cdot 3\frac{1}{2}$ b) $2\frac{1}{5}\cdot\frac{4}{3}$ c) $4\frac{2}{3}\cdot 3\frac{3}{4}$
10. a) $\left(\frac{2}{3}+\frac{3}{4}\right)\cdot\frac{1}{3}$ b) $7\cdot\left(\frac{4}{2}-\frac{1}{3}\right)$ c) $\left(\frac{3}{10}+\frac{1}{4}\right)\cdot 6$
11. a) $\frac{4}{5}:\frac{3}{7}$ b) $\frac{4}{5}:6$ c) $\frac{3}{14}:10$
12. a) $9\frac{1}{2}:2\frac{3}{4}$ b) $1\frac{1}{6}:7$ c) $\frac{31}{54}:1\frac{1}{7}$

### Doppelbrüche

13. a) $\dfrac{\frac{3}{16}}{\frac{5}{7}}$ b) $\dfrac{2\frac{3}{4}}{\frac{3}{5}}$ c) $\dfrac{\frac{4}{9}}{\frac{21}{5}}$ d) $\dfrac{\frac{7}{9}}{\frac{2}{3}}$ e) $\dfrac{\frac{5}{7}}{\frac{6}{3}}$ f) $\dfrac{3\frac{4}{7}}{1\frac{7}{11}}$

### Gemischte Bruchrechnungsaufgaben

14. a) $\frac{26}{5}+\dfrac{\frac{3}{8}}{2}-\frac{11}{5}:\frac{3}{5}$ b) $0{,}42:\frac{3}{9}+\frac{5}{13}\cdot 0{,}7$ c) $6\frac{2}{3}+0{,}75-3\frac{3}{8}+2{,}25:\frac{5}{7}$
15. a) $7\frac{3}{5}+7\cdot\frac{3}{5}$ b) $4\frac{3}{7}:\left(2\cdot\frac{3}{7}\right)$ c) $\frac{24}{51}:\left(\frac{3}{4}\cdot\frac{2}{7}\right)$

### Umwandlung in Dezimalbrüche

16. $\frac{3}{4}$; $\frac{7}{8}$; $\frac{9}{16}$; $\frac{20}{25}$; $2\frac{1}{2}$; $\frac{6}{25}$; $4\frac{2}{5}$; $\frac{5}{4}$; $\frac{127}{5}$; $\frac{157}{50}$

### Umwandlung in Brüche

17. 0,4; 0,7; 0,25; 0,003; 4,270; 3,0204; 113,4; 0,875; 0,72; 0,125

## 1.2.2 Dreisatzrechnen

Bei Dreisatzrechnungen (Schlussrechnungen) wird aus drei bekannten Größen eine vierte unbekannte Größe berechnet.

1. Aussage über die bekannte Größe
2. Von bekannter Mehrheit wird auf eine Einheit geschlossen
3. Von der Einheit wird auf die gesuchte Mehrheit geschlossen

Bei Dreisatzaufgaben unterscheidet man zwischen direkten (geraden) und umgekehrten Verhältnissen.

**Beispiel 1**

Was kosten 40 Schrauben, wenn 72 Stück 27 € kosten?

| | | |
|---|---|---|
| 1. | 72 Schrauben kosten | 27 € |
| 2. | 1 Schraube kostet | $\frac{27\ €}{72}$ |
| 3. | 40 Schrauben kosten | $\frac{27\ € \cdot 40}{72} = \mathbf{15\ €}$ |

**Beispiel 2**

6 Arbeiter brauchen 180 Stunden zur Fertigstellung einer Arbeit. Wie lange brauchen 9 Arbeiter dazu?

| | | |
|---|---|---|
| 1. | 6 Arbeiter brauchen | 180 h |
| 2. | 1 Arbeiter braucht | 180 h · 6 |
| 3. | 9 Arbeiter brauchen | $\frac{180\ h \cdot 6}{9} = \mathbf{120\ h}$ |

**Beispiel 3**

60 Werkstücke werden von 4 Arbeitern in 5 Tagen hergestellt. Wie lange brauchen 6 Arbeiter zur Herstellung von 72 Werkstücken?

| | | | |
|---|---|---|---|
| 1. | 4 Arbeiter fertigen | 60 Werkstücke in | 5 Tagen |
| 2. | 1 Arbeiter fertigt | 60 Werkstücke in | 4 · 5 Tagen |
| 3. | 6 Arbeiter fertigen | 60 Werkstücke in | 4 · 5 Tagen/6 |
| 4. | 6 Arbeiter fertigen | 1 Werkstück in | 4 · 5 Tagen/6 · 60 |
| 5. | 6 Arbeiter fertigen | 72 Werkstücke in | $\frac{4 \cdot 5\ \text{Tagen} \cdot 72}{6 \cdot 60} = \mathbf{4\ Tage}$ |

**Dreisatz**

1. Behauptungssatz
2. Mittelsatz (1. Schlusssatz)
3. Schlusssatz

**Direkter Dreisatz**

Beide Zahlenangaben nehmen zu oder ab.

Je größer, desto größer

oder

Je kleiner, desto kleiner

**Umgekehrter Dreisatz**

Eine Zahlenangabe des Behauptungssatzes nimmt zu, während die andere abnimmt.

Je größer, desto kleiner

oder

Je kleiner, desto größer

**Mehrfacher Dreisatz**

Bei einem Dreisatz sind mehrere Größen zu berechnen.

**1. Dreisatz**

**2. Dreisatz**

Er setzt sich aus mindestens 2 Schlusssätzen zusammen.

### Aufgaben

1. 5 Reifen kosten 727,70 €. Was kosten 2 Reifen?
2. 3,5 l Öl kosten 22,40 €. Was kosten 2,8 l Öl?
3. Ein Kraftfahrzeug fährt in 2 Minuten 2,3 km. Wie viel Kilometer fährt es in 1 Stunde?
4. Ein Motor verbraucht 2,5 l Kraftstoff in 0,3 h. Wie lange läuft der Motor mit 17,3 l Kraftstoff?
5. Ein Pkw braucht 33 l Kraftstoff für 425 km. Wie viel Liter Kraftstoff werden für 260 km benötigt?
6. Ein Behälter mit einem Fassungsvermögen von 12 000 l wird in 1,8 Stunden gefüllt. Wie lange dauert die Füllung eines 8000 Liter Behälters?
7. 38,25 Liter Benzin-Öl-Mischung enthalten 0,75 l Öl. Wie viel Öl muss bei gleichem Mischungsverhältnis in 25,5 l Benzin-Öl-Mischung enthalten sein?
8. Für eine Steigung von 8 km Länge benötigt ein Lkw 15 Minuten. Welche Zeit wird bei einer gleichen Steigung von 22 km Länge benötigt?
9. Ein Kfz fährt mit einer Durchschnittsgeschwindigkeit von 80 km/h von Ulm nach Stuttgart in 1,12 Stunden. Wie lange dauert die Fahrt bei einer Durchschnittsgeschwindigkeit von 85 km/h?
10. 3 Tankwarte waschen 10 Wagen in 2 Std. Wie lange brauchen 2 Tankwarte für 9 Wagen?
11. 7 Lkw fahren in 9 Stunden 378 Tonnen Kies an eine Baustelle. Wie viel Tonnen Kies können von 5 Lkw in 12 Stunden gefahren werden?
12. 5 Drehautomaten fertigen in 42 Minuten 120 Werkstücke. Wie viel Werkstücke fertigen 7 Automaten in 30 Minuten?

## 1.2.3 Prozentrechnen

**Prozentrechnung (%).** Sie ist eine Vergleichsrechnung. Dabei entspricht dem Ganzen 100%.

**Grundwert *G*.** Er bezieht sich immer auf das Ganze, d. h. auf 100%. Der Grundwert ist meist eine benannte Zahl.

**Prozentwert *P*.** Er ist die mit dem Grundwert zu vergleichende Zahl mit gleicher Einheit wie der Grundwert.

**Prozentsatz *p*.** Er gibt an, wie viel Hundertstel vom Grundwert zu nehmen sind.

**Promillerechnung (‰).** Sie ist wie die Prozentrechnung eine Vergleichsrechnung. Dabei entspricht dem Ganzen 1000‰.

**Endwert *E*.** Er ist der um den Prozentwert verminderte Grundwert $E_{min}$ oder erhöhte Grundwert $E_{max}$.

| | |
|---|---|
| % | **Prozent** |
| *G* | **Grundwert** |
| *P* | **Prozentwert** |
| *p* | **Prozentsatz** |
| ‰ | **Promille** |
| $E_{max}$ | **Endwert vermehrt** |
| $E_{min}$ | **Endwert vermindert** |

**Beispiel 1**

Ein Werkstück wiegt 6,4 kg, das Rohteil 7,2 kg. Wie groß ist der Verschnitt in Prozent bezogen auf das Fertigteil?

Gegeben: $P = 7{,}2\ \text{kg} - 6{,}4\ \text{kg} = 0{,}8\ \text{kg};\ G = 6{,}4\ \text{kg}$

Gesucht: $p$ in %

**Lösung:** $p = \dfrac{100 \cdot P}{G} = \dfrac{100\% \cdot 0{,}8\ \text{kg}}{6{,}4\ \text{kg}} = \mathbf{12{,}5\%}$

$$\text{Prozentsatz} = \frac{100 \times \text{Prozentwert}}{\text{Grundwert}}$$

$$p = \frac{100 \cdot P}{G}$$

**Beispiel 2**

Beim Kauf eines Mofas wird ein Nachlass von 168 € gewährt. Das sind 12% des Listenpreises. Wie hoch ist der Listenpreis?

Gegeben: $P = 168\ €;\ p = 12\%$

Gesucht: $G$ in €

**Lösung:** $G = \dfrac{100 \cdot P}{p} = \dfrac{100\% \cdot 168\ €}{12\%} = \mathbf{1400\ €}$

$$\text{Grundwert} = \frac{100 \times \text{Prozentwert}}{\text{Prozentsatz}}$$

$$G = \frac{100 \cdot P}{p}$$

**Beispiel 3**

25 l Kraftstoff-Öl-Mischung enthalten 1,96% Öl. Wie viel Liter Öl sind dies?

Gegeben: $G = 25\ \text{l};\ p = 1{,}96\%$

Gesucht: $P$ in l

**Lösung:** $P = \dfrac{G \cdot p}{100} = \dfrac{25\ \text{l} \cdot 1{,}96\%}{100\%} = \mathbf{0{,}49\ l}$

$$\text{Prozentwert} = \frac{\text{Grundwert} \times \text{Prozentsatz}}{100}$$

$$P = \frac{G \cdot p}{100}$$

**Beispiel 4**

Nach einer Preiserhöhung um 5% kostet ein Reifen 115 € (vermehrter Wert). Wie hoch war der alte Listenpreis?

Gegeben: $p = 5\%;\ E_{max} = 115\ €$

Gesucht: $G$ in €

**Lösung:** $G = \dfrac{100 \cdot E_{max}}{100 + p} = \dfrac{100\% \cdot 115\ €}{100\% + 5\%} = \mathbf{110\ €}$

$$\text{Grundwert} = \frac{100 \times \text{Endwert vermehrt}}{100 + \text{Prozentsatz}}$$

$$G = \frac{100 \cdot E_{max}}{100 + p}$$

**Beispiel 5**

Nach Abzug von 35% beträgt der Nettolohn 1040 € (verminderter Wert). Wie groß war der Bruttolohn?

Gegeben: $p = 35\%;\ E_{min} = 1040\ €$

Gesucht: $G$ in €

**Lösung:** $G = \dfrac{100 \cdot E_{min}}{100 - p} = \dfrac{100\% \cdot 1040\ €}{100\% - 35\%} = \mathbf{1600\ €}$

$$\text{Grundwert} = \frac{100 \times \text{Endwert vermindert}}{100 - \text{Prozentsatz}}$$

$$G = \frac{100 \cdot E_{min}}{100 - p}$$

## Aufgaben

1. Berechnen Sie die fehlenden Werte:

| Aufgabe | a | b | c | d | e | f | g | h |
|---|---|---|---|---|---|---|---|---|
| Grundwert $G$ | 480 € | 36 min | 6000 m | 5,3 kg | 780 km | 6,8 m | ? kW | ? l |
| Prozentwert $P$ | 30 € | 5,5 min | 48 m | ? kg | ? km | ? m | 46,75 kW | 455 l |
| Prozentsatz $p$ | ? % | ? % | ? % | 22,5% | 18% | 7,5% | 85% | 13% |

2. Vergrößern Sie die Zahl 50 um 10% und verkleinern Sie das Ergebnis um 10%!
3. Die Fertigungszeit für ein Werkstück wird von 21 Minuten auf 18 Minuten gesenkt. Wie groß ist die Zeitersparnis in Prozent?
4. Bei Barzahlung von 394 € erhält der Kunde 2% Skonto. Welcher Betrag ist zu zahlen?
5. Ein Gebrauchtwagen wird 30% unter seinem Neupreis (30500 €) verkauft. Verkaufspreis?
6. Eine Werkstatteinrichtung im Werte von 0,6 Mio. € wird versichert. Wie hoch ist die Jahresprämie in €, wenn sie 2,2 ‰ des Wertes der Werkstatteinrichtung beträgt?
7. Eine Stange Lötzinn von 0,45 kg besteht aus 60% Zinn und 40% Blei. Wie viel kg Zinn und wie viel kg Blei enthält die Legierung?
8. Ein Scheinwerfereinsatz kostet bei einem Rabatt von 22% noch 80,98 €. Wie hoch ist der Listenpreis?
9. Durch Teilzahlung erhöht sich der Preis eines Kfz von 12900 € auf 13984 €. Wie viel Prozent des Preises beträgt der Aufschlag?
10. Der Preis von 1 Liter Kraftstoff wird von 1,09 € um 3,7% erhöht. Wie viel kostet 1 Liter Kraftstoff nach der Preiserhöhung?
11. Ein Werkstück wiegt 23 kg, das Rohteil 26,5 kg. Wie groß ist der Verschnitt in Prozent?
12. Der Verkaufspreis eines Kfz wird von 21000 € um 6% gesenkt. Wie hoch ist der neue Verkaufspreis?
13. Ein Kfz-Reifen soll mit 11,76 € Gewinn, das sind 12% des Verkaufspreises, verkauft werden. Wie viel kostet der Reifen?
14. Durch richtige Motoreinstellung kann der Kraftstoffverbrauch von 8,7 l/100 km auf 8,2 l/100 km erniedrigt werden. Um wie viel Prozent wird der Verbrauch verringert?
15. Bei Barkauf eines Mopeds werden 3% Skonto vom Listenpreis (1925 €) gewährt. Bei Ratenzahlung sind je Monat 1% Zins vom Listenpreis zu zahlen.
    a) Wie groß ist der Preis bei Barzahlung?
    b) Wie groß ist der Preis bei Ratenzahlung in 6 Monaten?
    c) Welcher Preisunterschied besteht zwischen Bar- und Ratenzahlung?
16. Ein Kfz-Mechaniker hat einen Brutto-Stundenlohn von 12 €. Wie hoch ist sein Stundenlohn nach einer Lohnerhöhung von 3,4%?
17. Für eine Schutzvorrichtung werden 360 $cm^2$ Stahlblech benötigt. a) Wie groß ist der Blechbedarf, wenn für den Verschnitt 20% zu berechnen sind? b) Wie groß ist der Blechbedarf, wenn 25% Zuschlag für Verschnitt zu berechnen sind?
18. Für Drehteile muss Rundstahl mit 30 mm Ø anstelle des vorgesehenen Rundstahles mit 20 mm Ø verwendet werden. Wie viel Prozent an Werkstoff müssen dadurch als zusätzlicher Verschnitt zerspant werden?
19. Zwei Behälter haben ein Fassungsvermögen von 10 $m^3$ bzw. 20 $m^3$; sie enthalten 6 $m^3$ bzw. 8 $m^3$ Flüssigkeit. Zu wie viel Prozent ist das Fassungsvermögen ausgenutzt?

## 1.2.4 Zinsrechnen

Zinsen werden üblicherweise für geliehenes Geld (Kapital) berechnet.

Die Höhe des Zinssatzes errechnet sich aus dem **Kapital *k***, dem **Zinssatz *p*** (Zinsfuß, Prozentsatz) und der **Zeitdauer *t*** (Jahre, Monate, Tage). Der Zinssatz wird üblicherweise auf ein Jahr (p. a., pro anno) bezogen. Bei Zinsrechnungen nimmt man ein Jahr zu 360 Tagen und einen Monat zu 30 Tagen an.

**Beispiel 1**

Ein Kapital von 15 000 € wird 80 Tage (d) lang zu einem Zinssatz von 8,5% verzinst. Wie hoch sind die Zinsen?

Gegeben: $k = 15\,000$ €; $p = 8{,}5\%$; $t = 80$ d

Gesucht: $z$ in €

**Lösung:**

$$z = \frac{k \cdot p \cdot t}{100 \cdot 360} = \frac{15\,000\text{ €} \cdot 8{,}5\% \cdot 80\text{ d}}{100\% \cdot 360\text{ d}} = \mathbf{283{,}30\text{ €}}$$

**Beispiel 2**

Ein Kapital von 3000 € bringt nach 42 Monaten Zinsen in Höhe von 336 €. Wie hoch ist der Zinssatz?

Gegeben: $k = 3000$ €; $t = 42$ Monate · 30 Tage/Monat = 1260 d
$z = 336$ €

Gesucht: $p$ in %

**Lösung:**

$$p = \frac{100 \cdot 360 \cdot z}{k \cdot t} = \frac{100\% \cdot 360\text{ d} \cdot 336\text{ €}}{3000\text{ €} \cdot 1260\text{ d}} = \mathbf{3{,}2\ \%}$$

Für Zeitangaben in Jahren gilt:

$$z = \frac{k \cdot p \cdot t}{100}$$

$$k = \frac{100 \cdot z}{p \cdot t}; \quad p = \frac{100 \cdot z}{k \cdot t}$$

$$t = \frac{100 \cdot z}{k \cdot p}$$

Für Zeitangaben in Tagen gilt:

$$z = \frac{k \cdot p \cdot t}{100 \cdot 360}$$

$$k = \frac{100 \cdot 360 \cdot z}{p \cdot t}; \quad p = \frac{100 \cdot 360 \cdot z}{k \cdot t}$$

$$t = \frac{100 \cdot 360 \cdot z}{k \cdot p}$$

$z$ Zinsen in €
$k$ Kapital in €
$p$ Zinssatz in % pro Jahr
$t$ Zeit in Jahren a oder Tagen d

### Aufgaben

1. Wie hoch sind die Zinsen für ein Kapital von 5000 €, das bei einem Zinssatz von 7,5% für ein 3/4 Jahr angelegt wird?
2. Wie hoch sind die Zinsen für ein Kapital von 2500 € bei 5,5% für 3 Jahre, 5 Monate und 18 Tage?
3. 800 € werden vom 18. 1. bis 21. 8. zu 4,5% ausgeliehen. Wie hoch ist der Zins?
4. Ein Darlehen von 500 € wird nach 6 Monaten mit 510 € zurückerstattet. Wie hoch war der Zinssatz?
5. Bei einem Zinssatz von 3,5% mussten 68 € Zinsen für die Zeit vom 1. 1. bis 15. 9. gezahlt werden. Wie hoch war das Darlehen?
6. Ein Darlehen von 12 000 € wird für 2 Jahre zu einem Zinssatz von 8,2% aufgenommen. Welcher Betrag einschließlich der Zinsen muss bei Fälligkeit zurückgezahlt werden?
7. Für ein Kapital von 14 600 € erhält man Zinsen in Höhe von 250 € bei einem Zinssatz von 6,5% ausbezahlt. Wie viele Tage war das Kapital angelegt?
8. Für ein Darlehen von 5000 € sind 225 € an Zinsen bei einem Zinssatz von 9% zu zahlen. Wie lange war die Laufzeit des Darlehens?
9. Ein Kapital von 20 000 € wird zu einem Zinssatz von 8,8% für 3 Jahre fest angelegt, wobei die jährlichen Zinsen dem Kapital zugeschlagen werden. Berechnen Sie jeweils für die einzelnen Jahre die Zinsen und das Anwachsen des Grundkapitals.
10. Ein Darlehen von 5400 € wurde mit einem Zinssatz von 8% ausgeliehen. Wie lange war die Laufzeit in Tagen, in Monaten, in Jahren, wenn 5508 € zurückgezahlt werden müssen?

## 1.2.5 Rechnen mit dem Taschenrechner

Mit Hilfe von Taschenrechnern können Rechenoperationen einfach und schnell durchgeführt werden. Bei Taschenrechnern unterscheidet man Bedienfeld (= Eingabeteil) und Anzeigefeld (= Ausgabeteil). Die Ausstattung der Taschenrechner ist sehr unterschiedlich; ihre Bedienung muss entsprechend der Bedienungsanleitung erfolgen.

| Taste | Bedeutung | Taste | Bedeutung |
|---|---|---|---|
| ON | Ein | $M_{in}$ M+ | Speichertasten (Memory in, +, –) |
| OFF | Aus | M– | |
| 0 … 9 | Zifferntasten | MR | Speicher abrufen (Memory recall) |
| . | Punkttaste ersetzt Dezimalzeichen | MC | Löschtaste Speicher (Memory clear) |
| + – × ÷ | Rechentasten | INV 2nd SHIFT | Umschalttasten aktivieren Zweitbelegungsfunktion der Tastatur |
| = | Ausführungstaste | % 1/x √ π | Funktionstasten bewirken definierte Rechenoperationen |
| C | Löschtaste (clear) | | |

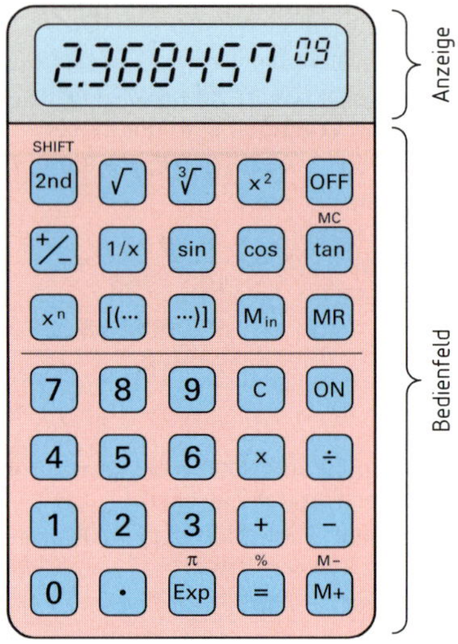


| Beispiel | Tastenfolge | Ergebnis | Anmerkung |
|---|---|---|---|
| **Werteingabe**<br>345,76<br><br>0,48 | 345 . 76<br><br>. 48 | | Der Dezimalpunkt ersetzt das Komma.<br>Die Null vor dem Komma muss nicht eingegeben werden. |
| **Addition/Subtraktion**<br>234,57 + 3,59 – 118,16 = ? | 234.57 + 3.59 – 118.16 = | 120 | Das Ergebnis wird durch Betätigen der „="-Taste ausgegeben. |
| **Multiplizieren/Dividieren**<br>$\frac{24 \cdot 600 + 1200}{2 \cdot 25 \cdot 156} = ?$ | 24 × 600 + 1200 = 15600<br>÷ 2 ÷ 25 ÷ 156 = | 2 | Ist ein Zähler durch mehrere Faktoren im Nenner zu teilen, so ist bei jedem Teilen die ÷ Taste zu betätigen. |
| **Klammerrechnung**<br>$\frac{7{,}5 + 9}{3} = ?$<br>$\frac{6 \cdot (11{,}4 - (6{,}2 - 2{,}8))}{32} = ?$ | ( 7.5 + 9 ) ÷ 3 =<br><br>6 × ( 11.4 – ( 6.2 – 2.8 ) )<br>÷ 32 = | 5.5<br><br>1.5 | Die Klammerrechnung ist zuerst auszuführen.<br>Am Ende der Klammerrechnung ist die Klammertaste so oft zu drücken, wie Klammern geöffnet wurden. |
| **Prozentrechnung**<br>15% von 4500 = ?<br>2400 + 15% von 2400 | 4500 × 15 SHIFT %<br>2400 × 15 SHIFT % + | 675<br>2760 | Die Prozenttaste bewirkt die Rechenoperation 1/100. |

| Beispiel | Tastenfolge | Ergebnis | Anmerkung |
|---|---|---|---|
| **Kehrwert**<br>von 0,2 | 0.2 1/x | 5 | Die Kehrwerttaste errechnet wie oft der betreffende Zahlenwert in Eins enthalten ist. |
| **Potenzieren**<br>$\frac{\pi \cdot 16^2}{4} = ?$<br><br>$3^4 = ?$ | π x 16 $x^2$ ÷ 4 =<br><br>3 $x^n$ 4 = | 201.06193<br><br>81 | $x^2$ bewirkt das Quadrieren (x · x) der vorhergehenden Zifferneingabe.<br>Mit der Taste $x^n$ (sprich x hoch n) kann jede Zahl mit einem beliebigen Faktor potenziert werden (= x · x · x ·x...). |
| **Wurzelziehen**<br>$\sqrt{2025} = ?$<br><br>$\sqrt[3]{125} = ?$ | 2025 $\sqrt{x}$<br><br>125 $\sqrt[3]{x}$ | 45<br><br>5 | Die Funktionstaste $\sqrt{x}$ bewirkt die Rechenoperation Quadratwurzel aus dem Radikanden x.<br>Die Funktionstaste $\sqrt[3]{x}$ bewirkt die Rechenoperation Kubikwurzel aus dem Radikanden x. |
| **Speicherrechnung**<br>254 : 4 + (3 – 12) – 8·5 = ? | 254 ÷ 4 M +<br>3 – 12 M +<br>8 × 5 SHIFT M –<br>MR | 14.5 | Die Tasten M+/M– bewirken eine Addition/Subtraktion im Speicher. Die Taste MR bewirkt Speicherwertausgabe. Speicherlöschung ist durch die Eingabe von 0 oder durch Drücken von MC möglich. |
| **Festwert speichern**<br>17 · 3 + 23 · 3 – 40 · 3 = ?<br>Festwert = 3 | 3 $M_{in}$<br>17 × MR +<br>23 × MR –<br>40 × MR = | 0 | Es kann jeder beliebige Zahlenwert in den Festwertspeicher durch Drücken der Funktionstaste $M_{in}$ eingegeben werden. Mit der Funktionstaste MR kann der Zahlenwert für Rechenoperationen wieder abgerufen werden. |

**Aufgaben**

1. Addieren und Subtrahieren

a) 17432,5 – 28,24 + 148,3 – 198,31
b) 67,32 – 0,374 + 28,54 – 284,33
c) 0,078 – 1,003 + 18,47 – 9,368
d) 381,47 + 84391,3 – 0,793 – 5,84
e) – 2,7 – (– 9,08) + 0,016
f) – 15,98 – 12,52 – (– 17,4)

2. Multiplizieren und Dividieren

a) $\frac{26 \cdot 576}{78 \cdot 128}$
b) $\frac{586 \cdot 34\,960 \cdot 79}{81 \cdot 42\,386 \cdot 17}$
c) $\frac{6389{,}5 \cdot 17{,}49}{15 \cdot 46{,}02}$
d) $\frac{16{,}59 \cdot 9{,}37 \cdot 18{,}5}{17 \cdot 8{,}02 \cdot 12{,}1}$
e) $\frac{73{,}74 \cdot 52{,}913 \cdot 11{,}382}{6{,}1 \cdot 5{,}9 \cdot 2{,}4}$
f) $\frac{12{,}84 \cdot 0{,}09 \cdot 138{,}73}{19{,}8 \cdot 2{,}07 \cdot 17{,}6}$

3. Klammeraufgaben

a) $4 \cdot 5{,}5 + 6 \cdot 7{,}5$
b) $4 \cdot (5{,}5 + 6) \cdot 7{,}5$
c) $(4 \cdot 5{,}5 + 6) \cdot 7{,}5$
d) $4 \cdot (5{,}5 + 6 \cdot 7{,}5)$
e) $(289 + 19) \cdot (17 + 133)$
f) $(344 + 276) \cdot (908 - 738)$
g) $(48{,}3 - 12{,}9 + 73{,}7 - 3{,}42) \cdot (9{,}73 - 0{,}88 - 6{,}35 - 0{,}52)$
h) $(0{,}87 - 3{,}56) \cdot (13{,}41 - 0{,}93)$
i) $(78{,}57 - 16{,}39) \cdot (27{,}46 - 23{,}15) \cdot (68{,}71 - 43{,}99)$
k) $(695{,}4 - 149{,}5) \cdot (537{,}6 - 48{,}2)$
l) $(12{,}39 - 0{,}34) \cdot (0{,}97 + 0{,}74) \cdot (13{,}13 + 0{,}43) \cdot (34{,}12 - 23{,}49)$

4. Bruchrechnen

a) $\frac{1}{3} \cdot \frac{1}{4} \cdot \frac{1}{5}$
b) $\frac{1}{15} \cdot 12 \cdot \frac{1}{5} \cdot \frac{1}{4}$
c) $\frac{1}{7} \cdot \frac{1}{2} \cdot 63 \cdot \frac{1}{3} \cdot \frac{1}{9}$
d) $\frac{1}{2} + \frac{1}{4} + \frac{1}{8}$
e) $\frac{1}{3} - \frac{1}{5} + \frac{1}{7}$
f) $\frac{1}{6} \cdot \frac{1}{8} - \frac{1}{5} + 18$
g) $\frac{1}{3 + 4 + 6 + 7}$
h) $\frac{1}{2 + 9 + 6 + 3} + \frac{1}{4} + \frac{1}{3}$
i) $\frac{1}{31 + 6 - 27} - \frac{1}{5} + \frac{1}{3}$

5. Potenzieren und Radizieren

a) $13^2$
b) $84^2$
c) $0{,}19^2$
d) $8{,}74^2$
e) $4^3$
f) $45{,}5^3$
g) $131^3$
h) $0{,}52^3$
i) $\sqrt{196}$
k) $\sqrt{960\,400}$
l) $\sqrt{6225{,}21}$
m) $\sqrt{5112{,}25}$
n) $\sqrt[3]{343}$
o) $\sqrt[3]{166\,375}$
p) $\sqrt[3]{0{,}027}$
q) $\sqrt[3]{7414{,}875}$

6. Kreisumfang und Kreisfläche

a) $\pi \cdot 20$
b) $\pi \cdot 5{,}47$
c) $\pi \cdot 0{,}98$
d) $\pi \cdot 135{,}6$
e) $\frac{\pi \cdot 15^2}{4}$
f) $\frac{\pi \cdot 1{,}5^2}{4}$
g) $\frac{\pi \cdot 12{,}8^2}{4}$
h) $\frac{\pi \cdot 0{,}52^2}{4}$

7. Gemischte Aufgaben

a) $\varepsilon = \frac{327 + 43}{43}$
b) $s' = \frac{75}{9{,}3 - 1} - \frac{75}{9{,}5 - 1}$
c) $V_h = 48{,}85 \cdot (9{,}5 - 1)$
d) $V_h = \frac{\pi \cdot 8{,}15^2}{4} \cdot 7{,}62$
e) $d = \sqrt{\frac{4 \cdot 44{,}1}{\pi}}$
f) $A = \frac{\pi \cdot 280^2}{4} - \frac{\pi \cdot 165^2}{4}$
g) $A = \frac{\pi}{4} \cdot (225^2 - 150^2)$
h) $R = \frac{4{,}5 + 2{,}5}{4{,}5 \cdot 2{,}5}$
i) $l_1 = \frac{1{,}501725}{1 + 0{,}0000115 \cdot 100}$
k) $l_2 = 79{,}95 \cdot (1 + 0{,}0000175 \cdot 180)$
l) $M_k = 2 \cdot \frac{\pi}{4} \cdot (20^2 - 13^2) \cdot 18 \cdot 0{,}32 \cdot \frac{20 + 13}{4}$

8. Rechnen mit einer Konstanten

a) $1{,}234 + 18$ | $1{,}234 + 31{,}955$ | $1{,}234 - 0{,}734$ | $1{,}234 - 18{,}789$
b) $\frac{\pi}{4} \cdot 25$ | $\frac{\pi}{4} \cdot 64$ | $\frac{\pi}{4} \cdot 6{,}25$ | $\frac{\pi}{4} \cdot 144$
c) $63 : 3{,}6$ | $90 : 3{,}6$ | $100 : 3{,}6$ | $130 : 3{,}6$

9. Berechnen Sie den Prozentsatz.

a) 30 von 150
b) 25 von 75
c) 80 von 120
d) 68 von 750
e) 91,24 von 4562
f) 1423,5 von 10950

10. Berechnen Sie den Prozentwert.

a) 25% von 700
b) 40% von 200
c) 16% von 560
d) 87% von 105
e) 2% von 288,45
f) 13% von 86,62

11. Berechnen Sie den vermehrten bzw. den verminderten Endwert.

a) 350 vermehrt um 13%
b) 32 vermehrt um 47%
c) 1,5 vermehrt um 82%
d) 160 vermindert um 15%
e) 1,1 vermindert um 31%
f) 0,84 vermindert um 90%

## 1.3 Rechnen mit Buchstabengrößen

Man unterscheidet **bestimmte Zahlen** und **allgemeine Zahlen**.

Die bestimmten Zahlen gelten jeweils nur für einen bestimmten Rechenvorgang. Mathematische Regeln und Sätze und physikalische Gesetze gelten aber für eine große Anzahl gleichartiger Vorgänge und Berechnungen; sie werden deshalb in allgemeinen Zahlen, also Buchstaben ausgedrückt. Solche mit Buchstaben geschriebenen Regeln heißen Formeln.

Bestimmte Zahlen
z. B. 1, 2, 3, ... 8, ... 11, ...

Allgemeine Zahlen
z. B. $a, b, c, \ldots x, y, \ldots$

Formeln
z. B. $A = l \cdot b$

### 1.3.1 Grundrechnungsarten

#### Aussageform

**Beispiel** Welche Zahl muss man zu 12 addieren, um 27 zu erhalten?

$$12 + \ldots = 27$$

Statt der Leerstelle ... kann man jeden beliebigen Buchstaben einsetzen, z. B. $a$ oder $x$. Man nennt diese Buchstaben auch *Platzhalter*.

$$12 + a = 27$$

Ersetzt man $a$ durch die Zahl 15, so entsteht eine *wahre Aussage* (Gleichheitsaussage).

$$12 + 15 = 27$$

Gleichheitsaussagen:

$$x + 10 = 25$$
$$y - 4 = 8$$

$x$, $y$ sind Platzhalter für bestimmte Zahlen

#### Addition und Subtraktion

Den Umfang $U$ eines gleichseitigen Dreiecks mit der Seitenlänge $a$ erhält man durch Zusammenzählen aller Seiten $a$

$$U = a + a + a$$

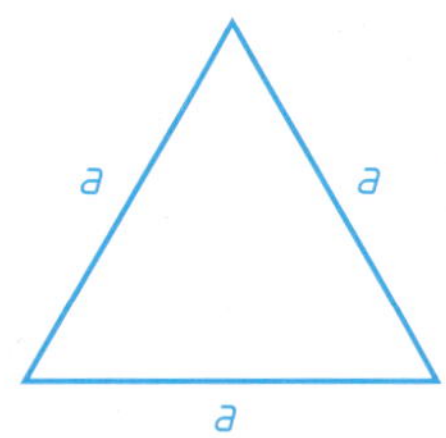


Eine Summe aus gleichen Buchstaben kann als Produkt geschrieben werden. Den Rechenausdruck $3a$ nennt man auch *Term*.

$$a + a + a = a \cdot 3 = 3 \cdot a = 3a$$

$$d + d = 2\,d$$
$$-d - d = -2\,d$$

$2\,d$; $-2\,d$ sind Terme
$2$; $-2$ sind Beizahlen

**Gleichartige** Rechenausdrücke (Terme) werden addiert, indem man die Beizahlen addiert, sie werden subtrahiert, indem man die Beizahlen subtrahiert und den Platzhalter beibehält.

$$3a + 4a = (3 + 4) \cdot a = 7a$$
$$8b - 3b = (8 - 3) \cdot b = 5b$$

Gleichartige Terme:

$$2\,a + a = 3\,a$$
$$2\,ab + 3\,ab = 5\,ab$$
$$14\,a - 5\,c - 8\,a = 6\,a - 5\,c$$

**Ungleichartige** Rechenausdrücke können nicht zu einem einzigen Ausdruck addiert oder subtrahiert werden.

$$9b + 13c + 8d$$
$$27x - 13y$$

Ungleichartige Terme:

$$4\,a - 2\,b$$
$$ab + bc$$

**Vertauschungsregel**

Die Reihenfolge der Summanden ist beliebig

$$2 + 3 = 5$$
$$3 + 2 = 5$$

Vertauschungsregel:

$$a + b = c$$
$$b + a = c$$

Summanden dürfen nach Belieben durch Klammern verbunden werden

$$(5 + 7) + 9 = 5 + (7 + 9)$$

Setzen von Klammern:

$$(a + b) + c = a + (b + c)$$

## Negative Zahlen

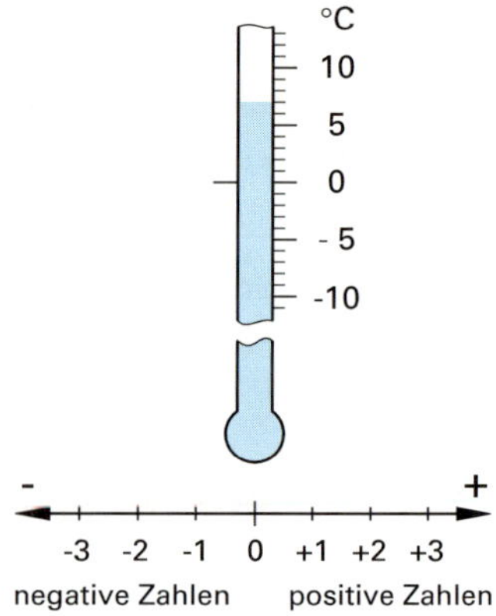


**Beispiel** Ein Thermometer zeigt tagsüber 7 °C Wärme an. In der Nacht sinkt die Temperatur um 9 °C. Welche Temperatur zeigt das Thermometer an?

**Lösung:** 7 °C – 9 °C = **–2 °C**

Zahlen, die auf einen Nullpunkt bezogen sind, nennt man **relative Zahlen**. Sie reichen von + Unendlich (+ ∞) über Null bis – Unendlich (– ∞).

Auf der Zahlengeraden werden die negativen Zahlen nach links, die positiven nach rechts aufgetragen.

Das Vorzeichen ergibt einen Richtungssinn.

Zum Rechnen setzt man die negativen Zahlen meist in eine Klammer; bei positiven Zahlen können Vorzeichen und Klammer wegfallen.

**Vorzeichenregeln:**

$+(+a) = +a = a$
$+(-a) = -a$
$-(+a) = -a$
$-(-a) = +a$

Die Addition einer negativen Zahl ist rechnerisch eine Subtraktion.

**Beispiel** 5 + (– 3) = 5 – 3 = **2**

Die Subtraktion einer negativen Zahl ist rechnerisch eine Addition.

**Beispiel** ( – 4) – (– 5) = (– 4) + 5 = **1**

## Rechnen mit Klammern

Um die Reihenfolge von Rechenvorgängen festzulegen, verwendet man Klammern.

**Beispiel** 14 + (8 – 2) = 14 + 6 = **20**

Steht ein + vor einer Klammer, so nennt man die Klammer **Plusklammer**.

Steht ein – vor einer Klammer, so nennt man die Klammer **Minusklammer**.

Plusklammer:

$a + (b + c)$

Minusklammer:

$a - (b + c)$

## Klammerregeln

Eine *Plusklammer* kann aufgelöst oder beliebig gesetzt werden. Die Vorzeichen in der Klammer ändern sich dabei nicht.

Eine *Minusklammer* wird aufgelöst, indem man die Vorzeichen (+ und –) aller Glieder in der Klammer in das Gegenteil umkehrt und die Klammer und das Minuszeichen vor der Klammer weglässt.

**Klammerregeln:**

$a + (b + c) = (a + b) + c =$
$= a + b + c$
$a - (b + c) = a - b - c$

**Beispiele** $m - (a + b) = m - a - b$; $m - (a - b) = m - a + b$

Hat man einen Klammerausdruck aufzulösen, bei dem Klammern in Klammern vorkommen, z. B. runde in eckige und diese in geschweiften, so löst man am besten zuerst die runden, dann die eckigen, dann die geschweiften Klammern auf. Dabei sind jeweils die Klammerregeln zu beachten.

$6a - \{5a - [4a - (5c - b)]\} =$
$= 6a - \{5a - [4a - 5c + b]\} =$
$= 6a - \{5a - 4a + 5c - b\} =$
$= 6a - 5a + 4a - 5c + b =$
$= 5a + b - 5c = 5(a - c) + b$

## Aufgaben

1. **Ersetzen der Platzhalter durch Zahlen**

a) $14 + a = 17$ b) $2 \cdot b = 34$ c) $c + 18 = 76$
d) $48 - x = 18$ e) $81 : y = 9$ f) $z - 21 = 99$

2. **Addieren von Termen**

a) $x + x + x$ b) $y + y + y + y + y$ c) $ab + ab + ab + ab$
d) $e + f + e$ e) $b + 2b + 3b$ f) $2m + 9m + 13$
g) $3r + 5r + 17r$ h) $4c + c + 5c + c$ i) $20x^2 + 60x^2 + x^2$
k) $17uv + 24uv + 2uv$ l) $4xy + xy + 9xy$ m) $7a + 2b + a + b$
n) $y^2 + y^2 + y + y$ o) $xyz + xyz + xyz$ p) $vw + vw + vw + 4 + 4 + 4$

3. **Addieren von Brüchen**

a) $\frac{1}{2}a + \frac{1}{2}a + \frac{1}{2}a$ b) $\frac{1}{2}x + \frac{1}{4}x + \frac{1}{8}x$ c) $\frac{5}{6}a + \frac{1}{3}b + \frac{1}{2}a + \frac{1}{6}b + c$
d) $\frac{2}{3}ef + ef + \frac{1}{6}ef$ e) $3ab + \frac{3}{4}ab + ab$ f) $\frac{3}{4}y + \frac{3}{8}y + 2y$

4. **Subtrahieren von Termen**

a) $x - x$ b) $4x - x - 1$ c) $17b - 9b$
d) $20s - 14s - 5s$ e) $28ab - 16ab - 4ab$ f) $90x^2 - 37x^2 - 28x^2$
g) $9a - 7a - 2$ h) $21b - 11b - b$ i) $19u - 8u - u - 7u - 3u$
k) $36uv - 19uv - uv$ l) $5{,}1m - 3{,}4m - 1{,}2m$ m) $3{,}2z - 0{,}8z - 0{,}2z$

5. **Subtrahieren von Brüchen**

a) $\frac{2}{3}a - \frac{1}{3}a - \frac{1}{6}a$ b) $m - \frac{1}{2}m - \frac{1}{4}m$ c) $1\frac{1}{2}u - u - \frac{1}{4}u$
d) $4\frac{1}{4}b - 2\frac{1}{3}b - 1$ e) $\frac{3}{8}ab - \frac{1}{16}ab - \frac{1}{4}ab$ f) $\frac{4}{5}v - \frac{1}{3}v - \frac{1}{2}v$

6. **Addieren und Subtrahieren von Termen mit verschiedenen Vorzeichen**

a) $17a + (-16a)$ b) $10m + (-2m) - (-4m)$ c) $43b + (+7b)$
d) $-5c + (-9c)$ e) $-8ef - (-2ef) + (-ef)$ f) $-14d - (-19d)$
g) $10a - 13a$ h) $-27b + (-10b) + 13b$ i) $\frac{4}{5}u - \frac{1}{3}v + \frac{2}{5}u - \frac{1}{2}v - w$
k) $3x - (+x) - (-2y)$ l) $8a - (-3a) + 2b$ m) $7a + (-5b) - 2b - (-a)$
n) $-16x + 7x - (+14b)$ o) $3{,}9y + (-1{,}8y) - (-y)$ p) $4{,}1x - (-x) + (-0{,}16x) - (+0{,}7x)$
q) $(-1{,}38b) + (+0{,}55b) + (-0{,}36b) + (-0{,}65b) + (+1{,}38b) + (+0{,}46b)$
r) $(+38a) + (-26a) + (-a) + (+26a) + (-28a) + (+19a)$

7. **Rechnen mit Klammern**

a) $2a + (a + 7)$ b) $3a + (7a + 5a)$ c) $5a + (a - 4a)$
d) $(16 - b) + (17 + b)$ e) $a + b - (a - b)$ f) $-10l - (18l - 34l)$
g) $x - (x - y + z)$ h) $56u - (46u - 27u)$ i) $19v - (24y - 19v)$
k) $6a - 8b - (4a + 3b - 5c)$ l) $22c - (18c + 8d)$ m) $8c + 6 + (3c - 10) - (9c - 5)$
n) $(6x - 3y + 7z) - (-x - y + z) + (2x + 3y - 6z)$
o) $56a + (648b - 291) - (948b - 55a - 291) + 700$
p) $5x - [(y - 5x) + (4z + 18y) - (30x + 4z)]$

## Multiplikation und Division

Die *Multiplikation* ist eine verkürzte Addition.

Das Multiplikationszeichen (·) kann zwischen Faktoren, die aus Buchstaben oder aus Zahlen und Buchstaben bestehen, weggelassen werden.

$$3 + 3 + 3 + 3 = 4 \cdot 3 = 12$$

$$a + a + a = 3 \cdot a$$
$$a \cdot b = ab$$
$$3 \cdot a = 3a$$
$$2 \cdot 3 \neq 23$$

## Vertauschungsregel

Die Reihenfolge der Faktoren ist beliebig.

**Vertauschungsregel:**

$$a \cdot b = b \cdot a$$

Sie werden am besten alphabetisch geordnet.

**Beispiel** $3 \cdot 4 = \mathbf{4 \cdot 3}$

$$4a \cdot 2b \cdot 3 = 24ab$$

Terme werden multipliziert, indem man die Beizahlen miteinander multipliziert, die Buchstaben werden ohne Multiplikationszeichen dahintergeschrieben.

**Beispiel** $2a \cdot 5b = \mathbf{10ab}$

## Vorzeichenregeln

Bei der Multiplikation von positiven und negativen Zahlen gelten folgende Regeln:

*Gleiche* Vorzeichen: (+) · (+) = + (–) · (–) = +
*Ungleiche* Vorzeichen: (+) · (–) = – (–) · (+) = –

**Vorzeichenregeln:**

$$(+a) \cdot (+b) = +ab$$
$$(-a) \cdot (-b) = +ab$$
$$(+a) \cdot (-b) = -ab$$
$$(-a) \cdot (+b) = -ab$$

*Dividieren* heißt ausrechnen, wie oft eine Zahl in einer anderen enthalten ist. Beizahlen werden durcheinander geteilt, gleiche Buchstaben werden gekürzt.

$6a : 2 = 3a$ $10a : 5a = 2$

**Beispiele** $45a : 15 = \mathbf{3a}$ $3ab : 3a = \mathbf{b}$

## Vorzeichenregeln

Bei der Division positiver und negativer Zahlen oder Buchstaben gelten die gleichen Regeln wie bei der Multiplikation.

**Vorzeichenregeln:**

$$(+a) : (+a) = +1$$
$$(-a) : (-a) = +1$$
$$(+a) : (-a) = -1$$
$$(-a) : (+a) = -1$$

**Beispiele** $(-4a) : (2a) = \mathbf{-2}$ $(-6a) : (-3b) = \mathbf{2\frac{a}{b}}$

## Rechnen mit Klammern

Ein Klammerausdruck (Summe oder Differenz) wird mit einer Zahl oder einem Buchstaben multipliziert, indem man jedes Glied in der Klammer mit der Zahl oder dem Buchstaben multipliziert und dabei die Vorzeichenregeln beachtet.

**Klammern:**

$$5 \cdot (a + b) = 5a + 5b$$
$$(a + b) \cdot c = ac + bc$$
$$(10a + 5b) : 5 = 2a + b$$
$$(15a + 30ab) : 3a = 5 + 10b$$

**Beispiele** $(3a + 5b) \cdot 4 = \mathbf{12a + 20b}$ $-b\,(x - 1) = \mathbf{-bx + b}$

## Zerlegung in Faktoren

Man setzt dazu den gemeinsamen Faktor vor die Klammer, dividiert jedes Glied durch diesen Faktor und schreibt das Ergebnis dieser Division in die Klammer.

**Zerlegen in Faktoren:**

$$ad + bd - cd = d\,(a + b - c)$$
$$10a + 10b = 10\,(a + b)$$
$$x^2 - x = x\,(x - 1)$$

## Multiplizieren von zwei Klammern

Jedes Glied der ersten Klammer wird mit jedem Glied der zweiten Klammer multipliziert (Vorzeichenregeln beachten).

$$(a + b) \cdot (a - b) = a^2 - ab + ab - b^2 =$$
$$= a^2 - b^2$$

## Aufgaben

1. **Multiplizieren**

a) $4 \cdot 3a$ b) $4b \cdot 14$ c) $5a \cdot 6c$
d) $9e \cdot 8f$ e) $2a \cdot 4b \cdot 6c$ f) $20u \cdot 10v \cdot 5w$
g) $x \cdot 3 \cdot y \cdot 4 \cdot z \cdot 5$ h) $6r \cdot 7 \cdot 8s \cdot 9$ i) $11ab \cdot 9cd$
k) $13ef \cdot 7g \cdot 2m$ l) $15xy \cdot 30z$ m) $32ab \cdot 3c \cdot 0$
n) $3a \cdot 2b \cdot 4c \cdot 0{,}3d \cdot 0{,}1e \cdot 0{,}02f$ o) $u \cdot 3v \cdot 6w \cdot 0{,}1x \cdot 100y \cdot 0{,}01z$

2. **Multiplizieren von Brüchen**

a) $\frac{2}{3}a \cdot \frac{3}{4}b \cdot \frac{4}{5}$ b) $0{,}25u \cdot \frac{4}{3}v \cdot \frac{7}{4}w$ c) $2x \cdot 3\frac{1}{3}y \cdot \frac{1}{6}$
d) $\frac{a}{b} \cdot \frac{c}{d} \cdot \frac{3}{4}$ e) $\frac{4m}{5n} \cdot \frac{15o}{24p}$ f) $\frac{u}{v} \cdot \frac{w}{u} \cdot \frac{x}{w} \cdot \frac{v}{y}$

3. **Multiplizieren von positiven und negativen Zahlen**

a) $(+11a) \cdot (+5)$ b) $(-x) \cdot (+10)$ c) $(+2u) \cdot (-8w)$
d) $(-8x) \cdot (-8y)$ e) $(-9ab) \cdot (+21cd)$ f) $(-24a^2) \cdot (-2b^2)$
g) $(-3x) \cdot (-4y) \cdot (-5z)$ h) $(+30af) \cdot (-40gh) \cdot (-1)$ i) $(+6p) \cdot (+3q) \cdot (-5r)$

4. **Multiplizieren von Klammern**

a) $3 \cdot (9x + 4)$ b) $a(b + c)$ c) $a(-b - c)$
d) $(-k) \cdot (l + m)$ e) $\frac{1}{5}(10x + 15y)$ f) $\frac{1}{8}(16m - 24n)$
g) $(4z + 9) \cdot (1 - u)$ h) $(-9x) \cdot (-3y + 4z)$ i) $(a + b) \cdot (-c - d)$
k) $10 \cdot (3x + 6y - 4u + 5v)$ l) $0{,}7x \cdot (0{,}3y - 1{,}1z + a)$ m) $2u \cdot (9r - 4s + 1)$

5. **Ausklammern gemeinsamer Faktoren**

a) $ax + ay$ b) $5c + 5d$ c) $mx + my + mz$
d) $12 \cdot 7 - 12 \cdot 3$ e) $4r - 6s$ f) $24a + 36b$
g) $6p - 3q$ h) $6ax + 6bx$ i) $pq - qr + sq$
k) $\frac{1}{2}a + \frac{3}{2}b$ l) $ax - bx - cx$ m) $8a + 8$
n) $60uv - 45uw + 15ux$ o) $8ax + 24bx - 12cx$ p) $(x + y) \cdot m + (x + y) \cdot n$

6. **Dividieren**

a) $6a : 2$ b) $6a : 2a$ c) $ab : a$
d) $18ab : 6b$ e) $12ab : 6ab$ f) $axy : xy$
g) $39m : (-13m)$ h) $(-81cd) : (-9c)$ i) $\frac{x}{10} : \frac{x}{5}$
k) $\frac{3}{4}a : \frac{4}{5}b$ l) $6r : \frac{12}{5}s$ m) $(-0{,}2u) : 0{,}05w$

7. **Gemischte Aufgaben**

a) $7 \cdot (x - 3) + 5 \cdot (x + 5) - 6(x - 2)$ b) $u(v + w) - r(-s - t) + x(y - z)$
c) $(18x + 21z) : 3$ d) $(121u - 154v) : 11$ e) $(5a + 1) : 10$
f) $(8a^2 + 6ab) : a$ g) $(2{,}1ab - 1{,}8b^2) : b$ h) $(u^2 + 2u) : u$
i) $6 \cdot (5x - 2) - (20x + 180) : 10 + 7x \cdot (-14) + 36ax : (-12a) + 9(9x + 12)$
k) $2a(b - c) + b(4a + 7c) - 24abc : 6c + \frac{3}{4}(16ab - \frac{4}{3}ac)$

## 1.3.2 Rechnen mit Potenzen

Die Fläche eines Quadrates erhält man, indem man die Seitenlänge $l$ mit sich selbst multipliziert.
Den Ausdruck $l^2$ ($l$ hoch 2 oder $l$-Quadrat nennt man **Potenz**).

$A = l \cdot l = l^2$
$l^2$ = Potenz
$l$ = Basis
2 = Exponent

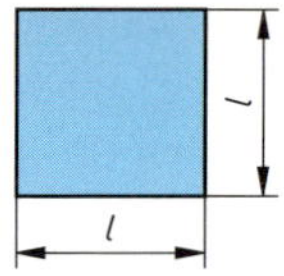


### Regeln für das Rechnen mit Potenzen

### Addition und Subtraktion

Potenzen mit gleicher Basis werden addiert oder subtrahiert, indem man die Beizahlen addiert oder voneinander subtrahiert und die Summe oder die Differenz mit der Potenz multipliziert.

### Multiplikation und Division

Potenzen mit gleicher Basis werden multipliziert oder dividiert, indem man ihre Exponenten addiert oder subtrahiert.

### Potenzieren

Potenzen werden potenziert durch Multiplizieren der Exponenten.

**Beispiel** $(5^2)^2 = 5^{2 \cdot 2} = 5^4 = 5 \cdot 5 \cdot 5 \cdot 5 = \mathbf{625}$

Eine Potenz mit negativem Exponenten hat den gleichen Wert, wie der Kehrwert der Potenz mit positivem Exponenten.

**Beispiel** $10^3 : 10^5 = 10^{3-5} = \mathbf{10^{-2}} = \frac{10 \cdot 10 \cdot 10}{10 \cdot 10 \cdot 10 \cdot 10 \cdot 10} = \frac{\mathbf{1}}{\mathbf{10^2}}$

Die Zahlenreihe der Exponenten kann über Null nach der negativen Seite erweitert werden.

**Regeln**

**Addieren, Subtrahieren:**

$7a^2 + 8a^2 = (7 + 8) \cdot a^2 = 15a^2$

$10a^3 - 5a^3 = 5a^3$

**Multiplizieren, Dividieren:**

$2^2 \cdot 2^3 = 2^{2+3} = 2^5$

$(a \cdot b)^3 = a^3 \cdot b^3$

$10^2 : 10^2 = 10^{2-2} = 10^0 = 1$

$x^5 : x^3 = x^{5-3} = x^2$

$\left(\frac{a}{b}\right)^m = \frac{a^m}{b^m}$

**Potenzieren:**

$(a^3)^2 = a^{3 \cdot 2} = a^6$

**Negative Exponenten:**

$a^3 : a^4 = a^{3-4} = a^{-1} = \frac{1}{a}$

### Aufgaben

1. **Addieren und Subtrahieren von Potenzen**

a) $5^2 + 3^2 - 4^2$ b) $10^2 - 3^2 - 2^2$ c) $5^3 + 2^3 - 3^3$
d) $2 \cdot 3^2 + 4 \cdot 3^2 - 5 \cdot 3^2$ e) $12a^2 - 11a^2 + 6a^2$ f) $9xy^2 + 13xy^2 + 15xy^2$
g) $2{,}5\,x^2y - 0{,}75\,x^2y$ h) $4l^5 - 20l^5 + 64l^5$ i) $5m^2 - 2m^2 + 7m^3 - 6m^3$

2. **Multiplizieren von Potenzen**

a) $5^2 \cdot 5^3 \cdot 5$ b) $10^2 \cdot 10^3 \cdot 10^4$ c) $2^3 \cdot 2^6 \cdot 2^0$
d) $a^2 \cdot a^4$ e) $c^5 \cdot c$ f) $a^3 \cdot a^3$
g) $p \cdot p^2 \cdot p^3$ h) $xy \cdot x$ i) $ab \cdot b$
k) $a^2b \cdot ab$ l) $ax \cdot ay \cdot az$ m) $a^2b \cdot ab^2 \cdot a^2b^2$

3. **Dividieren von Potenzen**

a) $10^8 : 10^5$ b) $5^4 : 5^2$ c) $a^4 : a^2$
d) $a^3 : a^3$ e) $20b^4 : 2{,}5b^2$ f) $2{,}4x^2 : 0{,}3x$
g) $5{,}4uv^2 : 18uv$ h) $39\,x^4y^3 : 13x^2y^3$ i) $a^{12} : a^4$

4. **Potenzieren von Potenzen und Klammerausdrücken**

a) $(4^2)^2$ b) $(x^2)^2$ c) $(5a^2)^2$
d) $(a + b)^2$ e) $(a - b)^2$ f) $8\,(a + b)^3$

5. **Umformen in Bruch oder Dezimalzahl**

a) $a^3 : a^4$ b) $4^3 : 4^5$ c) $15^3 : 15^2$
d) $10^3 : 10^6$ e) $x^4y^3 : x^6y^5$ f) $121a^{12}b^3c^2 : 11a^{15}b^4c^3$

## 1.3.3 Rechnen mit Wurzeln

Wurzelziehen oder **Radizieren** ist ein Vorgang, bei dem die Zahl gesucht wird, die so oft als Faktor in einer gegebenen Zahl vorhanden ist, wie die Aufgabenstellung verlangt.

Beim Wurzelziehen oder Radizieren wird der Wurzelwert gesucht. Er ist im Radikanden so oft als Faktor enthalten wie der Wurzelexponent bzw. die Wurzelhochzahl angibt.

Die 2. Wurzel wird auch Quadratwurzel, die 3. Wurzel Kubikwurzel genannt. Der Wurzelexponent für die 2. Wurzel wird meist nicht geschrieben.

$$\sqrt[3]{125} = 5$$

Wurzelexponent | Radikand | Wurzelwert

$$\sqrt{a \cdot b} = \sqrt{a} \cdot \sqrt{b}$$

$$\sqrt{\frac{m}{n}} = \frac{\sqrt{m}}{\sqrt{n}}$$

### Regeln für das Rechnen mit Wurzeln

### Radizieren von Produkten und Quotienten

Ein Produkt wird radiziert, indem man jeden Faktor radiziert. Ein Quotient wird radiziert, indem man sowohl den Zähler als auch den Nenner radiziert.

$$\sqrt{14\,400} = \sqrt{144} \cdot \sqrt{100} = 12 \cdot 10 = 120$$

### Radizieren von sehr großen oder sehr kleinen Zahlen

Der Radikand wird in einen Faktor und in eine Zehnerpotenz zerlegt, aus der die verlangte Wurzel leichter zu ziehen ist.

$$\sqrt{0{,}03} = \sqrt{\frac{3}{100}} = \frac{\sqrt{3}}{\sqrt{100}} = \frac{1{,}732}{10} = 0{,}1732$$

### Radizieren von Potenzen und Wurzeln

Potenzen werden radiziert, indem man den Potenzexponenten durch den Wurzelexponenten dividiert.

Eine Wurzel wird radiziert, indem man die Wurzelexponenten multipliziert.

$$\sqrt[3]{a^2} = a^{\frac{2}{3}}$$

$$\sqrt[2]{a^2} = a^{\frac{2}{2}} = a^1 = a$$

$$\sqrt[3]{\sqrt[2]{64}} = \sqrt[3\cdot 2]{64} = \sqrt[6]{64} = 2$$

### Aufgaben

**1. Radizieren von Zahlen**

a) $\sqrt{169}$ b) $\sqrt[3]{125}$ c) $\sqrt{6{,}25}$ d) $\sqrt[3]{0{,}125}$

e) $\sqrt[4]{16}$ f) $\sqrt[3]{15\,625}$ g) $\sqrt[3]{125\,000}$ h) $\sqrt[3]{216\,000}$

i) $\sqrt{850}$ k) $\sqrt{1331}$ l) $\sqrt[3]{1331}$ m) $\sqrt[4]{0{,}0256}$

n) $\sqrt[5]{0{,}03125}$ o) $\sqrt{3\,610\,000}$ p) $\sqrt{0{,}36}$ q) $\sqrt{0{,}000\,144}$

**2. Radizieren von Produkten und Quotienten**

a) $\sqrt{81 \cdot 324}$ b) $\sqrt{49 \cdot 196 \cdot 2\,500}$ c) $\sqrt{625 \cdot 9}$ d) $\sqrt{289 \cdot 529}$

e) $\sqrt{16 \cdot 10^4}$ f) $\sqrt{1{,}96 \cdot 10^8}$ g) $\sqrt{\frac{289}{10^{10}}}$ h) $\sqrt{\frac{361 \cdot 144}{256}}$

i) $\sqrt{\frac{676 \cdot 0{,}01}{10^4 \cdot 1024}}$ k) $\sqrt{9a}$ l) $\sqrt[3]{x^3 y^3}$ m) $\sqrt{81xy}$

**3. Radizieren von Potenzen und Wurzeln**

a) $\sqrt{3^2 + 4^2}$ b) $\sqrt{13^2 - 5^2}$ c) $\sqrt{10^2 - 6^2}$ d) $\sqrt{25 - 16}$ e) $\sqrt{a^2}$

f) $\sqrt[3]{b^3}$ g) $\sqrt[3]{(-1)}$ h) $\sqrt[3]{-8}$ i) $\sqrt[n]{\frac{a^n}{b^n}}$ k) $\sqrt[3]{a^6}$

l) $\sqrt{25a^2b^2}$ m) $\sqrt{x^2y^4z^6}$ n) $\sqrt{5^4}$ o) $\sqrt{324a^2}$ p) $\sqrt{\frac{289u^2v^4}{529a^8b^4}}$

q) $\sqrt{\sqrt{16}}$ r) $\sqrt{\sqrt{81}}$ s) $\sqrt{\sqrt{625}}$ t) $\sqrt{\sqrt{a^4}}$ u) $\sqrt{\sqrt{x^8}}$

## 1.3.4 Gleichungen

Gleichungen lassen sich mit einer Balkenwaage vergleichen. Sie haben eine linke und eine rechte Seite, die gleich groß sind und die man deshalb durch ein Gleichheitszeichen verbindet, z. B. 2 kg + 3 kg = 5 kg.

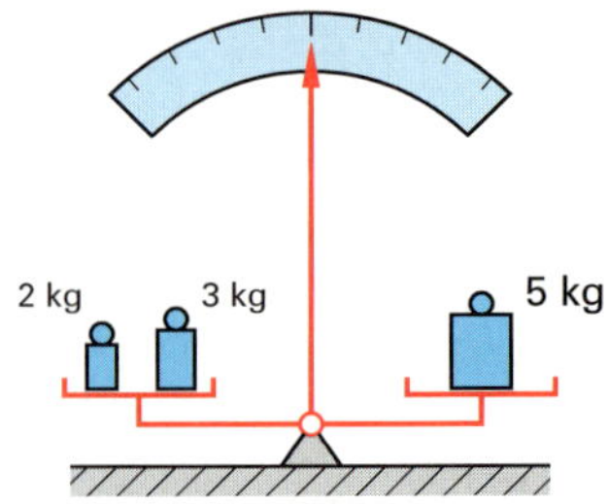


Eine Waage bleibt im Gleichgewicht, wenn man in beide Waagschalen gleichgroße Massen dazulegt oder aus beiden Waagschalen gleichgroße Massen wegnimmt. Sie bleibt auch im Gleichgewicht, wenn man den Inhalt beider Waagschalen vertauscht.

Durch Gleichungen lassen sich mathematische und physikalische Gesetze einfach und kurz darstellen, z. B. $A = l \cdot b$.

### Lösungsverfahren bei Gleichungen

Um eine Gleichung mit einer Unbekannten, z. B. $x$, zu lösen, wird sie so umgeformt, dass die Unbekannte $x$ auf einer Seite allein steht.

### Vertauschen der Seiten

Eine Gleichung bleibt erhalten, wenn man die beiden Seiten vertauscht.

$$15 = x + 8$$
$$x + 8 = 15$$

### Umformen durch Addieren und Subtrahieren

Eine Gleichung bleibt erhalten, wenn man auf beiden Seiten gleiche Zahlen oder Größen addiert oder subtrahiert.

Wird eine Zahl oder Größe von einer Seite der Gleichung auf die andere gebracht (Seitentausch), so ändert sich dabei das Vorzeichen:

Aus + wird –     Aus – wird +

$$x + 8 = 15$$
$$x + 8 - 8 = 15 - 8$$
$$\mathbf{x = 7}$$
$$x + 8 = 15$$
$$x = 15 - 8$$
$$\mathbf{x = 7}$$

### Umformen durch Multiplizieren und Dividieren

Eine Gleichung bleibt erhalten, wenn man beide Seiten mit der gleichen Zahl oder Größe multipliziert oder durch die gleiche Zahl oder Größe dividiert.

Eine Zahl oder Größe, die auf der einen Seite als Faktor im Zähler steht, kommt beim Seitentausch auf die andere Seite als Faktor in den Nenner.

Eine Zahl oder Größe, die als Faktor im Nenner steht, kommt beim Seitentausch auf die andere Seite als Faktor in den Zähler.

Aus · wird :     Aus : wird ·

Summen oder Differenzen über oder unter dem Bruchstrich müssen beim Umformen wie Klammerausdrücke behandelt werden.

$$3x = 36$$
$$\frac{3x}{3} = \frac{36}{3}$$
$$\mathbf{x = 12}$$
$$6 \cdot x = 24$$
$$x = \frac{24}{6}$$
$$\mathbf{x = 4}$$
$$\frac{x}{12} = 5$$
$$x = 5 \cdot 12$$
$$\mathbf{x = 60}$$
$$V_c = \frac{V_h}{\varepsilon - 1}$$
$$V_h = V_c \cdot (\varepsilon - 1)$$

### Mehrfach auftretende Unbekannte

Tritt die Unbekannte auf beiden Seiten der Gleichung auf, so werden die Glieder mit der Unbekannten auf die linke Seite, die anderen Glieder auf die rechte Seite gebracht. Alle gleichartigen Glieder werden dabei vor dem Hinüberbringen zusammengefasst.

$$3x - 6 = x + 10 - 2$$
$$3x - 6 = x + 8$$
$$3x - x = 8 + 6$$
$$2x = 14$$
$$\mathbf{x = 7}$$

## Umformen durch Potenzieren und Radizieren

Eine Gleichung bleibt erhalten, wenn man beide Seiten jeweils mit demselben Exponenten potenziert oder radiziert.

$\sqrt{x} = 6$

$(\sqrt{x})^2 = 6^2$

$\mathbf{x = 36}$

**Beispiel** $x^3 = 13 + 14$

$\sqrt[3]{x^3} = \sqrt[3]{27}$

$\mathbf{x = 3}$

**Beispiel** $\sqrt{x} = 1{,}414$

$x = 1{,}414^2$

$\mathbf{x = 2}$

## Aufgaben

Bestimmen der Unbekannten durch Umformen der Gleichungen.

1. **Bestimmungsgleichungen mit Summen und Differenzen**

a) $5x - 15 = 20$ b) $3x + (6 - x) = 10$ c) $11x + 7 = 10x + 10$
d) $5y - 25 = y - 9$ e) $3z - 6 - 7 = 8$ f) $9 + 3m - 2m = 10$
g) $9a + 2 - 7a = -2a - 2$ h) $0 = 14 + x - 8x - 7$ i) $0 = (10 - 2k) - (k - 5)$
k) $26 - x = 36 - 3x$ l) $85 - 5x = 6x + 79$ m) $26x + 24 - 17x - 69 = 0$
n) $5x = 49 - (6x + 16)$ o) $9x = 7x + 34 + 9x - 6 - 14x$ p) $2x - (a + b) = x + (a - b)$
q) $3a + (b - x) = (2b - (2x - 3a)$ r) $12x - (5x - 23) = 30 + (6x - 7)$ s) $(2 + 9x) + 13 = 17x + (16 + 8x)$
t) $5x - (4x - 30) - 18 = -8x + (7x - 63) - (-11x)$
u) $18 + 16x - [26x + (17 - 33x)] = -12 - [-76 + (11x - 30) - 8x + 67]$

2. **Bestimmungsgleichungen mit Produkten**

a) $5(y - 5) = y - 9$ b) $3(z - 2) - 7 = 8$ c) $3(x + 9) = (6 - x) \cdot 2$
d) $-2(4y - 29) = 3(11 - y)$ e) $7(8a - 5) = 133$ f) $(17 - 3y) \cdot 11 = (2y + 1) \cdot 2$
g) $5(2b + 7) = 9(2b - 5)$ h) $18y + 12(3y - 1) = 25y + 17$ i) $8(16 - 3x) + (x - 1) \cdot 3 = 41$
k) $16a - 5(2a - 3) = 23 + 7(6a + 4)$ l) $6(5x - 2) - 5(6x - 5) = 4(9 - 2x) + 1$
m) $2[13y + 3(y - 2) + 6] = 73 - [15(3 - y) - 3y]$
n) $25(4x - 3) = 13(-3x + 6) - 3[4(3x - 8) - 8(5x - 2)] + 19$
o) $14[9 + 6(3x + 2)] = 28[300 - 11(12x - 8)] + 126$

3. **Bestimmungsgleichungen mit Brüchen**

a) $\frac{3x}{5} = 9$ b) $5x : 12 = 5$ c) $\frac{9}{x} - \frac{1}{2} = \frac{10}{x} + \frac{4}{9}$
d) $\frac{x}{a} - b = c$ e) $\frac{a}{x} - \frac{b}{x} = c$ f) $\frac{1}{x} = \frac{1}{2} + \frac{1}{3} + \frac{1}{4}$
g) $\frac{15}{-x} = 3$ h) $\frac{33}{-m} = 5 + 6$ i) $\frac{4}{x - 1} = 1$
k) $\frac{x}{4} = 2{,}5a - 2b$ l) $\frac{x}{2} - \frac{x}{3} + \frac{x}{4} - \frac{x}{6} + 15 = 0$ m) $\frac{16}{1 - x} = 4$
n) $\frac{4x}{3} - \frac{4}{5} = \frac{4x - 4}{5} + 16$ o) $\frac{5 \cdot (x + 6)}{15 \cdot (x - 4)} = 1$ p) $39 = \frac{3(39 - 13x)}{13}$

4. **Bestimmungsgleichungen mit Potenzen und Wurzeln**

a) $x^2 = c^2 - d^2$ b) $x^3 = 27$ c) $\sqrt{x} = 13$
d) $2\sqrt[3]{x} = 8$ e) $8 - \sqrt{x} = 3$ f) $3 + 2\sqrt{x} = 5$
g) $5 + 3\sqrt{x} = 7$ h) $\sqrt{x - a} = b - c$ i) $\sqrt{4x} \cdot \sqrt{x} = 8$

5. **Durch welche Zahlen werden die folgenden Gleichungen erfüllt?**

a) $12x - (6x - 21) = 40 + (4x - 9)$ b) $(4 + 18x) + 26 = 34x + (32 - 17x)$
c) $10x - (2{,}5x - 4{,}5) - 3{,}5 = 12x - (5{,}5x - 5)$ d) $a + b - [c - (a + x)] = 4a - (a + 2c - b)$
e) $\frac{11x + 7}{20} - \frac{9x - 7}{5} = -2$ f) $\frac{2x}{7} + \frac{3x + 1}{84x - 7} = \frac{14x + 2}{49}$

## Aufgaben

**6. Gemischte Bestimmungsgleichungen**

a) $x - a = a - b$
b) $0{,}34x + 1{,}5c = 3c - 0{,}16x$
c) $11a + 7x = 24a - 6x$
d) $15ab - 8x = 19x - 12ab$
e) $9b - 6x = 6b - 4x$
f) $2x - (a + b) = x + (a - b)$
g) $3a + (b - x) = 2b - (2x - 3a)$
h) $\frac{x}{c} - b = a$
i) $(a + 9)\,x = a\,(x + 3)$
k) $5x - (3a + b) = 4a + 6b - 2x$
l) $9a - 7x = 6b - 4x$
m) $11p - 7q - 3x = 3q + 2x - 4p$
n) $3(6x - 7a) - 7(5a + 4b) = 2(13x + 10b)$
o) $2d + x = 6\,(x + b)$
p) $8x - 5a + 3b = 13x + 13b$
q) $b - ax = a - bx$
r) $\frac{x}{a} + 1 = \frac{b}{a}$
s) $\frac{c}{bx} - \frac{c}{ax} = 1$
t) $cx - d = x$
u) $ax - bx = c$
v) $\frac{x}{a - b} = \frac{x - b}{a}$

**7. Umstellen der Formeln nach der rot unterlegten Größe**

a) $V = l \cdot b \cdot h$
b) $n_1 \cdot z_1 = n_2 \cdot z_2$
c) $U = I \cdot R$
d) $A = \frac{l \cdot b}{2}$
e) $v = \frac{s}{t}$
f) $m = V \cdot \varrho$
g) $l = \frac{L}{n + 1}$
h) $\varepsilon = \frac{V_h + V_c}{V_c}$
i) $c^2 = a^2 + b^2$
k) $d^2 = 2\,l^2$
l) $V = l^3$
m) $A = \frac{\pi \cdot d^2}{4}$
n) $\varepsilon = \frac{V_h}{V_c} + 1$
o) $d = \frac{360 \cdot l_B}{\pi \cdot \alpha}$
p) $A = \frac{l_1 + l_2}{2} \cdot b$
q) $s = \frac{v^2}{2\,a}$
r) $P = \frac{M \cdot n}{9550}$
s) $\frac{p_1 \cdot V_1}{T_1} = \frac{p_2 \cdot V_2}{T_2}$
t) $i = \frac{d_2 \cdot d_4}{d_1 \cdot d_3}$
u) $W = \frac{m \cdot v^2}{2}$
v) $l_2 = l_1 \cdot (1 + \alpha \cdot \Delta T)$
w) $R = \frac{R_1 \cdot R_2}{R_1 + R_2}$
x) $\frac{1}{R} = \frac{1}{R_1} + \frac{1}{R_2}$
y) $P = \sqrt{3} \cdot U \cdot I$

**8. Textaufgaben**

a) Welche Zahl ergibt um 99 vermindert ebensoviel, wie wenn man sie durch 10 teilt?
b) Der dritte und der fünfte Teil einer Zahl ergeben 88. Wie groß ist die Zahl?
c) Von welcher Zahl beträgt das Doppelte um 9 mehr als der fünfte Teil?
d) An einem Widerstand $R$ liegt die Spannung $U = 6$ V; es fließt ein Strom $I = 1{,}2$ A. Wie groß ist der Widerstand? (Das ohmsche Gesetz lautet $I = \frac{U}{R}$)
e) Das Produkt aus dem vierten und dem fünften Teil einer Zahl ist 500. Wie groß ist die Zahl?
f) Bei einem Auto nimmt der Motor ein Fünftel, das Fahrgestell ein Drittel des Fahrzeuggewichts in Anspruch; die Karosserie wiegt 420 kg. Wie viel wiegt das Auto?
g) Ein Großvater ist jetzt dreizehnmal so alt wie sein Enkel. In 10 Jahren werden beide zusammen 104 Jahre alt sein. Wie alt sind jetzt Enkel und Großvater?
h) Addiert man zu einer Zahl ihr Vierfaches und ihr Fünffaches, so erhält man 270. Wie groß ist die Zahl?
i) Eine Erbschaft von 460 000 € soll so auf drei Erben verteilt werden, dass der Erbe 2 einen Betrag von 20 000 € mehr als der Erbe 1 und der Erbe 3 einen Betrag von 50 000 € weniger als die Erben 1 und 2 zusammen erhalten. Welche Summen erhalten die Erben 1, 2 und 3?
k) Ein Dreieck hat einen Umfang von 50 cm. Die zweite Seite ist um 3 cm länger, die dritte Seite um 4 cm kürzer als die erste Seite. Wie lang sind alle drei Seiten?

## 1.3.5 Verhältnisgleichungen, Mischungsrechnen

Der Quotient zweier Zahlen wird auch Verhältnis genannt.

**Mischungen** werden als Verhältnisse angegeben, z. B. 4 : 3 (Wasser : Gefrierschutzmittel). Weitere Verhältnisse sind Steigungen, z. B. 1 : 11, Übersetzungen, z. B. 3,7 : 1, Verdichtungen, z. B. 21 : 1.

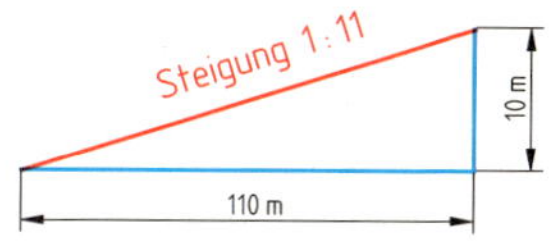


Haben zwei Verhältnisse gleichen Wert, so können sie durch ein Gleichheitszeichen verbunden werden; man erhält eine **Verhältnisgleichung (Proportion)** mit 4 Gliedern. Sie kann mit Bruchstrichen oder Doppelpunkten geschrieben werden. Von den 4 Gliedern einer Verhältnisgleichung, z. B. 2 : 3 = 4 : 6, nennt man 2 und 6 äußere Glieder, 3 und 4 innere Glieder.

$$\frac{a}{b} = \frac{c}{d}$$

$$a : b = c : d$$

### Regeln für das Rechnen mit Verhältnisgleichungen

### Produktgleichung

Das Produkt der äußeren Glieder ist gleich dem Produkt der inneren Glieder.

$$\overset{x}{\frown}\; a : b = c : d \;\underset{x}{\smile}$$

$$a \cdot d = b \cdot c$$

Bei der Schreibweise mit Bruchstrich erhält man durch Multiplikation übers Kreuz das gleiche Ergebnis.

$$\frac{a}{b} \gtrless \frac{c}{d}$$

$$a \cdot d = b \cdot c$$

### Auflösen nach einer Unbekannten

Sind 3 Glieder einer Verhältnisgleichung gegeben, so kann daraus das 4. Glied bestimmt werden.

$$\frac{a}{b} = \frac{c}{d}$$

$$a = \frac{b \cdot c}{d} \qquad c = \frac{a \cdot d}{b}$$

$$b = \frac{a \cdot d}{c} \qquad d = \frac{b \cdot c}{a}$$

**Beispiel** Zweitaktgemisch 1 : 50 (1 l Öl auf 50 l Benzin); wie viel Liter Öl sind auf 12 Liter Benzin zuzugeben?

**Lösung:**

$$a : b = c : d$$

$$1 : 50 = c : 12$$

$$\frac{1}{50} = \frac{c}{12}$$

$$c \cdot 50 = 1 \cdot 12$$

$$c = \frac{1 \cdot 12}{50} = \mathbf{0{,}24\ Liter\ Öl}$$

### Aufgaben

1. **Aufstellen der zugehörigen Produktgleichungen**
   a) 2 : 5 = 6 : 15  b) 3 : 4 = 15 : 20  c) $x : y = p : q$  d) $n_1 : n_2 = z_2 : z_1$
   e) $x : y = 4 : 3$  f) $6a : 5b = 3 : 0{,}5$  g) $F_1 : F_2 = A_1 : A_2$  h) $p_1 : p_2 = V_2 : V_1$
2. **Auflösen nach der Unbekannten**
   a) $\frac{x}{168} = \frac{25}{24}$  b) $\frac{11}{9} = \frac{4}{y}$  c) $9 : x = 3 : 8$  d) $21 : 4x = 72 : 96$  e) $\frac{x+1}{12} = \frac{7}{8}$
3. Bestimmen Sie aus der Verhältnisgleichung $n_1 : n_2 = z_2 : z_1$ jeweils die Größen $n_1$, $n_2$, $z_1$, $z_2$!
4. Das Kühlsystem eines Kfz fasst 8 l. Wie viel Wasser und Gefrierschutzmittel müssen eingefüllt werden, wenn das Mischungsverhältnis zwischen Wasser und Gefrierschutzmittel 4 : 5 beträgt?
5. Welche Kraftstoff- und Ölmenge benötigt man für 20 l Öl-Kraftstoffgemisch im Verhältnis 1 : 40?
6. Aus Blei und Zinn sollen 2 kg Blei-Zinn-Lot L-Sn 63 Pb mit 37% Blei und 63% Zinn legiert werden. Wie viel kg Blei und kg Zinn sind nötig?
7. Bei der Herstellung einer Kühlflüssigkeit von 6,4 l wurden 0,8 l Gefrierschutzmittel verwendet. a) Welches Mischungsverhältnis liegt vor? b) Wie viel Liter Gefrierschutzmittel werden noch benötigt, damit ein Mischungsverhältnis von 2 : 1 (Wasser : Gefrierschutzmittel) entsteht?
8. In einer Kfz-Werkstatt hat der Inhaber 168000 €, sein Teilhaber 96000 € angelegt. Der Reingewinn von 47000 € soll im Verhältnis ihrer Beteiligungen aufgeteilt werden. Wie viel Euro bekommt jeder?
9. Eine Strecke von 12 cm Länge ist im Verhältnis 5 : 3 zu teilen. Wie lang sind die beiden Strecken?

## 1.4 Grafische Darstellungen, Diagramme

Diagramme sind grafische Darstellungen in einem Koordinatensystem. Bevorzugt werden in der Technik rechtwinklige Koordinatensysteme verwendet, um Zusammenhänge zwischen physikalischen Größen anschaulich darzustellen und um ihre Abhängigkeit voneinander besser beurteilen zu können.

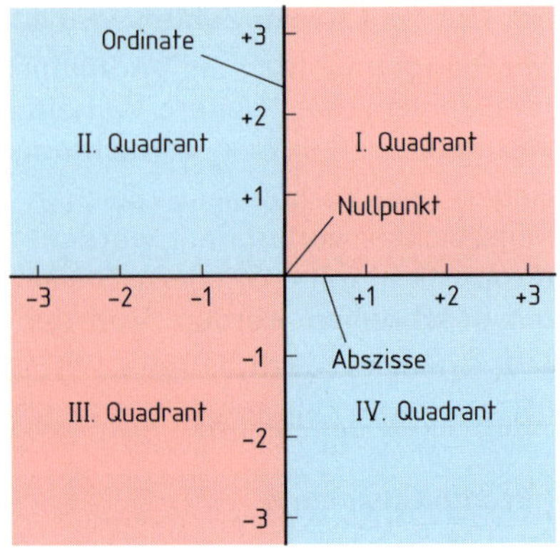


### Diagramme im rechtwinkligen Koordinatensystem

Das Achsenkreuz wird gebildet durch zwei sich rechtwinklig schneidende Geraden, durch welche die Fläche in vier Teile (Quadranten) geteilt wird. Die Zählung der Quadranten erfolgt entgegen dem Uhrzeigersinn, rechts oben beginnend. Zur Darstellung des Diagramms wird meist nur der I. Quadrant benutzt. Der Schnittpunkt der Achsen ist der Nullpunkt des Koordinatensystems. Die waagrechte Achse wird als Abszisse, die senkrechte Achse als Ordinate bezeichnet.

**Anlage des rechtwinkligen Koordinatensystems.** Nach Zeichnen des Achsenkreuzes werden Abszisse und Ordinate in geeigneten Maßstäben mit Skalen in den erforderlichen Einheiten versehen. Die aufgetragene Größe wird mit einem Pfeil unter die Abszisse bzw. neben die Ordinate geschrieben. Der Pfeil gibt an, in welcher Richtung die Koordinate wächst. Jeder Punkt im Diagramm ist durch zwei Maße, die Koordinaten, eindeutig bestimmt. Die Koordinaten eines Punktes bezeichnet man auch als Wertepaar. Die Gesamtheit aller Wertepaare ergibt die Punkte, die, miteinander verbunden, die Kurve darstellen, welche den Zusammenhang zwischen den aufgetragenen Größen veranschaulicht.

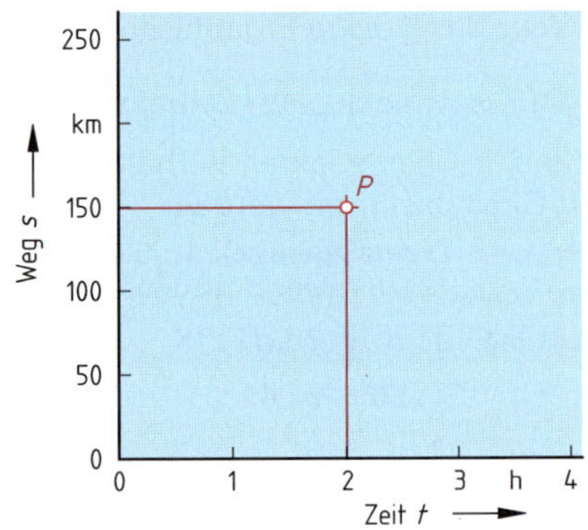


**Beispiel 1**

Ein Kfz fährt mit gleichbleibender Geschwindigkeit; es hat nach einer Fahrzeit von 2 Stunden einen Weg von 150 km zurückgelegt. Zum Anfertigen eines Weg-Zeit-Diagramms ist der Punkt $P$ in das Koordinatensystem einzutragen.

**Lösung:** Man trägt auf der Zeitskale die Fahrzeit 2 h ab und errichtet in diesem Punkt eine Senkrechte zur Zeitskale; anschließend trägt man auf der Wegskale 150 km ab und errichtet in diesem Punkt eine Senkrechte zur Wegskale. Der Schnittpunkt der beiden Senkrechten ist der Punkt $P$ für das Weg-Zeit-Diagramm.

**Beispiel 2**

Die Formel $s = v \cdot t$ soll für eine Geschwindigkeit von 70 km/h grafisch dargestellt werden. Ermitteln Sie aus dem fertiggestellten Diagramm, welchen Weg das Fahrzeug nach 3,5 h zurückgelegt hat.

**Lösung:** Wertetabelle

| Zeit $t$ in h | 0 | 1 | 2 | 3 | 4 |
|---|---|---|---|---|---|
| Weg $s$ in km | 0 | 70 | 140 | 210 | 280 |

Wegmaßstab: 1 cm ≙ 50 km

Zeitmaßstab: 1 cm ≙ 1 h

Nach Zeichnen des Diagramms wird auf der Abszisse bei $t = 3{,}5$ h eine Senkrechte errichtet bis zum Schnitt mit der Kurve. Durch den Schnittpunkt wird eine Parallele zur Abszisse gezogen bis zum Schnitt mit der Ordinate. Auf der Ordinate kann die zurückgelegte Wegstrecke abgelesen werden: 245 km.

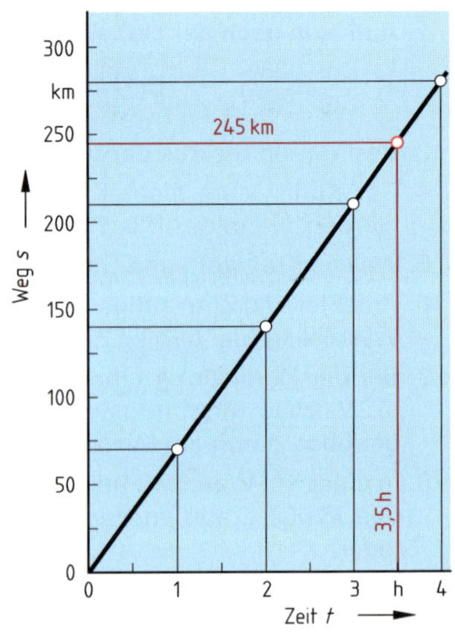

**Beispiel 3**

Ein Kfz fährt aus dem Stand mit gleichbleibender Beschleunigung an ($a = 2{,}5\ m/s^2$). Es hat dabei nach 8 s einen Weg von 80 m zurückgelegt. Aus dem Diagramm ist zu ermitteln: a) Welchen Weg hat das Kfz nach 5 s zurückgelegt? b) Welche Zeit benötigt das Kfz, um einen Weg von 70 m zurückzulegen? c) Welchen Verlauf hat die Kurve?

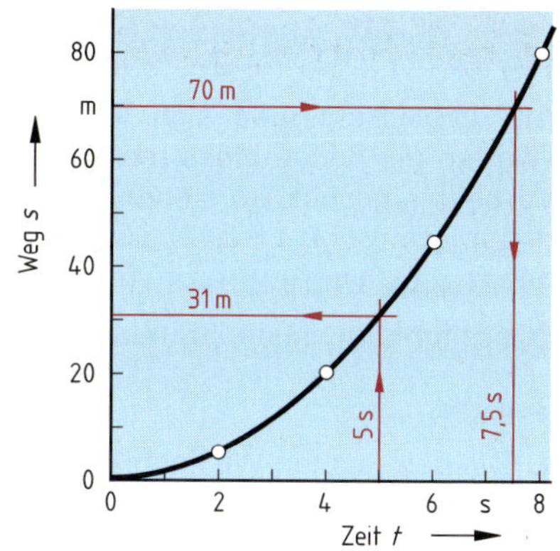


**Lösung:** a) Das Fahrzeug hat nach 5 s einen Weg von 31 m zurückgelegt.

b) Für einen Weg von 70 m benötigt das Kfz eine Zeit von 7,5 s.

c) Die Kurve ist eine Parabel. Der zurückgelegte Weg nimmt umso schneller zu, je größer die Beschleunigungszeit ist, z.B. nimmt in der Beschleunigungszeit von der 2. s bis zur 4. s der zurückgelegte Weg um 15 m zu; von der 4. s bis zur 6. s nimmt dagegen der zurückgelegte Weg bereits um 25 m zu.

## Aufgaben

1. Die Formel $s = v \cdot t$ soll für eine Fahrzeit von 4 Stunden bei einer Geschwindigkeit von 105 km/h grafisch dargestellt werden. a) Ermitteln Sie für die Wertetabelle den zurückgelegten Weg $s$ für die Fahrzeiten $t$ = 1 h, 2,25 h, 3,5 h, 4 h. b) Zeichnen Sie das Weg-Zeit-Diagramm; Wegmaßstab: 1 cm ≙ 40 km; Zeitmaßstab: 1 cm ≙ 0,5 h. c) Ermitteln Sie aus dem Diagramm den zurückgelegten Weg für eine Fahrzeit von 2 h und für eine Fahrzeit von 2 h 45 min.

2. Ein Pkw fährt mit einer Geschwindigkeit $v_1$ = 15 m/s (54 km/h); er wird gleichmäßig 12 s lang beschleunigt mit einer Beschleunigung $a = 1{,}25\ m/s^2$. a) Stellen Sie die Abhängigkeit der erreichten Geschwindigkeit $v_2$ von der Beschleunigungszeit $t$ grafisch dar. Die Formel für die erreichte Geschwindigkeit $v_2$ lautet $v_2 = v_1 + a \cdot t$. b) Welche Geschwindigkeit hat der Pkw nach einer Beschleunigungszeit von 10 s erreicht? c) Welche Beschleunigungszeit benötigt der Pkw, um eine Geschwindigkeit von 23 m/s zu erreichen? d) Wie groß ist die Geschwindigkeitszunahme in einer Beschleunigungszeit von 6 s?

3. Der Luftwiderstand eines Pkw soll für die Geschwindigkeiten von 0 km/h bis 150 km/h ermittelt werden. Die Querschnittfläche des Pkw beträgt $A = 2\ m^2$, die Luftdichte $\varrho = 1{,}226\ kg/m^3$, der Luftwiderstandsbeiwert $c_w = 0{,}42$. Die Formel für den Luftwiderstand $F_L$ in N lautet: $F_L = \varrho/2 \cdot c_w \cdot A \cdot v^2$, dabei ist die Geschwindigkeit $v$ in m/s einzusetzen (1 m/s = 3,6 km/h). Maßstab für die Geschwindigkeit: 1 cm ≙ 20 km/h; Maßstab für den Luftwiderstand: 1 cm ≙ 100 N. a) Fertigen Sie eine Wertetabelle an für die Geschwindigkeiten 0 km/h, 25 km/h, 50 km/h, 75 km/h, 100 km/h, 125 km/h, 150 km/h, für die sich daraus ergebenden Geschwindigkeiten in m/s und für die errechneten Werte des Luftwiderstands $F_L$ in N. b) Zeichnen Sie das Diagramm des Luftwiderstands $F_L$ in N in Abhängigkeit von der Geschwindigkeit $v$ in km/h. c) Entnehmen sie dem Diagramm, welchen Luftwiderstand der Pkw bei einer Geschwindigkeit von 140 km/h hat. d) Bei welcher Geschwindigkeit hat der Pkw einen Luftwiderstand von 500 N? e) Auf welchen Faktor vervielfacht sich der Luftwiderstand, wenn sich die Geschwindigkeit von 70 km/h auf 140 km/h verdoppelt?

4. Von einem Ottomotor sind folgende Werte auf dem Prüfstand ermittelt worden:

| Motordrehzahl $n$ in 1/min | 1000 | 2000 | 3000 | 4000 | 4500 | 5000 | 5500 | 6000 | 6500 |
|---|---|---|---|---|---|---|---|---|---|
| Nutzleistung $P_{eff}$ in kW | 14 | 36,6 | 60,4 | 80,3 | 87,5 | 91,9 | 92,6 | 91 | 87 |
| Drehmoment $M$ in Nm | 134 | 175 | 192 | 192 | 186 | 176 | 161 | 145 | 128 |

a) Errichten Sie über der Drehzahlskale eine Skale für die Nutzleistung $P_{eff}$ und eine Skale für das Drehmoment $M$. Maßstäbe: 1 cm ≙ 500 1/min; 1 cm ≙ 5 kW; 1 cm ≙ 10 Nm. Beginnen Sie mit der Drehmomentskale 20 mm über der Abszisse mit dem Skalenwert 100 Nm. b) Zeichnen Sie die Kurve für die Nutzleistung $P_{eff}$ in Abhängigkeit von der Motordrehzahl $n$. c) Zeichnen Sie die Kurve für das Drehmoment $M$ in Abhängigkeit von der Motordrehzahl $n$. d) Bei welcher Drehzahl gibt der Motor die größte Nutzleistung und bei welcher Drehzahl das größte Drehmoment ab?

## 1.5 Rechnen mit Winkelfunktionen (Trigonometrische Funktionen)

Alle Dreiecke lassen sich in rechtwinkelige Dreiecke zerlegen. Werden die Seiten eines rechtwinkeligen Dreiecks zueinander ins Verhältnis gesetzt, so stehen die Seitenverhältnisse zu der Größe der spitzen Winkel $\alpha$ bzw. $\beta$ in gesetzmäßigen Beziehungen; diese nennt man Winkelfunktionen.

Winkelfunktionen sind: Sinus, Cosinus, Tangens, Cotangens.

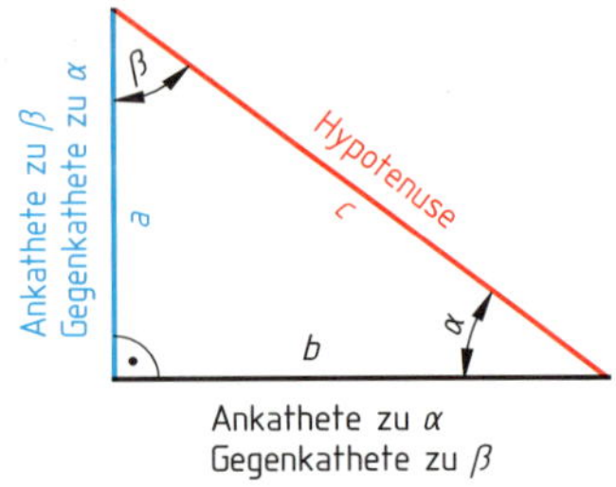


**Begriffe**

a) Die den rechten Winkel bildenden Seiten heißen Katheten.

b) Die dem rechten Winkel gegenüberliegende Seite heißt Hypotenuse; sie wird mit *c* bezeichnet.

c) Die dem Winkel $\alpha$ gegenüberliegende Seite heißt Gegenkathete; sie wird mit *a* bezeichnet.

d) Die dem Winkel $\alpha$ anliegende kleinere Seite (Kathete) heißt Ankathete; sie wird mit *b* bezeichnet.

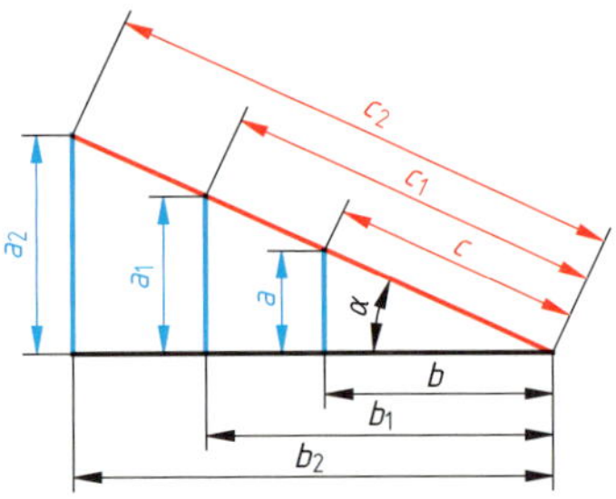


Bei gleichbleibenden Winkeln $\alpha$ und $\beta$ bleiben im rechtwinkeligen Dreieck die Seitenverhältnisse, d. h. die Winkelfunktionen stets gleich groß, z. B.

$$\frac{a}{b} = \frac{a_1}{b_1} = \frac{a_2}{b_2} = \frac{a_3}{b_3} \ldots \quad \textbf{oder} \quad \frac{a}{c} = \frac{a_1}{c_1} = \frac{a_2}{c_2} = \frac{a_3}{c_3} \ldots$$

### Sinusfunktion

$$\text{Sinus} = \frac{\text{Gegenkathete}}{\text{Hypotenuse}}$$

$$\sin \alpha = \frac{a}{c}$$

Die Werte für die Sinusfunktionen sind Zahlen, die das Seitenverhältnis von *a/c* für den Winkel $\alpha$ bzw. von *b/c* für den Winkel $\beta$ wiedergeben.

$a = c \cdot \sin \alpha$ $\qquad c = \dfrac{a}{\sin \alpha}$

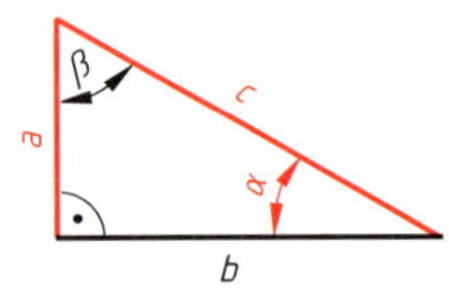


**Beispiel 1**

Gegeben: $a = 13{,}13$ mm; $c = 26$ mm

Gesucht: $\sin \alpha$; $\alpha$ in °

**Lösung:** $\sin \alpha = \dfrac{a}{c} = \dfrac{13{,}13 \text{ mm}}{26 \text{ mm}} = \mathbf{0{,}505}$

$\alpha = \mathbf{30° \, 20'}$

$$\sin \beta = \frac{b}{c}$$

$b = c \cdot \sin \beta$ $\qquad c = \dfrac{b}{\sin \beta}$

**Beispiel 2**

Gegeben: $\beta = 16° \, 40'$; $c = 25{,}5$ mm

Gesucht: $\sin \beta$; *b* in mm

**Lösung:** $\sin \beta = \sin 16° \, 40' = 0{,}2868$

$b = c \cdot \sin \beta = 25{,}5 \text{ mm} \cdot 0{,}2868 = \mathbf{7{,}3134 \text{ mm}}$

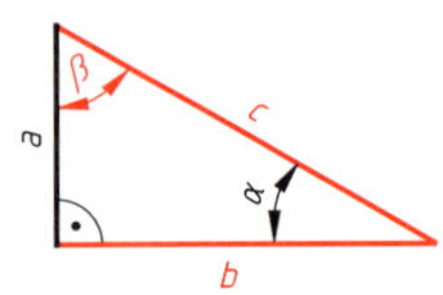

### Grafische Darstellung der Sinusfunktion

Die Abhängigkeit des Sinus vom Winkel $\alpha$ kann auch grafisch dargestellt werden. Trägt man das rechtwinkelige Dreieck mit dem Winkel $\alpha$ so in einen Kreis mit dem Radius $r = 1$ (Einheitskreis) ein, dass die Hypotenuse $c = r = 1$ ist, so ist die Gegenkathete $a$ gleich dem Sinus des Winkels $\alpha$, d. h. $\sin \alpha = a/c = a/1 = a$.

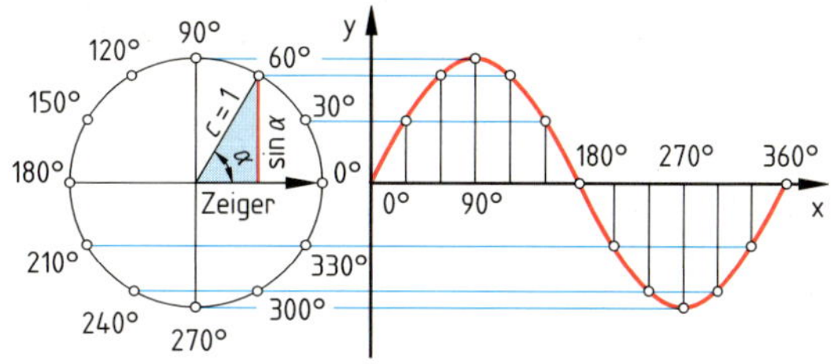


## Aufgaben

1. Ermitteln Sie die fehlenden Werte der rechtwinkeligen Dreiecke.

| Aufgabe | a | b | c | d | e | f |
|---|---|---|---|---|---|---|
| sin $\alpha$ | ? | – | ? | – | 0,9124 | – |
| sin $\beta$ | – | ? | – | ? | – | 0,4540 |
| $a$ | 57,687 cm | – | ? | – | 22,81 mm | – |
| $b$ | – | 762,2 mm | – | ? | – | 38,59 mm |
| $c$ | 134 cm | 824 mm | 105 m | 322 dm | ? | ? |
| $\alpha$ | ? | – | 28° 10′ | – | ? | – |
| $\beta$ | – | ? | – | 86° 50′ | – | ? |

2. Das 280 m lange Seil eines Fesselballons bildet mit dem Erdboden einen Winkel von 68°. In welcher Höhe schwebt er?
3. Ein Motor **(Bild 1)** hat einen Hub von $s$ = 60 mm, die Pleuelstange hat eine Länge von $l$ = 120 mm. Wie groß ist der Winkel $\beta$ bei einer Kurbelstellung von $\alpha$ = 45° nach OT?

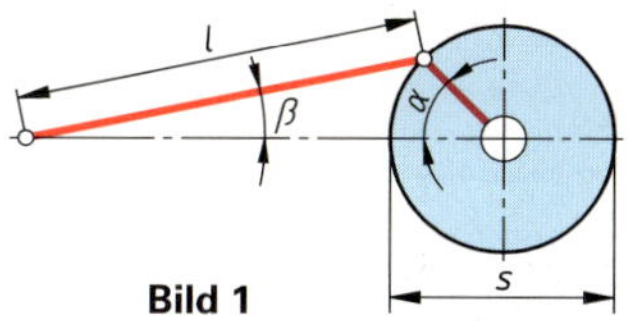


**Bild 1**

## Cosinusfunktion

$$\text{Cosinus} = \frac{\text{Ankathete}}{\text{Hypotenuse}}$$

$$\cos \alpha = \frac{b}{c}$$

$b = c \cdot \cos \alpha \qquad c = \dfrac{b}{\cos \alpha}$

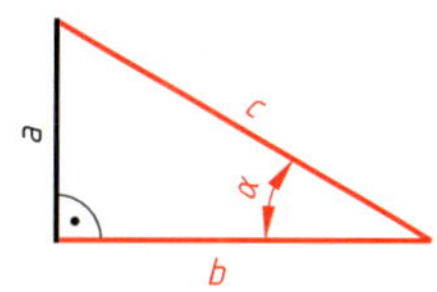


Die Werte für die Cosinusfunktionen sind Zahlen, die das Seitenverhältnis von $b/c$ für den Winkel $\alpha$ bzw. von $a/c$ für den Winkel $\beta$ wiedergeben.

$$\cos \beta = \frac{a}{c}$$

$a = c \cdot \cos \beta \qquad c = \dfrac{a}{\cos \beta}$

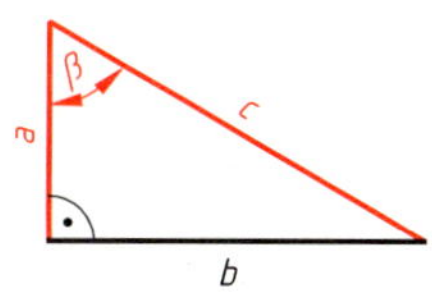


**Beispiel 1**

Gegeben: $b = 31{,}01$ mm; $c = 50$ mm

Gesucht: $\cos \alpha$; $\alpha$ in °

**Lösung:** $\cos \alpha = \dfrac{b}{c} = \dfrac{31{,}01\text{ mm}}{50\text{ mm}} = \mathbf{0{,}6202}$

$\alpha = \mathbf{51° 40'}$

**Beispiel 2**

Gegeben: $\beta = 27° 30'$; $c = 15$ mm

Gesucht: $\cos \beta$; $a$ in mm

**Lösung:** $\cos \beta = \cos 27° 30' = 0{,}8870$

$a = c \cdot \cos \beta = 15\text{ mm} \cdot 0{,}887 = \mathbf{13{,}305\text{ mm}}$

## Aufgaben

1. Ermitteln Sie die fehlenden Werte der rechtwinkeligen Dreiecke.

| Aufgabe | a | b | c | d | e | f |
|---|---|---|---|---|---|---|
| $\cos\alpha$ | 0,8450 | – | – | 0,1421 | ? | – |
| $\cos\beta$ | – | 0,9775 | 0,4592 | – | – | ? |
| $a$ | – | ? | 1,6072 m | – | – | 25 dm |
| $b$ | ? | – | – | ? | 50,676 cm | – |
| $c$ | 42 mm | 24 mm | ? | 105 cm | 82 cm | 50 dm |
| $\alpha$ | ? | – | – | – | ? | – |
| $\beta$ | – | ? | ? | ? | – | ? |

2. Zeichnen Sie die Winkel von 15°, 30°, 45°, 60°. Bestimmen Sie mit Hilfe eingezeichneter rechtwinkeliger Dreiecke (Hypotenuse $c$ = 100 mm) die Cosinuswerte dieser Winkel. Vergleichen Sie die Ergebnisse mit den Tabellenwerten (siehe Tabellenbuch Kraftfahrzeugtechnik).
3. Das 280 m lange Halteseil eines Fesselballons bildet mit dem Erdboden einen Winkel von 68°. Wie weit wurde der Fesselballon seitlich abgetrieben?

## Tangensfunktion

$$\text{Tangens} = \frac{\text{Gegenkathete}}{\text{Ankathete}}$$

$$\tan\alpha = \frac{a}{b}$$

$a = b \cdot \tan\alpha \qquad b = \dfrac{a}{\tan\alpha}$

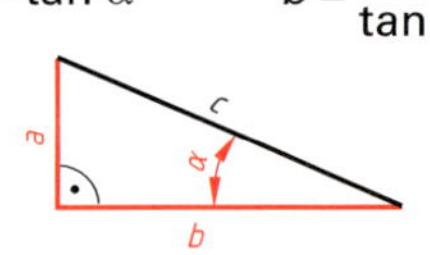


$$\tan\beta = \frac{b}{a}$$

$b = a \cdot \tan\beta \qquad a = \dfrac{b}{\tan\beta}$

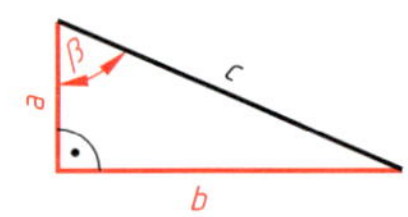


Die Werte für die Tangensfunktionen sind Zahlen, die das Seitenverhältnis von $a/b$ für den Winkel $\alpha$ bzw. von $b/a$ für den Winkel $\beta$ wiedergeben.

**Beispiel 1**

Gegeben: $a$ = 55,5 mm; $b$ = 75 mm

Gesucht: $\tan\alpha$; $\alpha$ in °

**Lösung:** $\tan\alpha = \dfrac{a}{b} = \dfrac{55{,}5\ \text{mm}}{75\ \text{mm}} = \mathbf{0{,}74}$; $\alpha = \mathbf{36°\,30'}$

**Beispiel 2**

Gegeben: $\alpha$ = 70° 20′; $b$ = 1,25 m

Gesucht: $\tan\alpha$; $a$ in m

**Lösung:** $\tan\alpha = \tan 70°\,20' = 2{,}798$

$a = b \cdot \tan\alpha = 1{,}25\ \text{m} \cdot 2{,}798 = 3{,}4975\ \text{m} \approx \mathbf{3{,}5\ m}$

## Aufgaben

1. Ermitteln Sie die fehlenden Werte der rechtwinkeligen Dreiecke.

| Aufgabe | a | b | c | d | e | f |
|---|---|---|---|---|---|---|
| $\tan\alpha$ | ? | – | – | – | 10,0780 | ? |
| $\tan\beta$ | – | ? | 2,4960 | ? | – | – |
| $a$ | 69,504 cm | 83 mm | ? | 182 cm | ? | 103,6 cm |
| $b$ | 128 cm | ? | 3,734 m | 311,038 cm | 5 m | ? |
| $\alpha$ | ? | – | – | – | ? | 71° 20′ |
| $\beta$ | – | 22° 20′ | ? | ? | – | – |

## Gemischte Aufgaben

1. Zeichnen Sie die Winkel von 15°, 30°, 45°, 60°. Bestimmen Sie mit Hilfe eingezeichneter rechtwinkeliger Dreiecke (Ankathete $b = 100$ mm) die Tangenswerte dieser Winkel. Vergleichen Sie die Ergebnisse mit den Tabellenwerten (siehe Tabellenbuch Kraftfahrzeugtechnik).

2. Ein Keil mit der Neigung 1 : 10 (1 : 8) soll gefräst werden. Um wie viel Grad muss der Fräsmaschinenschraubstock verstellt werden?

3. Ein Fesselballon hat einen seitlichen Abtrieb von 104,89 m. Das Halteseil bildet mit dem Erdboden einen Winkel von 68°. In welcher Höhe schwebt der Fesselballon?

4. Für den Ausleger **(Bild 1)** sind die fehlenden Werte zu berechnen.

   a) $b =$ 500 mm; $a =$ 400,1 mm; $\alpha = ?$ °; $c = ?$ mm
   b) $a =$ 600 mm; $\beta =$ 65° 20′; $b = ?$ mm; $c = ?$ mm
   c) $b =$ 1240 mm; $\beta =$ 82° 30′; $a = ?$ mm; $c = ?$ mm

5. Eine Straße hat eine Steigung von 20% **(Bild 2)**. Der abgestellte Lastwagen hat eine Gewichtskraft von 80 000 N. Wie groß sind die Normalkraft $F_N$, die Hangabtriebskraft $F_H$ und der Steigungswinkel $\alpha$?

6. An einem Ausleger **(Bild 3)** sind die Kräfte $F_Z$ und $F_D$ zu berechnen.

7. Auf einem Warnzeichen steht der Hinweis 9% Gefälle auf 2900 m. Wie groß sind der Höhenunterschied und der durchschnittliche Neigungswinkel?

8. Bei der Geradeausstellung der Lenkung **(Bild 4)** werden an den Felgenhörnern in Höhe der Radmitte bei 14-Zoll-Felgen folgende Werte ermittelt: vorne $l_1$ = 1382 mm, hinten $l_2$ = 1389 mm, Felgendurchmesser $d_F$ = 391 mm. Wie groß sind a) der Spurwinkel $\varepsilon/2$ eines Rades, b) der Spurwinkel $\varepsilon$ beider Räder?

9. Ein Lastkraftwagen hat einen mittleren Kurvenradius von $r_m$ = 20,3 m **(Bild 5)**; sein Lenkachsabstand beträgt $l_A$ = 2012 mm, sein Radstand $l$ = 5200 mm. Berechnen Sie a) den Schwenkwinkel $\alpha$ des kurvenäußeren Rades, b) den Schwenkwinkel $\beta$ des kurveninneren Rades, c) den Spurdifferenzwinkel $\delta$.

10. Bei einem Segelflugzeug wird der Gleitwinkel $\alpha$ durch das Verhältnis $i$ von Höhendifferenz zu waagrechter Flugentfernung angegeben. Bei einem zur Landung ansetzenden Flugzeug ist $i$ = 1 : 25 = 0,04, bis zum Aufsetzen beträgt die Gleitstrecke 10 km. Berechnen Sie a) den Gleitwinkel, b) die Höhe, aus der das Flugzeug zur Landung ansetzt, c) die horizontale Entfernung zum Landeplatz.

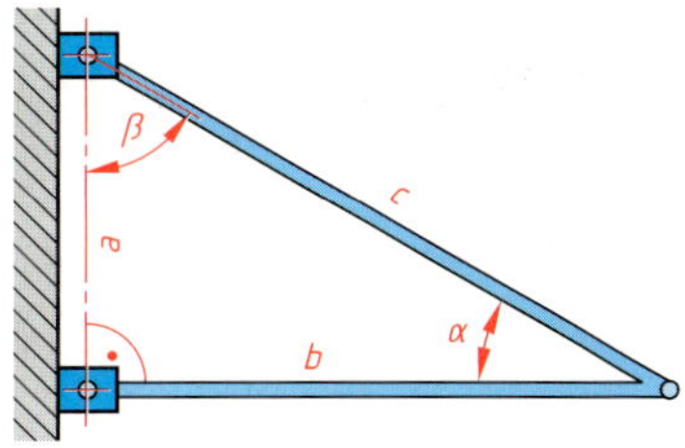

**Bild 1**

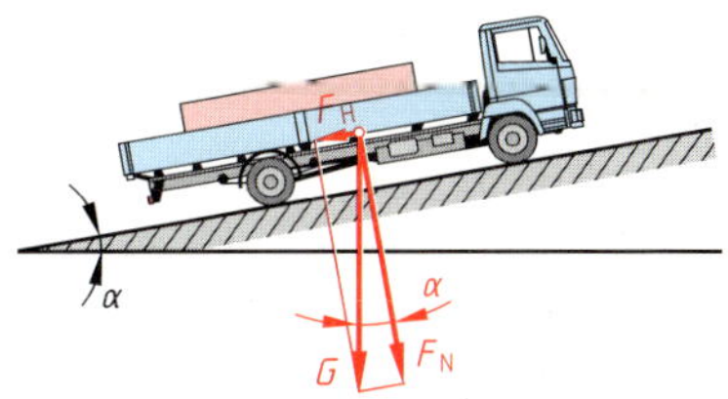

**Bild 2**

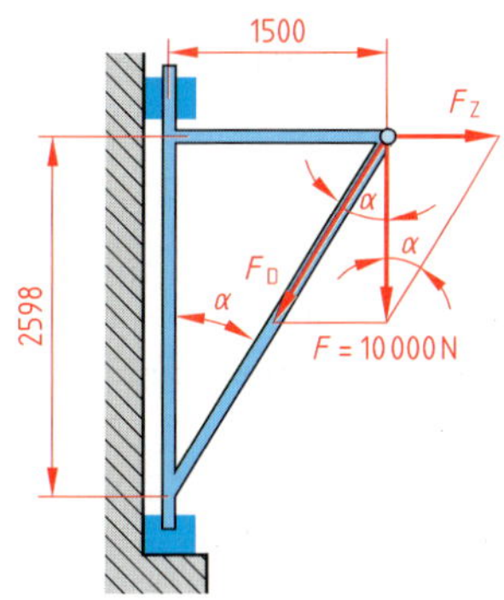

**Bild 3**

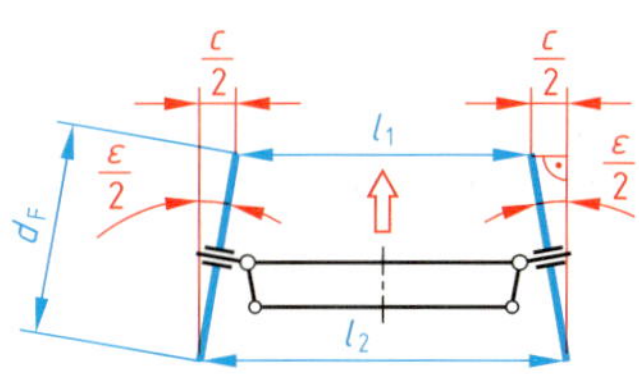

**Bild 4**

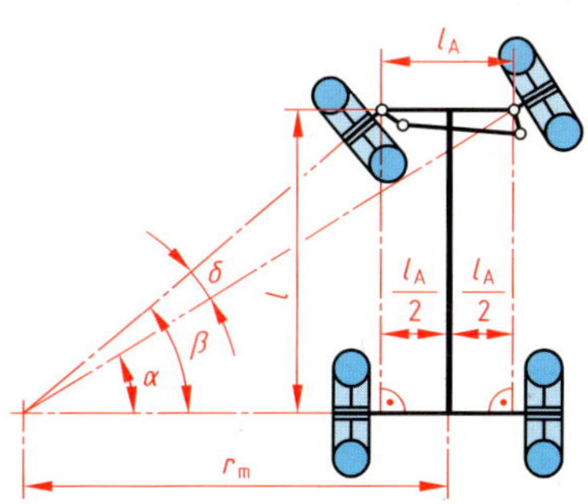

**Bild 5**

# 2 Technisches Rechnen

## 2.1 Längenberechnungen

### 2.1.1 Längeneinheiten

Die Einheit der Länge ist die SI-Basiseinheit Meter (Kurzzeichen m). Das Meter ist die Länge der Strecke, die Licht im Vakuum während der Dauer von 1/299 792 458 Sekunden durchläuft. Von der SI-Basiseinheit Meter werden die gebräuchlichen Vielfachen und Teile der Längeneinheiten abgeleitet.

**SI-Basiseinheit: Meter m**

#### Metrische Längeneinheiten

| Kilometer | Hektometer | Dekameter | Meter | Dezimeter | Zentimeter | Millimeter |
|---|---|---|---|---|---|---|
| 0,001 km | 0,01 hm | 0,1 dam | = 1 m = | 10 dm | 100 cm | 1000 mm |
| $10^{-3}$ km | $10^{-2}$ hm | $10^{-1}$ dam | = $10^{0}$ m = | $10^{1}$ dm | $10^{2}$ cm | $10^{3}$ mm |

**Umrechnungszahl für metrische Längeneinheiten:**

**10**

Bei der Umrechnung in die nächst größere Längeneinheit wird das Komma um eine Stelle nach links verschoben (: 10 bzw. · 1/10), bei der Umrechnung in die nächst kleinere Längeneinheit wird das Komma um eine Stelle nach rechts verschoben (· 10).

1 Mikrometer = 1 µm = $10^{-6}$ m = 0,000 001 m = 0,001 mm
1 Nanometer = 1 nm = $10^{-9}$ m = 0,000 000 001 m = 0,000 001 mm

#### Nichtmetrische Längeneinheiten

1 Elle = 1 yd = 1 yard = 3 ft = 36 in. = 914,4 mm
1 Fuß = 1 ft = 1 foot = 1′ = 12 in. = 304,8 mm
1 Zoll = 1 in. = 1 inch = 1″ = 25,4 mm

1 Seemeile = 1852 m
1 stat. mile = 1609,3 m = 1760 yards

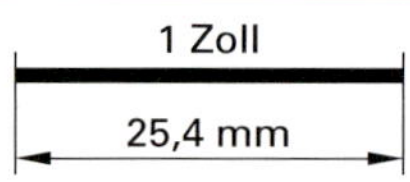


#### Aufgaben

1. Verwandeln Sie in mm.
   a) 24,3 cm b) 240,6 dm c) 3,425 m d) 0,042 m e) 1,42 dm f) 1,5 km

2. Verwandeln Sie in cm.
   a) 78 mm b) 14,5 dm c) 1,92 m d) 0,861 dam e) 2,4 hm f) 0,072 km

3. Verwandeln Sie in dm.
   a) 264 mm b) 18,6 cm c) 10,76 m d) 3,24 dam e) 0,962 hm f) 0,521 km

4. Verwandeln Sie in m.
   a) 48,5 mm b) 82 cm c) 0,32 dm d) 214 dam e) 38,56 hm f) 1,852 km

5. Verwandeln Sie in mm.
   a) $\frac{1}{4}''$ b) $\frac{3}{16}''$ c) $\frac{3}{10}''$ d) 13,6″ e) $3\frac{1}{32}''$ f) $2\frac{7}{64}''$

6. Verwandeln Sie in Zoll.
   a) 68 mm b) 15,875 mm c) 200 mm d) 24,5 mm e) 9,525 mm f) 19,05 mm

7. Ein Sägeblatt hat 16 Zähne auf 25 mm Blattlänge. Wie groß ist der Abstand von Zahnspitze zu Zahnspitze (Teilung)?

8. Eine Felge hat eine Felgenmaulweite von 4 1/2 Zoll und einen Felgendurchmesser von 13 Zoll. Wie groß sind die Abmessungen in mm?

## 2.1.2 Maßstäbe

Zeichnungen können im Maßstab 1 : 1 (in Originalgröße), aber auch vergrößert oder verkleinert angefertigt werden. Nach DIN ISO werden genormte Maßstäbe verwendet.

| Maßstäbe | | | | | vgl. DIN ISO 5455 |
|---|---|---|---|---|---|
| Vergrößerung | 2 : 1 | 5 : 1 | 10 : 1 | 20 : 1 | 50 : 1 |
| Natürliche Größe | 1 : 1<br>Länge auf der Zeichnung = Wirkliche Länge | | | | |
| Verkleinerung | 1 : 2 | 1 : 5 | 1 : 10 | 1 : 20 | 1 : 50 |

$$l_Z = l_W \cdot M$$

$$l_W = \frac{l_Z}{M}$$

$$M = \frac{l_Z}{l_W}$$

$l_Z$ Länge auf der Zeichnung (Bildgröße) (vergrößerte, verkleinerte oder wirkliche Länge)

$l_W$ Wirkliche Länge (Dinggröße)

$M$ Maßstab (Verhältniszahl)

**Beispiel**

Eine Strecke von 25 mm ist im Maßstab 1 : 2 und im Maßstab 2 : 1 rechnerisch zu ermitteln und zeichnerisch darzustellen.

Gegeben: $l_W = 25$ mm; $M = 1 : 2$ bzw. $M = 2 : 1$

Gesucht: $l_Z$ in mm; zeichnerische Darstellung

**Lösung:** $M = 1 : 2$ $\quad l_Z = l_W \cdot M = 25\text{ mm} \cdot \frac{1}{2} = \mathbf{12{,}5\ mm}$

$M = 2 : 1$ $\quad l_Z = l_W \cdot M = 25\text{ mm} \cdot \frac{2}{1} = \mathbf{50\ mm}$

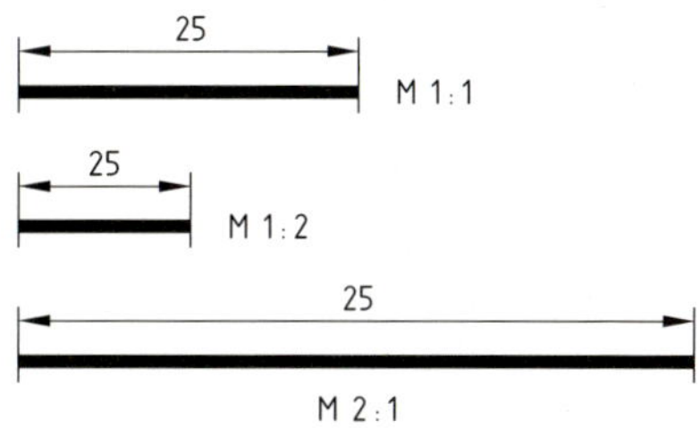


### Aufgaben

1. Ein Bolzen soll im Maßstab 1 : 1 gezeichnet werden.
   a) In welchem Maßstab wurde der Bolzen **(Bild 1)** gezeichnet?
   b) Bestimmen Sie die fehlenden Maße.
2. Die Maße 340 mm; 48 cm; 2,2 dm; 3,80 m; 0,861 dam; 0,072 hm; 0,042 km sollen im Maßstab 1 : 50 gezeichnet werden. Berechnen Sie die notwendigen Längen auf der Zeichnung in mm.
3. Ein Flansch **(Bild 2)** Maßstab 1 : 1 soll im Maßstab 2 : 1 gezeichnet werden. Berechnen Sie die notwendigen Maße.
4. Eine Spannvorrichtung soll im Maßstab 1 : 2 gezeichnet werden. Die wirklichen Längen betragen 340 mm, 252 mm, 36 mm, 24 mm. Wie groß sind die Längen auf der Zeichnung?
5. Auf einer Straßenkarte im Maßstab 1 : 200 000 werden folgende Strecken gemessen: 2 mm, 16 mm, 7 mm, 34 mm, 8 mm, 56 mm. Wie groß sind die wirklichen Entfernungen?
6. Vier Streckenabschnitte mit Längen von 2 750 m, 5 284 m, 924 m und 3 416 m sollen in eine Straßenkarte mit dem Maßstab 1 : 100 000 eingesetzt werden. Wie groß sind diese Strecken auf der Karte einzuzeichnen (in mm)?
7. Ein Pkw hat eine Gesamthöhe von 1 400 mm. In der Zeichnung beträgt die Höhe 280 mm. In welchem Maßstab wurde das Fahrzeug gezeichnet?
8. Ein 14,5 mm langer Bolzen hat auf einer Zeichnung eine Länge von 72,5 mm. Welchen Maßstab hat die Zeichnung?
9. Die Länge einer Straße beträgt 480 m, im Stadtplan 96 mm. In welchem Maßstab ist der Stadtplan gezeichnet?

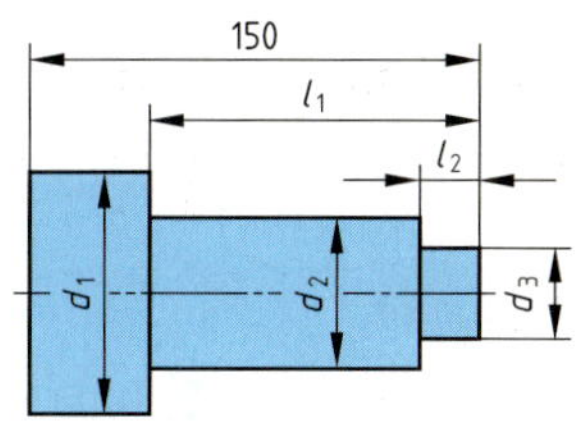


**Bild 1**

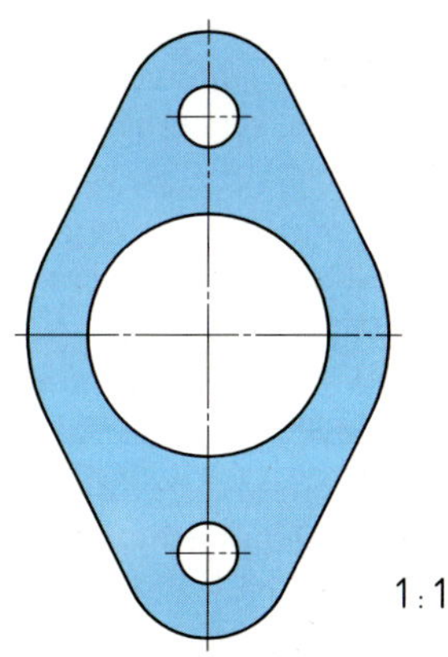


**Bild 2**

## 2.1.3 Längenteilungen

| | Teilung Lochabstand *p* | Teilungszahl Lochzahl *n* | Teilungslänge *L* |
|---|---|---|---|
| 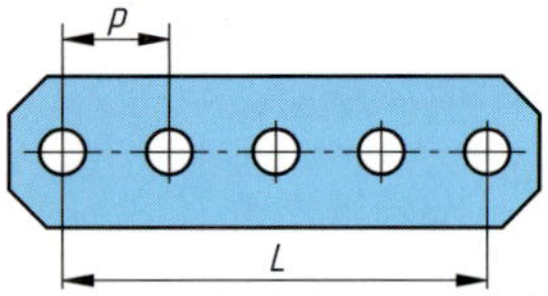  | $p = \frac{L}{n-1}$ | $n = \frac{L}{p} + 1$ | $L = p \cdot (n-1)$ |
| 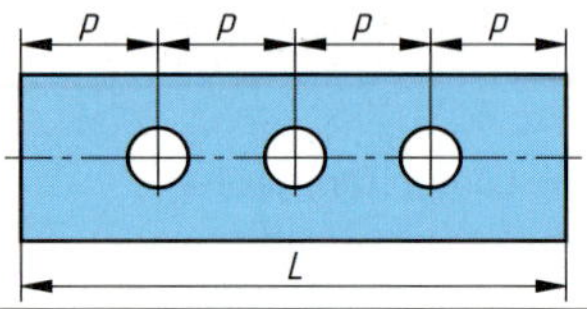  | $p = \frac{L}{n+1}$ | $n = \frac{L}{p} - 1$ | $L = p \cdot (n+1)$ |
| 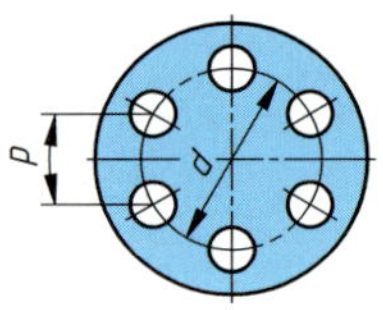  | $p = \frac{\pi \cdot d}{n}$ | $n = \frac{\pi \cdot d}{p}$ | $L = U = n \cdot p$<br>$L = U = \pi \cdot d$ |

**Beispiel**

Ein Flachstahl von 310 mm Länge ist mit 6 Bohrungen zu versehen, die alle gleichen Abstand voneinander haben. Die äußeren Bohrungen sind 15 mm vom Rand entfernt. Wie groß ist die Teilung?

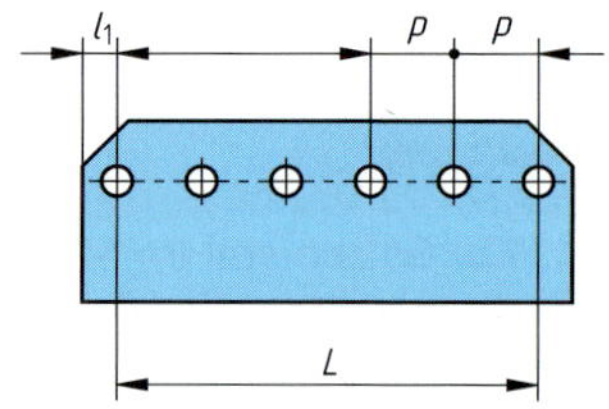


Gegeben: $l = 310$ mm; $l_1 = 15$ mm; $n = 6$

Gesucht: $p$ in mm

**Lösung:** $L = 310\text{ mm} - 2 \cdot 15\text{ mm} = 280\text{ mm}$

$$p = \frac{L}{n-1} = \frac{280\text{ mm}}{6-1} = \frac{280\text{ mm}}{5} = \mathbf{56\text{ mm}}$$

### Aufgaben

1. Die Abdeckleiste **(Bild 1)** soll 10 Bohrungen in gleichen Abständen erhalten. Wie groß ist der Lochabstand?
2. Zwei 1,02 m lange Bleche **(Bild 2)** sollen durch Punktschweißen verbunden werden. Wie groß muss der Abstand der insgesamt 18 Schweißpunkte (Teilung) werden, wenn am Anfang und Ende der Bleche ein Schweißpunkt gesetzt werden soll?
3. Ein Flachstahl von 729 mm Länge soll in 18 gleiche Teile geteilt werden. Wie groß ist die Teilung?
4. Von einer 3,80 m langen Stahlstange werden Stücke von 120 mm Länge abgesägt. Die Sägeschnittbreite beträgt 2 mm. a) Wie viel Stücke können abgesägt werden? b) Wie lang ist das Reststück?
5. Wie groß sind Teilung, Winkelteilung $\alpha$ und Lochkreisumfang **(Bild 3)**?
6. Eine Stahlleiste **(Bild 4)** soll Bohrungen in gleichen Abständen von 30 mm erhalten. Berechnen Sie die Teilungslänge und die Anzahl der Bohrungen.
7. Der Lochkreisumfang beträgt 245 mm, die Teilung 35 mm. Wie groß sind der Lochkreisdurchmesser und die Teilungszahl?

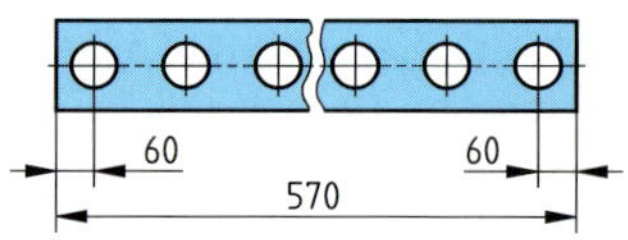


**Bild 1**

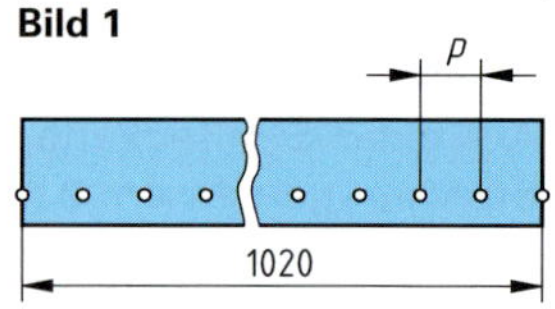


**Bild 2**

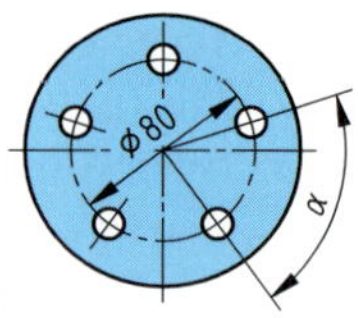


**Bild 3**

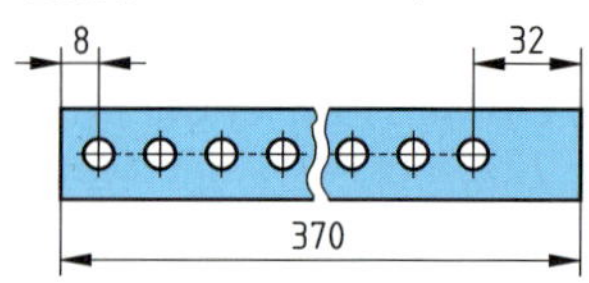


**Bild 4**

## 2.1.4 Rollen- und Hülsenketten

Die Hauptabmessungen von Rollen- und Hülsenketten werden durch die Anzahl der nebeneinander liegenden Gliederreihen (Einfach- oder Mehrfachketten), durch die Teilung und die Gliederbreite (innere Breite der Innenglieder) bestimmt. Zusätzlich kann noch der Rollen- oder Hülsendurchmesser angegeben werden.

$L$ Kettenlänge
$p$ Teilung
$b$ Gliederbreite, innere Breite des Innengliedes
$X$ Gliederzahl

$$L = p \cdot X$$

$$p = \frac{L}{X}$$

$$X = \frac{L}{p}$$

**Beispiel**

Wie groß ist die Länge einer Rollenkette 6 x 2,8 mm mit 82 Gliedern?

Gegeben: $p = 6$ mm; $X = 82$

Gesucht: $L$

**Lösung:** $L = p \cdot X = 6\ \text{mm} \cdot 82 = \mathbf{492\ mm}$

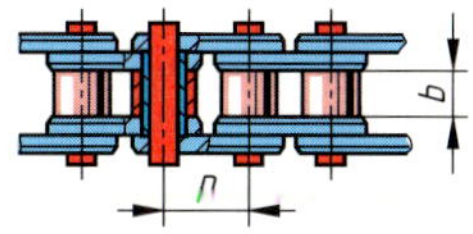


Rollenkette

**Kettenabmessungen von Rollenketten**

| Bezeichnung Teilung x innere Breite | DIN (Internationale Bezeichnung) | Teilung $p$ mm | innere Breite $b$ mm |
|---|---|---|---|
| 6 x 2,8 mm | DIN 8187 | 6,0 | 2,80 |
| $^3/_8$ x $^5/_{32}$″ | – | 9,525 | 3,94 |
| $^3/_8$ x $^7/_{32}$″ | DIN 8187 | 9,525 | 5,72 |
| $^1/_2$ x $^3/_{16}$″ | – | 12,7 | 4,88 |
| $^5/_8$ x $^3/_8$″ | DIN 8187 | 15,875 | 9,65 |
| $^1/_2$ x $^5/_{16}$″ | (428) Motorrad | 12,7 | 7,75 |
| $^5/_8$ x $^1/_4$″ | (520) Motorrad | 15,875 | 6,50 |
| $^5/_8$ x $^5/_{16}$″ | (525) Motorrad | 15,875 | 7,80 |

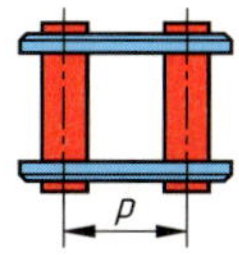


Außenglied einer Rollenkette

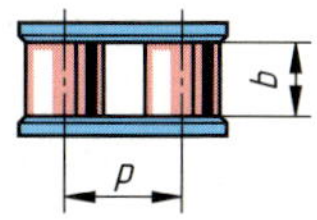


Innenglied einer Rollenkette

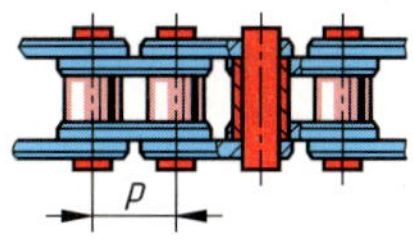


Hülsenkette

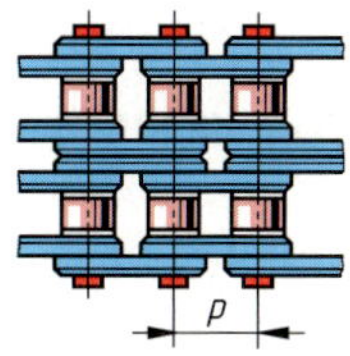


Zweifach-Rollenkette

### Aufgaben

1. Wie groß sind Teilung, innere Breite und Kettenlänge in mm einer Rollenkette $^3/_8$ x $^5/_{32}$″ mit 56 Gliedern und mit 183 Gliedern?
2. Eine Rollenkette $^3/_8$ x $^7/_{32}$″ hat eine Kettenlänge von 1 905 mm. Wie groß sind Teilung und innere Breite in mm. Wie groß ist die Gliederzahl dieser Kette?
3. Wie groß sind Kettenlänge, Teilung und innere Breite in mm der Rollenkette $^5/_8$ x $^5/_{16}$″ mit 144 Gliedern?
4. Die Teilung einer Rollenkette beträgt 6 mm, die innere Breite 2,80 mm, die Kettenlänge 336 mm. Geben Sie die Kettenbezeichnung an und berechnen Sie die Gliederzahl.
5. Das Kettenrad eines Kettentriebes hat 32 Zähne und einen mittleren Durchmesser von 161,7 mm. Wie groß muss die Teilung der Rollenkette sein?
6. Eine Rollenkette $^5/_8$ x $^1/_4$″ hat eine Länge von 1 905 mm. Berechnen Sie die Teilung und die innere Breite in mm sowie die Gliederzahl der Kette.
7. Eine Rollenkette $^1/_2$ x $^3/_{16}$″ hat eine Gliederzahl von $X = 105$. Berechnen Sie die Teilung und die innere Breite in mm sowie die Kettenlänge in mm.
8. Eine Rollenkette mit einer Teilung von 12,7 mm und einer inneren Breite von 7,75 mm hat eine Gliederzahl von $X = 100$. Geben Sie die Kettenbezeichnung an und berechnen Sie die Kettenlänge in mm und in Zoll.

## 2.1.5 Lehrsatz des Pythagoras

Im rechtwinkligen Dreieck bezeichnet man die den rechten Winkel einschließenden (anliegenden) Seiten als Katheten (*a* und *b*). Die dem rechten Winkel gegenüberliegende Seite nennt man Hypotenuse (*c*).

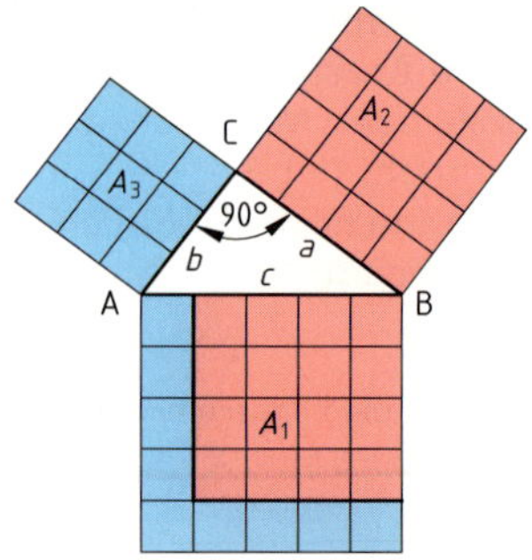


**Lehrsatz des Pythagoras:**

Beim rechtwinkligen Dreieck ist die Fläche des Hypotenusenquadrates gleich der Summe der Flächen der beiden Kathetenquadrate.

$$A_1 = A_2 + A_3$$

$$c^2 = a^2 + b^2$$

**Beispiel**

In einem rechtwinkligen Dreieck sind die Katheten 3 m und 4 m lang. Wie lang ist die Hypotenuse?

Gegeben: $a = 4$ m; $b = 3$ m

Gesucht: *c* in m

**Lösung:** $c = \sqrt{a^2 + b^2} = \sqrt{(4\text{ m})^2 + (3\text{ m})^2} = \sqrt{25\text{ m}^2} = \mathbf{5\text{ m}}$

$$c^2 = a^2 + b^2$$
$$a^2 = c^2 - b^2$$
$$b^2 = c^2 - a^2$$

$$c = \sqrt{a^2 + b^2}$$
$$a = \sqrt{c^2 - b^2}$$
$$b = \sqrt{c^2 - a^2}$$

### Aufgaben

1. In einem rechtwinkligen Dreieck sind die Katheten 28 mm und 45 mm lang. Wie lang ist die Hypotenuse?
2. In einem rechtwinkligen Dreieck ist die Hypotenuse 170 mm und die eine Kathete 150 mm lang. Wie lang ist die andere Kathete?
3. Die Rechtwinkligkeit des Rahmens **(Bild 1)** soll überprüft werden. Wie lang muss die Diagonale sein?
4. Wie lang muss die Strebe am Ausleger sein **(Bild 2)**?
5. An einer Welle **(Bild 3)** wird eine Fläche angefräst. Wie groß ist die Frästiefe?
6. Die Seitenlänge eines gleichseitigen Dreiecks beträgt 90 mm. Wie groß ist die Höhe des Dreiecks?
7. Wie groß ist die Länge der Kegel-Mantellinie **(Bild 4)**?
8. Wie groß ist die Höhe des gleichschenkligen Dreiecks **(Bild 5)**?
9. Wie groß ist die Schlüsselweite des angefrästen Vierkants **(Bild 6)**?
10. Wie groß ist die Schlüsselweite des Sechskants **(Bild 7)**?
11. Ein Flansch hat auf einem Lochkreis mit 120 mm Durchmesser vier gleichmäßig verteilte Bohrungen. Wie groß sind die Abstände von Bohrungsmitte zu Bohrungsmitte?
12. Eine 6 m lange Leiter wird an eine Hauswand angelehnt. Der Aufstandspunkt der Leiter ist 2,2 m von der Wand entfernt. Wie hoch reicht die Leiter?
13. Ein Wassereimer hat einen großen Durchmesser von 250 mm, einen kleinen Durchmesser von 180 mm und eine Höhe von 260 mm. Wie lang ist die Mantellinie?

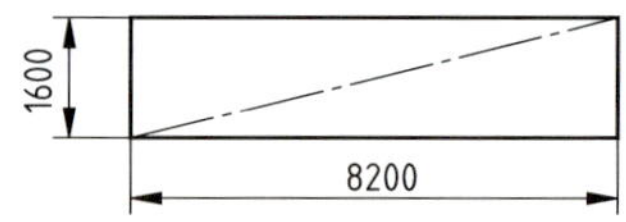


**Bild 1**

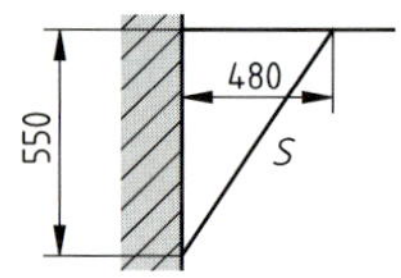


**Bild 2**

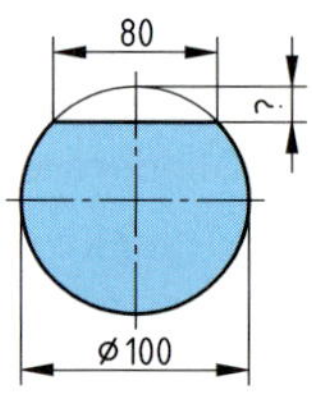


**Bild 3**

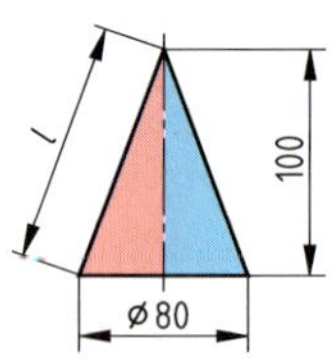


**Bild 4**

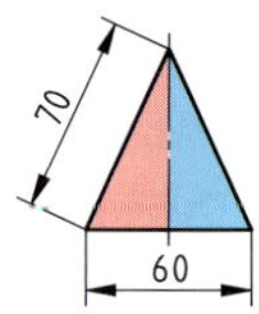


**Bild 5**

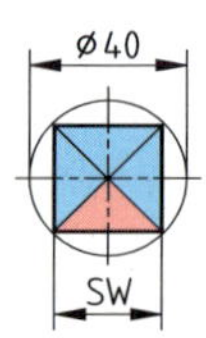


**Bild 6**

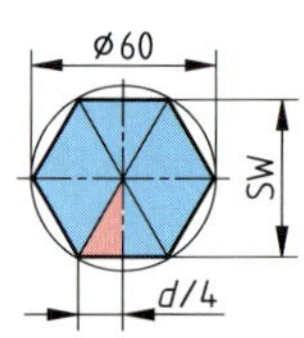


**Bild 7**

## 2.1.6 Umfang

$U$ = Umfang  $d, D$ = Durchmesser  $r, R$ = Radius  $\alpha$ = Mittelpunktswinkel  $l_B$ = Kreisbogenlänge

| | | | |
|---|---|---|---|
| **Kreisumfang** | 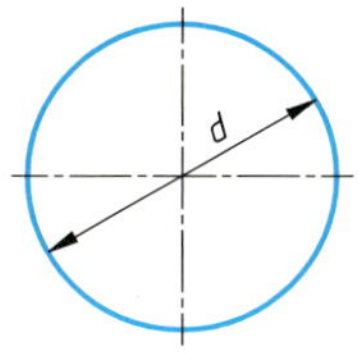 | Der Kreisumfang ist ein Vielfaches von π (pi).<br>π = 3,141 592 653 589 793...<br>Im Allgemeinen genügt es, für π den Wert 3,14 zu verwenden. | $U = \pi \cdot d$<br>$d = \frac{U}{\pi}$ |
| **Kreis-bogenlänge** | 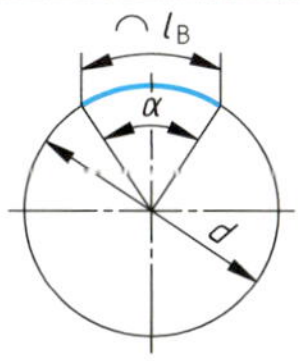 | $\alpha = \frac{360° \cdot l_B}{\pi \cdot d}$  $d = \frac{360° \cdot l_B}{\pi \cdot \alpha}$<br>$\alpha = \frac{360° \cdot l_B}{U}$  $U = \frac{360° \cdot l_B}{\alpha}$ | $l_B = \frac{\pi \cdot d \cdot \alpha}{360°}$<br>$l_B = \frac{U \cdot \alpha}{360°}$ |
| **Ellipsen-umfang** | 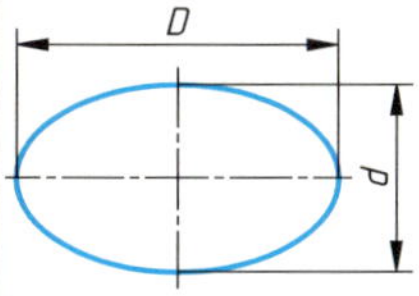 | $D \approx \frac{2 \cdot U}{\pi} - d$  $d \approx \frac{2 \cdot U}{\pi} - D$<br>$R \approx \sqrt{\frac{U^2}{2 \cdot \pi^2} - r^2}$  $r \approx \sqrt{\frac{U^2}{2 \cdot \pi^2} - R^2}$ | $U \approx \pi \cdot \frac{D + d}{2}$<br>Genauere Formel:<br>$U \approx \pi \cdot \sqrt{2 \cdot (R^2 + r^2)}$ |

### Aufgaben

1. Eine Riemenscheibe hat einen Durchmesser von 122 mm. Wie groß ist der Umfang?
2. Der Umfang eines Schwungrades beträgt 31,4 dm. Wie groß ist der Durchmesser?
3. Der wirksame Reifenhalbmesser beträgt 282 mm ± 3 mm. Wie groß sind der maximale und minimale Abrollumfang?
4. Der Abrollumfang eines Reifens beträgt 1 660 mm. Wie groß ist der wirksame Reifenhalbmesser?
5. Ein Pkw fährt mit einer Geschwindigkeit von 120 km/h. Der Reifen hat einen Abrollumfang von 1 850 mm. Wie viel Umdrehungen macht das Rad in einer Minute?
6. Ein Lenkrad (Durchmesser 380 mm) hat ein Lenkungsspiel von 65 mm am Lenkradumfang. Wie groß ist das Spiel in Grad?
7. Berechnen Sie die Riemenlänge des Riementriebes **(Bild 1)**.
8. Wie groß ist der jeweilige Umfang **(Bild 2...Bild 4)**?
9. Die Zündeinstellung eines Motors liegt bei 7,5° vor OT. Der Schwungraddurchmesser beträgt 273 mm. Wie viel Millimeter vor OT muss die Markierung angebracht werden?
10. Das äußere Vorderrad eines Pkw legt in einer 90°-Kurve einen Weg von 12,6 m zurück. Wie groß ist der Spurkreisdurchmesser?
11. Ein Lkw hat einen Spurkreisdurchmesser von 18,4 m. Der Abrollumfang der Vorderräder beträgt 3,185 m. Wie oft dreht sich das äußere Vorderrad in einer 180° Kurve?
12. Eine Ellipse hat einen großen Durchmesser von 823 mm und einen kleinen Durchmesser von 240 mm. Wie groß ist der Umfang?

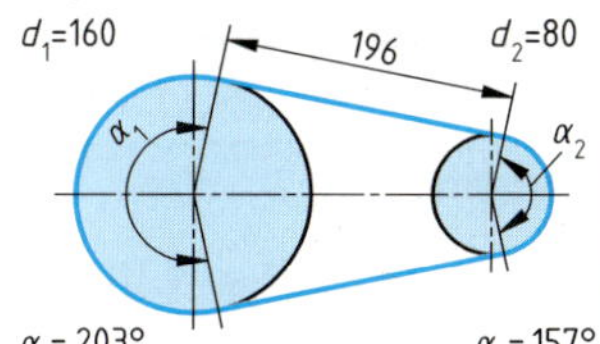

**Bild 1**

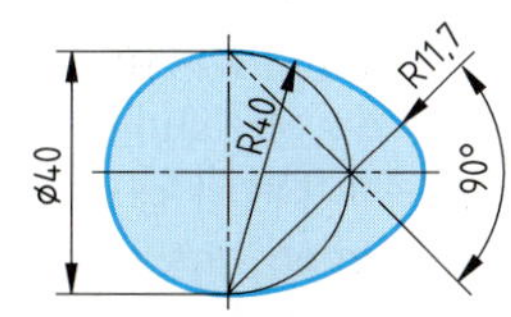

**Bild 2**

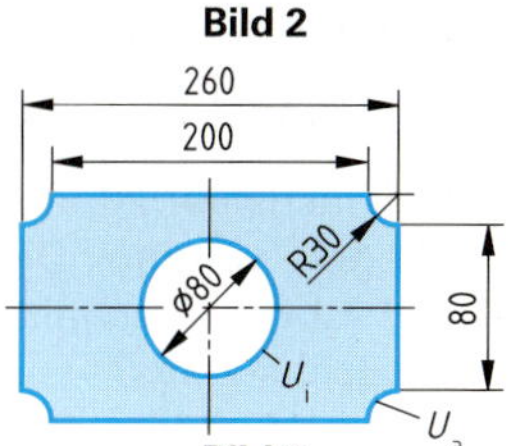

**Bild 3**

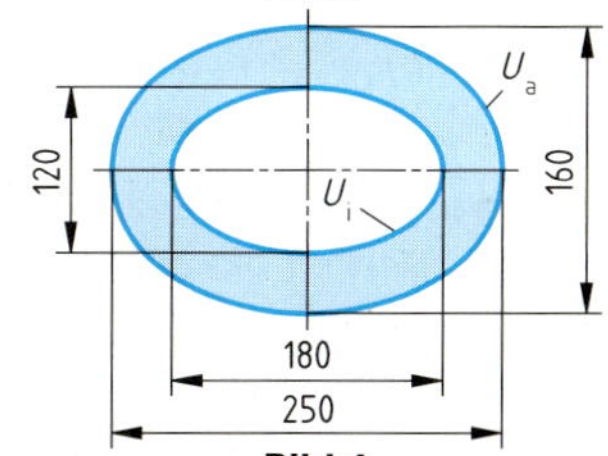

**Bild 4**

## 2.1.7 Gestreckte Länge

Beim Durchbiegen tritt eine Streckung (1...1) und eine Stauchung (2...2) der Fasern ein. Die neutrale Faser verändert bei der Durchbiegung ihre ursprüngliche Länge nicht. Sie ist der Schwerpunktsweg der Querschnittfläche. Bei symmetrischem Querschnitt geht die neutrale Faser durch den Mittelpunkt. Die gestreckte Länge eines gebogenen Teiles ist gleich der Länge der neutralen Faser.

Bei einer Werkstückdicke von weniger als 3 mm ist es nicht nötig, die gestreckte Länge mit der neutralen Faser zu berechnen.

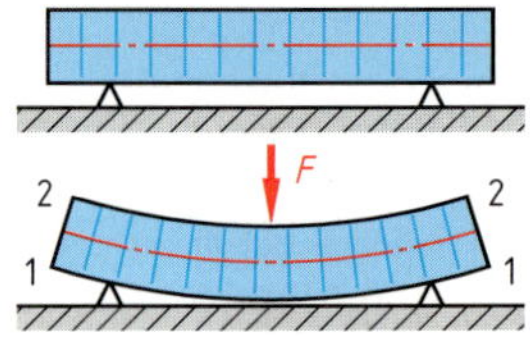


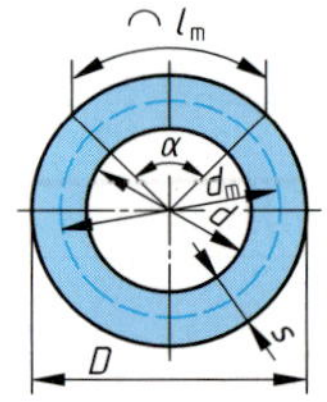


| | | | |
|---|---|---|---|
| $l_m$ | gestreckte Länge (Länge der neutralen Faser) | $s$ | Werkstückdicke |
| $U_m$ | mittlerer Umfang | $D$ | Außendurchmesser |
| $\alpha$ | Mittelpunktswinkel | $d$ | Innendurchmesser |
| | | $d_m$ | mittlerer Durchmesser |

$$l_m = \frac{\pi \cdot d_m \cdot \alpha}{360°}$$

$$U_m = \pi \cdot d_m$$

$$d_m = D - s \qquad D = d_m + s$$

$$d_m = d + s \qquad d = d_m - s$$

$$d_m = \frac{D + d}{2} \qquad s = \frac{D - d}{2}$$

**Beispiel**

Ein Kreisring aus Rundstahl hat einen Außendurchmesser von 100 mm und einen Innendurchmesser von 80 mm. Wie groß sind a) mittlerer Durchmesser, b) Durchmesser des Rundstahls, c) mittlerer Umfang?

Gegeben: $D = 100$ mm; $d = 80$ mm

Gesucht: a) $d_m$ in mm, b) $s$ in mm (Werkstückdicke), c) $U_m$ in mm

**Lösung:** a) $d_m = \frac{D + d}{2} = \frac{100\text{ mm} + 80\text{ mm}}{2} = \mathbf{90\text{ mm}}$

b) $s = \frac{D - d}{2} = \frac{100\text{ mm} - 80\text{ mm}}{2} = \mathbf{10\text{ mm}}$

c) $U_m = \pi \cdot d_m = \pi \cdot 90\text{ mm} = \mathbf{282{,}7\text{ mm}}$

### Aufgaben

1. Ein Kreisring aus Rundstahl (Querschnitt 20 mm Ø) hat einen Außendurchmesser von 200 mm. Wie groß sind der Innendurchmesser und die gestreckte Länge?
2. Aus einem 628 mm langen Rundstahl (Querschnitt 15 mm Ø) wird ein Kreisring gebogen. Wie groß sind der Außendurchmesser und der Innendurchmesser?
3. Ein Reifen aus Flachstahl hat einen Innendurchmesser von 400 mm und eine Werkstoffdicke von 32 mm. Wie groß sind der Außendurchmesser und die gestreckte Länge?
4. Berechnen Sie die gestreckten Längen **(Bild 1...Bild 3)**.
5. Aus Flachstahl 20 x 5 von 4 m Länge sollen 12 Ringe **(Bild 4)** gebogen werden. Die Sägeschnittbreite beträgt 2 mm. Wie groß ist die Zuschnittlänge für einen Ring und die Restlänge des Flachstahles?
6. Auf eine Seiltrommel mit einem Durchmesser von 200 mm und einer Länge von 240 mm wird eine Lage Stahlseil mit 6 mm Ø aufgewickelt. Um wie viel m wird die Last angehoben?
7. Ein Kraftstofftank mit einem Innendurchmesser von 1,8 m soll innen durch Ringe aus Stahl (30 mm x 30 mm) versteift werden. Wie groß ist die gestreckte Länge eines Ringes?
8. Ein kreisrunder Behälter mit einem Außendurchmesser von 800 mm soll aus 4 mm dickem Blech gebogen werden. Berechnen Sie die gestreckte Länge.

**Bild 1**

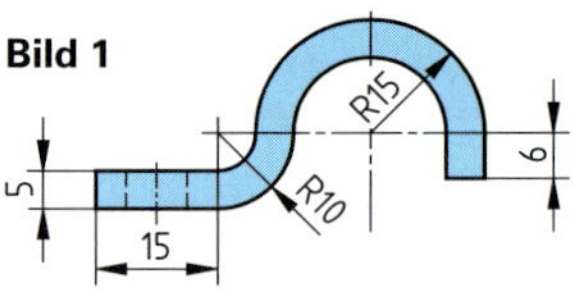


**Bild 2**

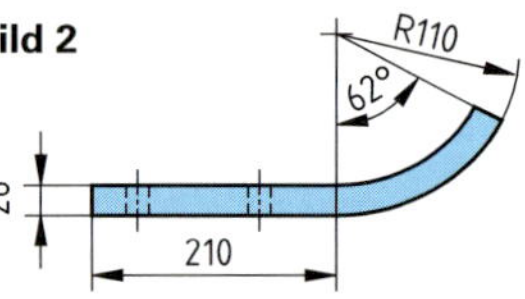


**Bild 3**

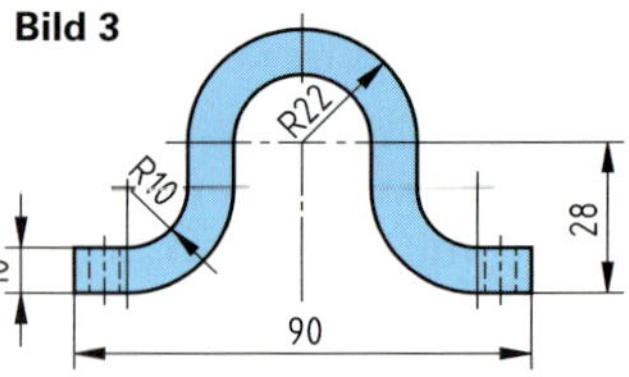


**Bild 4**

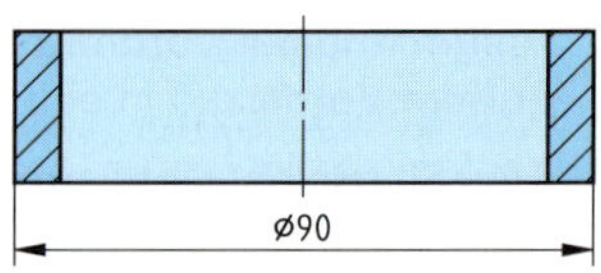

## 2.1.8 Kegelmaße

**Verjüngung** wird das Kegelverhältnis aus der Durchmesseränderung zur Länge des Kegels bezeichnet, z. B. gibt die Verjüngung $C = 1 : 5$ an, dass sich der Durchmesser um 1 mm auf 5 mm Kegellänge ändert.

**Neigung** ist das Verhältnis der Änderung der Radien bezogen auf die Kegellänge. Sie entspricht der halben Verjüngung.

Die Neigung ist somit gleich dem Tangens des halben Kegelwinkels. Der **halbe Kegelwinkel** ist beim Drehen kurzer Kegel auf der Universaldrehmaschine auch der **Einstellwinkel** für das Verdrehen des Oberschlittens.

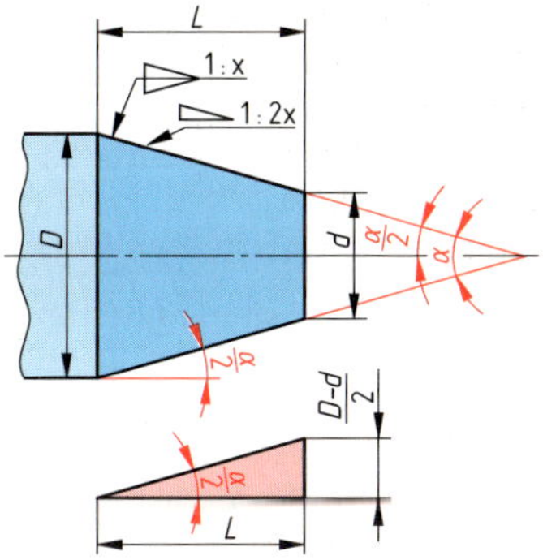


| | | | |
|---|---|---|---|
| $C$ | Verjüngung | $L$ | Kegellänge in mm |
| $\frac{C}{2}$ | Neigung | $\alpha$ | Kegelwinkel in ° |
| $D$ | Großer Durchmesser in mm | $\frac{\alpha}{2}$ | Einstellwinkel in ° (halber Kegelwinkel) |
| $d$ | Kleiner Durchmesser in mm | $x$ | Verhältniszahl |

$$C = 1 : x = \frac{D-d}{L}$$

$$x = \frac{L}{D-d}$$

$$D = \frac{L}{x} + d$$

$$d = D - \frac{L}{x}$$

$$L = x \cdot (D-d)$$

$$\frac{C}{2} = 1 : 2\,x = \frac{D-d}{2 \cdot L}$$

$$\tan\frac{\alpha}{2} = \frac{1}{2 \cdot x}$$

$$\alpha = 2 \cdot \frac{\alpha}{2}$$

**Beispiel**

Ein Kegel hat bei einer Länge von 40 mm einen großen Durchmesser von 20 mm und einen kleinen Durchmesser von 10 mm. a) Welche Verjüngung des Kegels ergibt sich? b) Wie groß ist die Neigung des Kegels? c) Wie groß ist der Kegelwinkel?

Gegeben: $L = 40$ mm; $D = 20$ mm; $d = 10$ mm

Gesucht: a) $C$, b) $\frac{C}{2}$, c) $\alpha$ in °

**Lösung:**

a) $C = \frac{D-d}{L} = \frac{20\text{ mm} - 10\text{ mm}}{40\text{ mm}} = \frac{1}{4} = \mathbf{1 : 4}$

b) $\frac{C}{2} = \frac{D-d}{2 \cdot L} = \frac{20\text{ mm} - 10\text{ mm}}{2 \cdot 40\text{ mm}} = \frac{1}{8} = \mathbf{1 : 8}$

c) $\tan\frac{\alpha}{2} = \frac{1}{2 \cdot x} = \frac{1}{8} = 0{,}125$; $\frac{\alpha}{2} = 7{,}125°$;

$\alpha = 2 \cdot \frac{\alpha}{2} = 2 \cdot 7{,}125° = 14{,}25° = \mathbf{14°\ 15'}$

### Aufgaben

1. Ein Kegelstift ist 80 mm lang, er hat eine Kegelverjüngung von 1 : 50 und sein kleiner Durchmesser ist 8 mm. a) Wie groß ist der große Durchmesser? b) Welche Neigung hat der Kegel? c) Wie groß ist der halbe Kegelwinkel? d) Berechnen Sie den Kegelwinkel.
2. Berechnen Sie für das kegelige Wellenende **(Bild 1)** den kleinen Durchmesser, die Neigung und den Kegelwinkel.
3. Berechnen Sie für den Rohling eines Antriebskegelrades **(Bild 2)** die Kegelverjüngung des kurzen Kegels, den halben Kegelwinkel des kurzen Kegels und die Länge des langen Kegels.
4. Ein Kegelzapfen hat an seinen Enden die Durchmesser 30 mm und 15 mm, sein Kegelverhältnis ist 1 : 5. Wie lang ist der Kegelzapfen?
5. Ein kegeliges Wellenende hat eine Neigung von 1 : 20, einen großen Durchmesser von 50 mm und eine Länge von 100 mm. Wie groß ist der kleine Durchmesser?

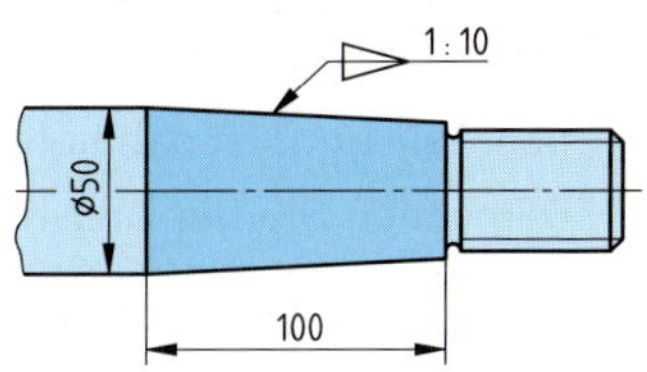


**Bild 1**

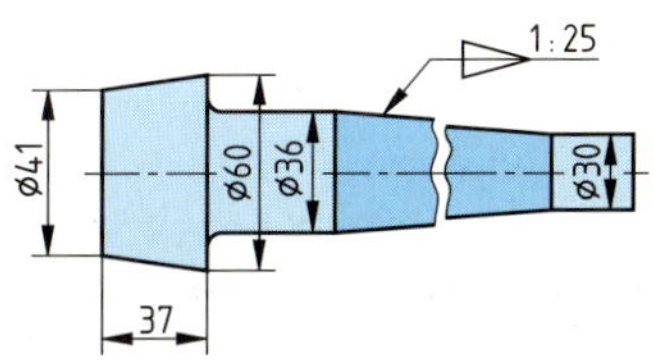


**Bild 2**

## 2.2 Flächenberechnungen

### 2.2.1 Flächeneinheiten

Die Einheit der Fläche ist das Quadratmeter (Kurzzeichen $m^2$), abgeleitet von der SI-Basiseinheit 1 m. 1 $m^2$ ist gleich der Fläche eines Quadrates mit der Seitenlänge 1 m. $A$ = Fläche (engl.: area)

**SI-Einheit: Quadratmeter $m^2$**

**Metrische Flächeneinheiten**

| Quadrat-kilometer | Quadrat-hektometer (Hektar ha) | Quadrat-dekameter (Ar a) | Quadrat-meter | Quadrat-dezimeter | Quadrat-zentimeter | Quadrat-millimeter |
|---|---|---|---|---|---|---|
| 0,000001 $km^2$<br>$10^{-6}$ $km^2$ | 0,0001 $hm^2$<br>$10^{-4}$ $hm^2$ | 0,01 $dam^2$<br>$10^{-2}$ $dam^2$ | = 1 $m^2$ =<br>= $10^0$ $m^2$ = | 100 $dm^2$<br>$10^2$ $dm^2$ | 10000 $cm^2$<br>$10^4$ $cm^2$ | 1000000 $mm^2$<br>$10^6$ $mm^2$ |

**Umrechnungszahl für metrische Flächeneinheiten:**

**100**

Bei der Umrechnung in die nächst größere Flächeneinheit wird das Komma um zwei Stellen nach links verschoben (: 100 bzw. · 1/100), bei der Umrechnung in die nächst kleinere Flächeneinheit wird das Komma um zwei Stellen nach rechts verschoben (· 100).

**Aufgaben**

1. Verwandeln Sie in $mm^2$.
   a) 28,7 $cm^2$ b) 0,48 $dm^2$ c) 0,053 $m^2$ d) 0,0826 $m^2$ e) 0,4 $cm^2$
2. Verwandeln Sie in $cm^2$.
   a) 2466 $mm^2$ b) 38,4 $dm^2$ c) 0,45 $m^2$ d) 0,478 $dm^2$ e) 0,03 $m^2$
3. Verwandeln Sie in $dm^2$
   a) 7128 $mm^2$ b) 254,3 $cm^2$ c) 0,48 $cm^2$ d) 99,25 $cm^2$ e) 22,4 $m^2$
4. Verwandeln Sie in $m^2$.
   a) 3795 $cm^2$ b) 16,7 $dm^2$ c) 1,25 $dam^2$ d) 0,82 $hm^2$ e) 2,543 $km^2$
5. Verwandeln Sie in $km^2$.
   a) 25 680 $m^2$ b) 46 200 $dam^2$ c) 468,5 $hm^2$ d) 5,37 ha e) 4741 a
6. a) 0,8 $m^2$ + 27 $dm^2$ + 240 $cm^2$ + 130 $mm^2$ = ? $dm^2$ b) 10,4 $dam^2$ + 2,7 $hm^2$ = ? $m^2$
7. a) 13,4 $dm^2$ – 68 $cm^2$ – 240 $mm^2$ = ? $cm^2$ b) 4,48 $m^2$ – 187,4 $dm^2$ = ? $cm^2$
8. Verwandeln Sie die Fläche von 1 Quadratzoll (1 square inch) in $mm^2$.
9. Drei Grundstücke von 0,45 $hm^2$, 4,36 $dam^2$ und 86 $m^2$ sollen in 3 gleichgroße Teile aufgeteilt werden. Wie groß ist dann ein Grundstück in $m^2$?
10. Berechnen Sie die Gesamtfläche der Bundesrepublik Deutschland in $km^2$ und ordnen Sie die Bundesländer a) nach der Größe, b) nach der Bevölkerungszahl. Zeichnen Sie dazu die entsprechenden Säulendiagramme.

| *Bundesland* | $km^2$ | *Bevölkerung* | *Bundesland* | $km^2$ | *Bevölkerung* |
|---|---|---|---|---|---|
| 01 Baden-Württemberg | 35751,85 | 10426040 | 09 Niedersachsen | 47613,35 | 7865840 |
| 02 Bayern | 70548,00 | 12086548 | 10 Nordrhein-Westfalen | 34078,68 | 17975516 |
| 03 Berlin | 890,77 | 3398822 | 11 Rheinland-Pfalz | 19846,86 | 4024969 |
| 04 Brandenburg | 29475,84 | 2590375 | 12 Saarland | 2570,10 | 1074223 |
| 05 Bremen | 404,23 | 667695 | 13 Sachsen | 18412,16 | 4489415 |
| 06 Hamburg | 755,20 | 1700089 | 14 Sachsen-Anhalt | 20446,56 | 2674490 |
| 07 Hessen | 21114,82 | 6035137 | 15 Schleswig-Holstein | 15770,49 | 2766057 |
| 08 Mecklenburg-Vorpommern | 23170,31 | 1798689 | 16 Thüringen | 16171,57 | 2462836 |

Quelle: FISCHER, Weltalmanach 2000 (Stand 01.01.98; Quelle: Statistisches Bundesamt 1999)

## 2.2.2 Flächenarten

$A$ = Fläche $U$ = Umfang $l$ = Länge $b$ = Breite $e$ = Eckenmaß $l_m$ = mittlere Länge

| | | | |
|---|---|---|---|
| **Quadrat** | 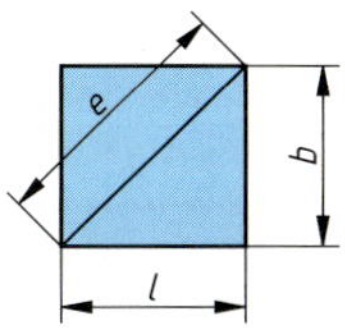 | $l = \sqrt{A}$ $b = l$<br>$e = \sqrt{2 \cdot l^2} = 1{,}414 \cdot l$<br>$l = 0{,}707 \cdot e$<br>$U = 4 \cdot l$ | $A = l^2$ |
| **Rhombus (Raute)** | 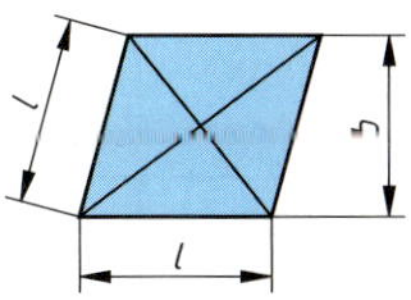 | $b = \frac{A}{l}$ $l = \frac{A}{b}$<br>$U = 4 \cdot l$ | $A = l \cdot b$ |
| **Rechteck** | 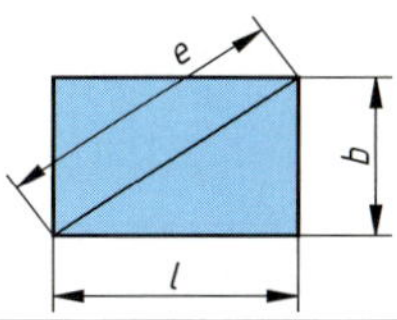 | $b = \frac{A}{l}$ $l = \frac{A}{b}$ $l = \frac{U - 2 \cdot b}{2}$<br>$e = \sqrt{l^2 + b^2}$ $b = \frac{U - 2 \cdot l}{2}$<br>$U = 2 \cdot l + 2 \cdot b$ | $A = l \cdot b$ |
| **Rhomboid (Parallelo-gramm)** | 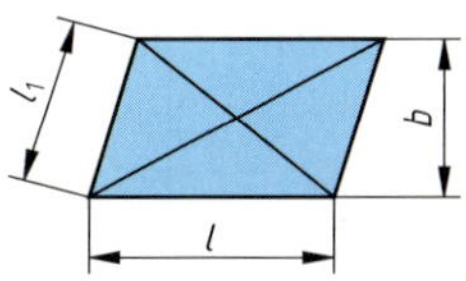 | $b = \frac{A}{l}$ $l = \frac{A}{b}$ $l = \frac{U - 2 \cdot l_1}{2}$<br>$l_1 = \frac{U - 2 \cdot l}{2}$<br>$U = 2 \cdot l + 2 \cdot l_1$ | $A = l \cdot b$ |
| **Dreieck** | 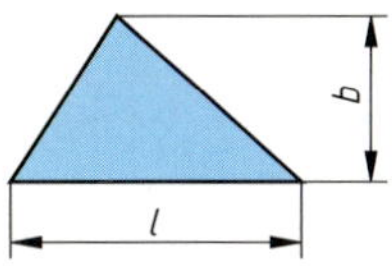 | $b = \frac{2 \cdot A}{l}$ $l = \frac{2 \cdot A}{b}$<br>$U$ = Summe aller Seiten | $A = \frac{l \cdot b}{2}$ |
| **Trapez** | 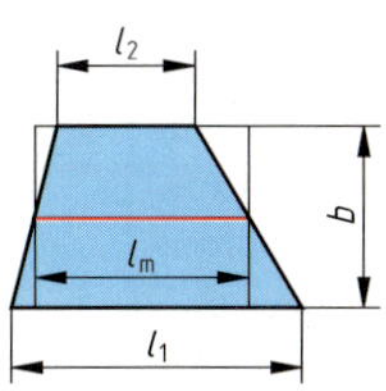 | $l_1 = \frac{2 \cdot A}{b} - l_2$ $l_1 = \frac{2 \cdot A}{b} - l_1$<br>$b = \frac{2 \cdot A}{l_1 + l_2}$ $l_m = \frac{l_1 + l_2}{2}$<br>$l_2 = 2 \cdot l_m - l_2$ $l_2 = 2 \cdot l_m - l_1$<br>$U$ = Summe aller Seiten | $A = \frac{l_1 + l_2}{2} \cdot b$<br>$A = l_m \cdot b$ |
| **Vieleck** (regelmäßig) | 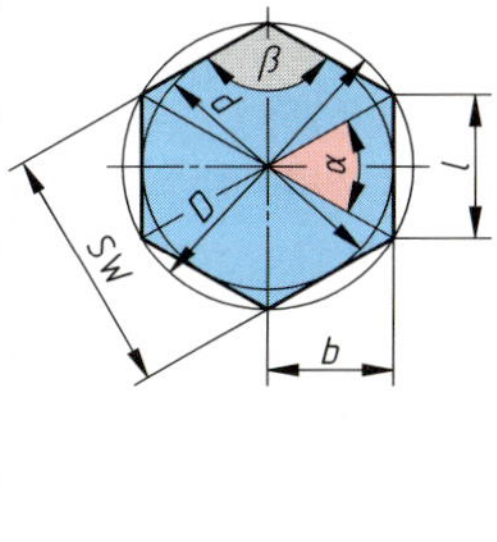 | $A$ Gesamtfläche<br>$n$ Anzahl der Ecken<br>$l$ Seitenlänge<br>$b$ Breite<br>$\alpha$ Innenwinkel<br>$\beta$ Außenwinkel<br>$SW$ Schlüsselweite<br>$D$ Umkreisdurchmesser<br>$d$ Inkreisdurchmesser<br>$\beta = 180° - \alpha$<br>$d = \sqrt{D^2 - l^2}$<br>$U = l \cdot n$ $b = \frac{SW}{2} = \frac{d}{2}$ | $A = \frac{l \cdot b}{2} \cdot n$<br>$A = \frac{n \cdot l \cdot d}{4}$<br>$\alpha = \frac{360°}{n}$<br>$\beta = \frac{(n-2) \cdot 180°}{n}$<br>$l = D \cdot \sin\left(\frac{180°}{n}\right)$<br>$l = D \cdot \sin\frac{\alpha}{2}$ |

$A$ = Fläche $U$ = Umfang $D, d$ = Durchmesser $R, r$ = Radius

| | | | |
|---|---|---|---|
| **Kreis** | 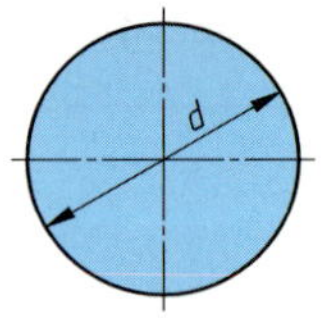 | $d = \sqrt{\frac{4 \cdot A}{\pi}} = \sqrt{\frac{A}{0{,}785}}$<br>$r = \sqrt{\frac{A}{\pi}}$<br>$U = \pi \cdot d$ | $A = \frac{\pi \cdot d^2}{4}$<br>$A = 0{,}785 \cdot d^2$<br>$A = \pi \cdot r^2$ |
| **Kreisring** | 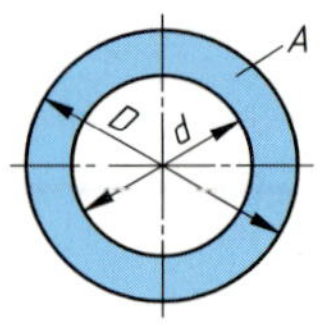 | $D = \sqrt{d^2 + \frac{4 \cdot A}{\pi}}$ $A_2 = \frac{\pi \cdot D^2}{4}$<br>$d = \sqrt{D^2 - \frac{4 \cdot A}{\pi}}$ $A_1 = \frac{\pi \cdot d^2}{4}$ | $A = \frac{\pi \cdot (D^2 - d^2)}{4}$<br>$A = 0{,}785 \cdot (D^2 - d^2)$<br>$A = A_2 - A_1$ |
| **Kreisausschnitt (Sektor)** | 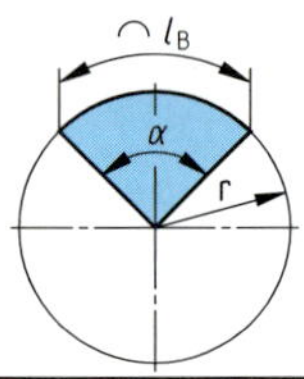 | $l_B = \frac{\pi \cdot d \cdot \alpha}{360°}$<br>$l_B$ Bogenlänge<br>$\alpha$ Mittelpunktswinkel<br>$U = l_B + 2 \cdot r$ | $A = \frac{l_B \cdot r}{2}$<br>$A = \frac{\pi \cdot d^2}{4} \cdot \frac{\alpha}{360°}$ |
| **Kreisabschnitt (Segment)** | 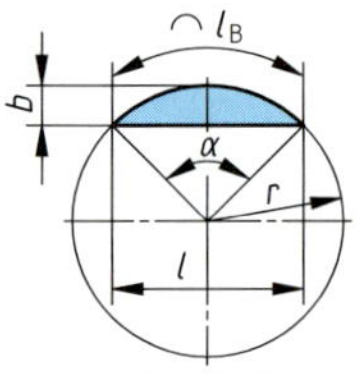 | $l_B = \frac{\pi \cdot d \cdot \alpha}{360°}$<br>$l = 2 \cdot \sqrt{2 \cdot b \cdot r - b^2}$<br>$l = 2 \cdot r \cdot \sin \frac{\alpha}{2}$; $U = l + l_B$<br>$l$ Länge (Sehne)<br>$b$ Breite (Bogenhöhe) | $A = \frac{l_B \cdot r - l \cdot (r - b)}{2}$<br>$A \approx \frac{2 \cdot l \cdot b}{3}$ |
| **Ellipse** | 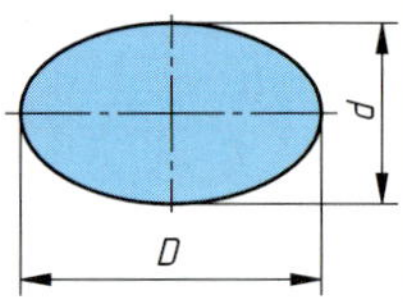 | $D = \frac{4 \cdot A}{\pi \cdot d}$ $d = \frac{4 \cdot A}{\pi \cdot D}$<br>$U \approx \pi \cdot \frac{D + d}{2}$<br>$U = \pi \cdot \sqrt{2 \cdot (R^2 + r^2)}$ | $A = \frac{\pi \cdot D \cdot d}{4}$<br>$A = 0{,}785 \cdot D \cdot d$ |
| **Zusammengesetzte Flächen** | 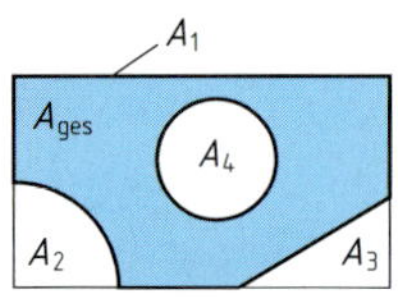 | Zusammengesetzte Flächen werden zur Berechnung ihrer Gesamtfläche in Teilflächen zerlegt. Durch Addition und Subtraktion der Teilflächen erhält man die Gesamtfläche. | $A_{ges} = A_1 - A_2 - \ldots$ |

## Aufgaben

1. Die Seitenlänge eines Quadrates beträgt 125 mm. Wie groß sind Fläche, Umfang und Eckenmaß?
2. Ein Quadrat hat eine Fläche von 361 $dm^2$? Wie groß sind Seitenlänge und Umfang?
3. Ein Quadrat hat ein Eckenmaß von 100 mm. Wie groß sind Seitenlänge, Umfang und Fläche?
4. Wie groß sind Fläche und Umfang des Rhombus **(Bild 1)** ?
5. Wie groß sind Fläche, Umfang und Eckenmaß des Rechtecks **(Bild 2)**?
6. Ein Parallelogramm hat eine Fläche von 1 496 $mm^2$ und eine Länge von 68 mm. Wie groß ist die Breite?

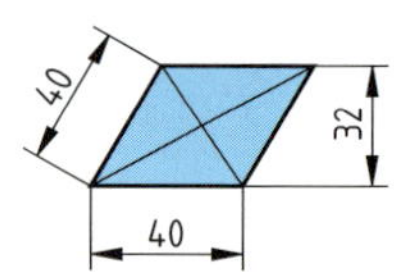

**Bild 1**

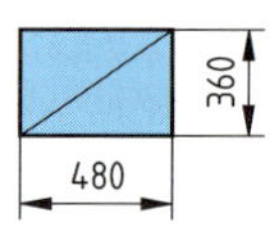

**Bild 2**

## 2.3.2 Gleichdicke Körper

Volumen = Grundfläche × Höhe

$A_M$ = Mantelfläche $A_O$ = Oberfläche $A$ = Grundfläche

$$V = A \cdot h$$

| | | | |
|---|---|---|---|
| **Würfel** | 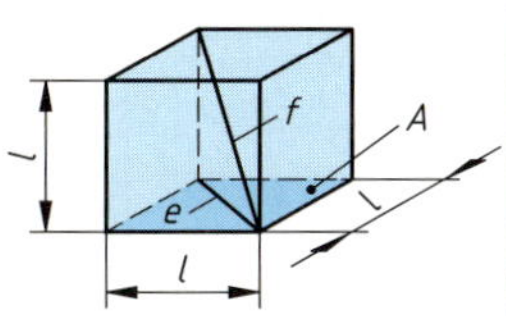  | $l = \sqrt[3]{V}$<br>$e = 1{,}414 \cdot l$<br>$f = 1{,}732 \cdot l$<br>$l_{ges} = 12 \cdot l$<br>$A_M = 4 \cdot A = A \cdot l^2$<br>$A_O = 6 \cdot A = 6 \cdot l^2$ | $V = l \cdot l \cdot l$<br>$V = l^3$ |
| **Prisma** | 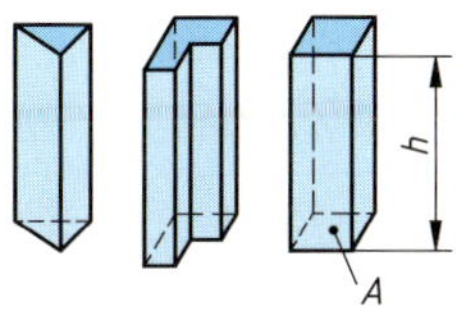  | $A = \frac{V}{h}$<br>$h = \frac{V}{A}$ | $V = A \cdot h$ |
| **Zylinder** | 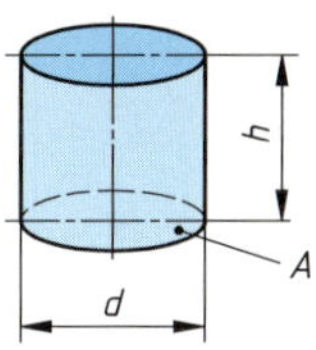  | $d = \sqrt{\frac{4 \cdot V}{\pi \cdot h}}$<br>$h = \frac{4 \cdot V}{\pi \cdot d^2}$<br>$A_M = \pi \cdot d \cdot h$<br>$A_O = \pi \cdot d \cdot h + 2 \cdot \frac{\pi \cdot d^2}{4}$ | $V = \frac{\pi \cdot d^2}{4} \cdot h$ |
| **Hohlzylinder** | 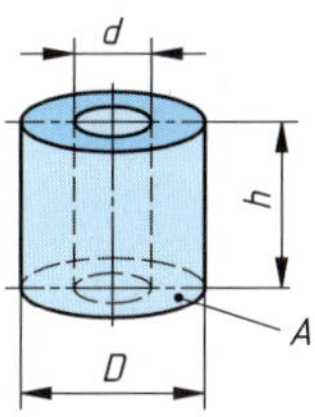  | $h = \frac{4 \cdot V}{\pi \cdot (D^2 - d^2)}$<br>$D = \sqrt{d^2 + \frac{4 \cdot V}{\pi \cdot h}}$<br>$d = \sqrt{D^2 - \frac{4 \cdot V}{\pi \cdot h}}$<br>$A_O = \pi \cdot h \cdot (D + d) + 2 \cdot \frac{\pi \cdot (D^2 - d^2)}{4}$ | $V = \frac{\pi \cdot (D^2 - d^2)}{4} \cdot h$<br>$V = (A_2 - A_1) \cdot h$<br>$V = V_2 - V_1$ |

### Aufgaben

1. Ein Würfel hat eine Kantenlänge von 1 m. Wie groß sind Fläche, Volumen, Oberfläche, Mantelfläche und die gesamte Kantenlänge?
2. Das Volumen eines Würfels beträgt 343 mm³. Wie groß sind Kantenlänge, Fläche, Oberfläche und die Mantelfläche des Würfels?
3. Ein Kolbenbolzen hat ein Volumen von 154,4 cm³, einen Außendurchmesser von 48 mm und eine Länge von 108 mm. Berechnen Sie a) Innendurchmesser, b) Wandstärke, c) Oberfläche.
4. Ein Kreiszylinder hat ein Volumen von 402,124 cm³ und eine Höhe von 80 mm. Wie groß sind Durchmesser, Oberfläche und Mantelfläche des Zylinders?
5. Wie groß ist das Werkstoffvolumen eines Rohres mit $D$ = 400 mm, $d$ = 300 mm, $h$ = 800 mm?
6. Ein Ölfass hat einen Durchmesser von 32,6 cm und eine Höhe von 60 cm. Wie viel Liter Öl enthält der Behälter, wenn er zu $^4/_5$ gefüllt ist?
7. Wie groß ist das Fassungsvermögen der einzelnen Behälter **(Bild 1...Bild 3)**?

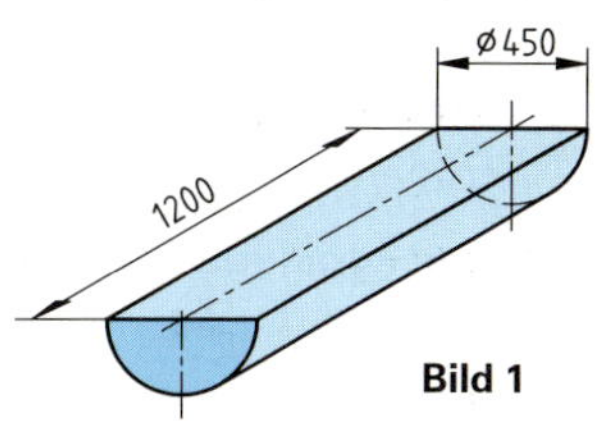

**Bild 1**

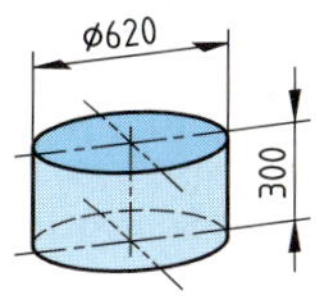

**Bild 2**

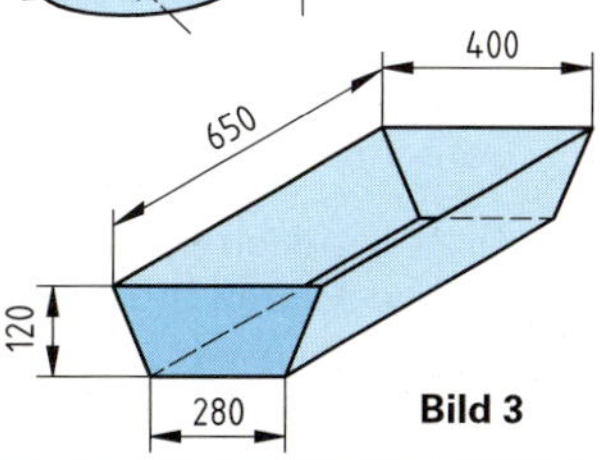

**Bild 3**

## 2.3.3 Spitze Körper

Volumen = $\frac{\text{Grundfläche} \times \text{Höhe}}{3}$

$$V = \frac{A \cdot h}{3}$$

$A_M$ = Mantelfläche $A_O$ = Oberfläche $A$ = Grundfläche

| | | | | |
|---|---|---|---|---|
| **Pyramide** | 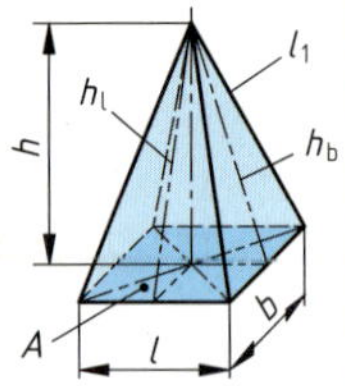 | $h = \frac{3 \cdot V}{l \cdot b}$ $b = \frac{3 \cdot V}{l \cdot h}$<br>$A = \frac{3 \cdot V}{h}$<br>$h_l = \sqrt{h^2 + b^2/4}$<br>$l_1 = \sqrt{h_b^2 + b^2/4}$<br>$A_M = h_l \cdot l + h_b \cdot b$ | $l = \frac{3 \cdot V}{b \cdot h}$<br>$h = \frac{3 \cdot V}{A}$<br>$h_b = \sqrt{h^2 + l^2/4}$<br>$l_1 = \sqrt{h_l^2 + l^2/4}$<br>$A_O = A_M + A$ | $V = \frac{l \cdot b \cdot h}{3}$<br>$V = \frac{A \cdot h}{3}$ |
| **Kegel** | 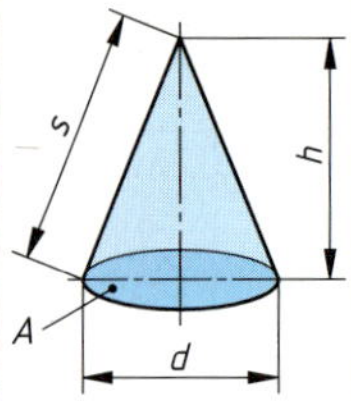 | $d = \sqrt{\frac{12 \cdot V}{\pi \cdot h}}$<br>$A = \frac{3 \cdot V}{h}$<br>$A_M = \pi \cdot r \cdot \sqrt{h^2 + r^2}$<br>$A_M = \pi \cdot r \cdot s$<br>$A_O = A_M + A$ | $h = \frac{12 \cdot V}{\pi \cdot d^2}$<br>$h = \frac{3 \cdot V}{A}$<br>$A_M = \frac{\pi \cdot d \cdot s}{2}$<br>$s = \sqrt{h^2 + r^2}$ | $V = \frac{1}{3} \cdot \frac{\pi \cdot d^2}{4} \cdot h$<br>$V = \frac{\pi \cdot d^2 \cdot h}{12}$<br>$V = \frac{A \cdot h}{3}$ |

### Aufgaben

1. Eine Pyramide hat eine Grundfläche von 16 $cm^2$ und eine Höhe von 120 mm. Wie groß ist das Volumen in $cm^3$?
2. Ein Begrenzungskegel für Straßenbauarbeiten hat einen Durchmesser von 235 mm und eine Höhe von 625 mm. Berechnen Sie das Volumen und die Mantelfläche des Kegels!
3. Ein kegelförmiger Behälter hat einen Durchmesser von 300 mm und ein Fassungsvermögen von 5 l. Wie groß ist die Höhe?
4. Die Rauminhalte der Körper sind zu berechnen **(Bild 1** und **Bild 2)**.
5. Berechnen Sie die Rauminhalte des Zylinderrohlings und des fertigen Werkstückes **(Bild 3)**.
6. Eine Pyramide hat eine dreieckige Grundfläche ($l$ = 120 mm, $b$ = 60 mm). Die Höhe beträgt 180 mm. Wie groß ist das Volumen?
7. Berechnen Sie die Rauminhalte der einzelnen Körper und vergleichen Sie diese mit dem Würfelvolumen in Prozent. Würfel: Kantenlänge 100 mm; Kugel: Durchmesser 100 mm; Pyramide: Grundfläche 100 mm x 100 mm, Höhe 100 mm; Kegel: Durchmesser 100 mm, Höhe 100 mm.
8. Berechnen Sie die Mantelfläche **(Bild 1, Bild 2)**.
9. Berechnen Sie die Oberfläche **(Bild 1, Bild 2)**.
10. Ein Turmdach hat die Form einer 8 m hohen Pyramide mit einer sechseckigen Grundfläche (Grundkantenlänge 3 m). Wie viel Kupferblech wird für die Bedachung bei zusätzlichem 15%igen Verschnitt benötigt?

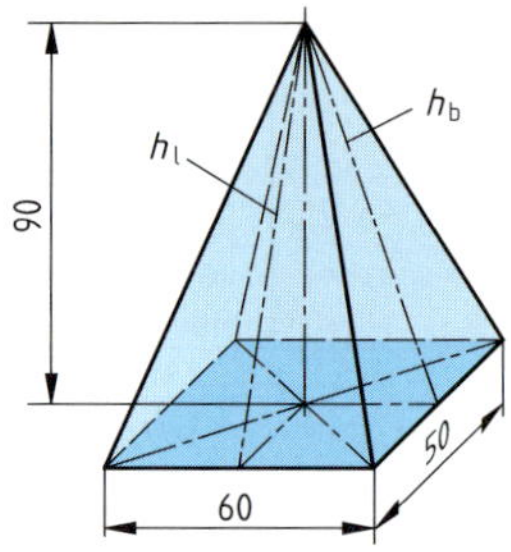

**Bild 1**

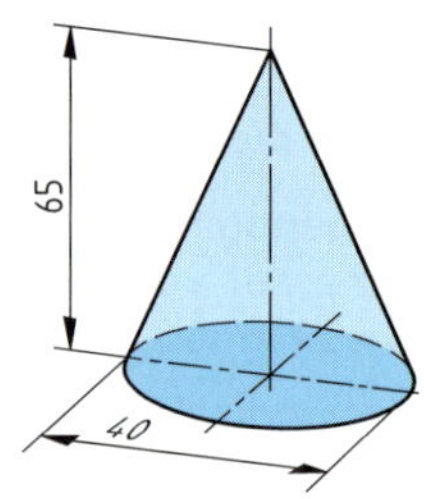

**Bild 2**

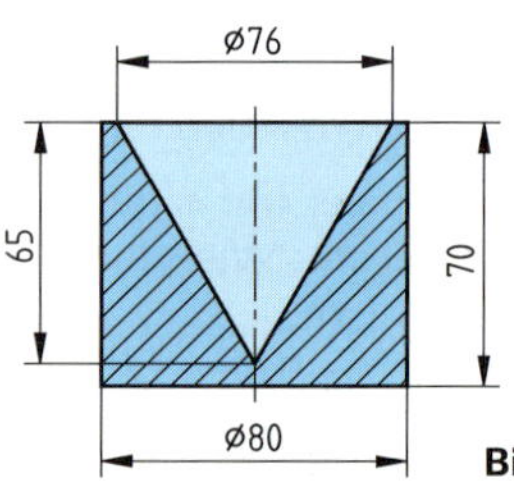

**Bild 3**

## 2.3.4 Abgestumpfte Körper

Volumen ≈ Mittelfläche x Höhe

$A_g$ = Grundfläche $A_d$ = Deckfläche $A_O$ = Oberfläche

$A_m$ = Mittelfläche $A_M$ = Mantelfläche

$$V \approx A_m \cdot h$$

Für genaue Berechnungen verwendet man die Simpsonsche Regel:

$$V = \frac{A_g + 4 \cdot A_m + A_d}{6} \cdot h$$

| | | | |
|---|---|---|---|
| **Pyramidenstumpf** | 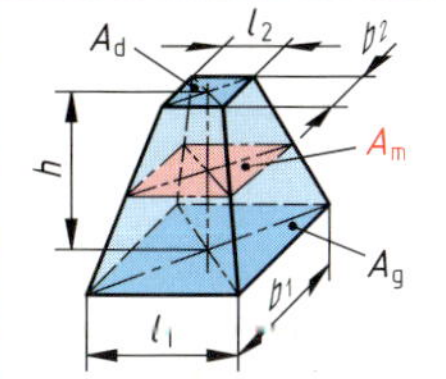  | $A_m = \frac{A_g + A_d}{2}$ | $V = \frac{h \cdot (A_g + A_d + \sqrt{A_g \cdot A_d})}{3}$ <br> $V \approx A_m \cdot h$ |
| **Kegelstumpf** | 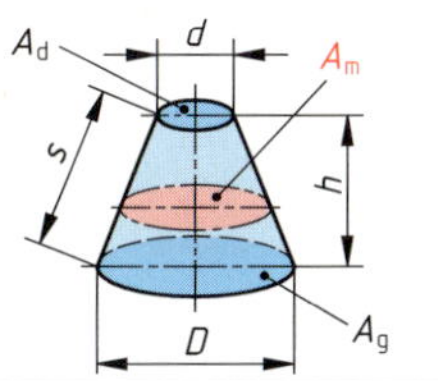  | $A_m = \frac{A_g + A_d}{2}$ <br> $A_M = \frac{\pi \cdot (D + d) \cdot s}{2}$ <br> $s = \sqrt{h^2 + \left(\frac{D - d}{2}\right)^2}$ | $V = \frac{\pi \cdot h \cdot (D^2 + d^2 + D \cdot d)}{12}$ <br> $V \approx A_m \cdot h$ <br> $A_O = A_M + A_g + A_d$ |

### Aufgaben

1. Ein Pyramidenstumpf hat folgende Abmessungen: Grundfläche 350 mm x 350 mm, Deckfläche 300 mm x 300 mm, Höhe 150 mm. Wie groß ist das Volumen?
2. Ein pyramidenstumpfförmiger Behälter hat folgende Innenmaße: $l_1$ = 600 mm; $b_1$ = 400 mm; $l_2$ = 500 mm; $b_2$ = 300 mm; $h$ = 1 000 mm. Wie groß ist das Volumen in $dm^3$?
3. Ein Abfallbehälter hat die Form eines Pyramidenstumpfes mit folgenden Abmessungen: $l_1$ = 500 mm; $b_1$ = 400 mm; $l_2$ = 400 mm; $b_2$ = 300 mm; $h$ = 800 mm. Wie groß ist das Fassungsvermögen in $dm^3$?
4. Berechnen Sie das Volumen der Pyramidenstümpfe **(Bild 1** und **Bild 2)** in $dm^3$.
5. Ein kegelstumpfförmiger Messbecher hat einen oberen Durchmesser von 125 mm, einen unteren Durchmesser von 24 mm und eine Höhe von 200 mm. Wie groß ist das Fassungsvermögen in $cm^3$?
6. Ein Wassereimer hat einen großen Durchmesser von 250 mm und einen kleinen Durchmesser von 180 mm. Die Höhe beträgt 260 mm. Wie groß sind Fassungsvermögen und Mantelfläche?
7. Ein Behälter hat die Form eines Kegelstumpfes mit $D$ = 2 000 mm; $d$ = 1 500 mm; $h$ = 1 200 mm. Wie groß ist das Fassungsvermögen in $m^3$?
8. Die Rauminhalte, Mantel- und Oberflächen der Körper **(Bild 3** und **Bild 4)** sind zu berechnen.
9. Ein Kegelstumpf hat einen großen Durchmesser von 25 cm, einen kleinen Durchmesser von 20 cm und ein Fassungsvermögen von 8 l. Wie hoch ist der Kegelstumpf?

**Bild 1**

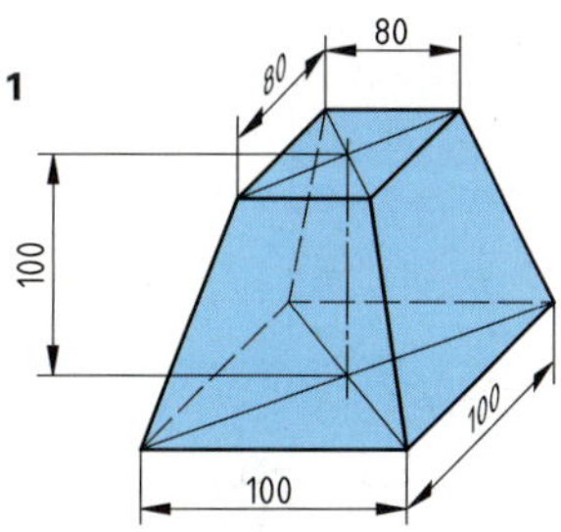


**Bild 2**

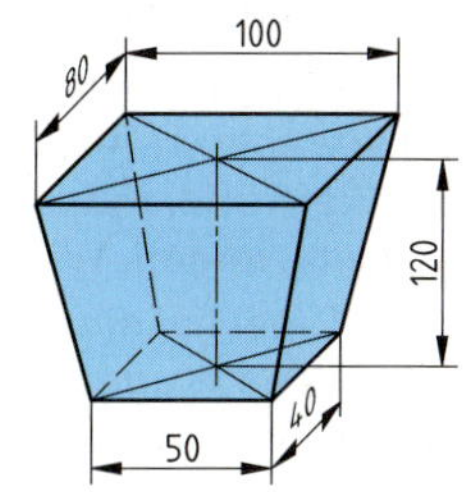


**Bild 3**

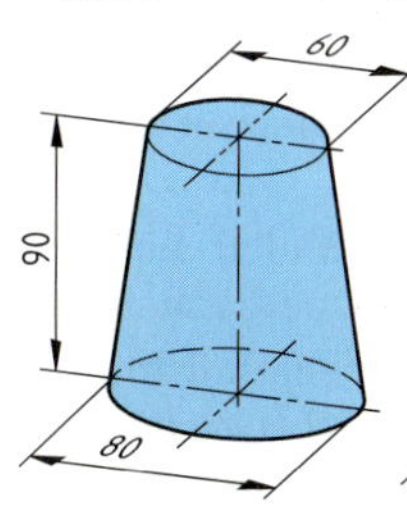


**Bild 4**

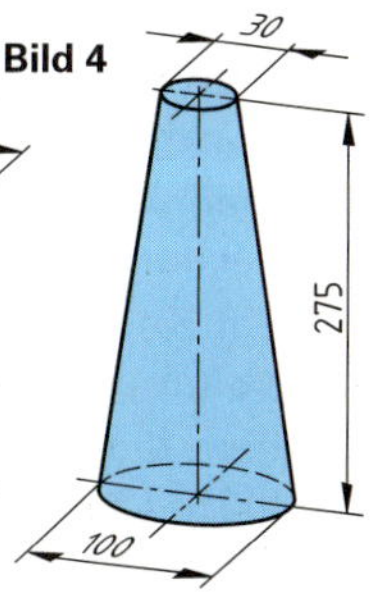

## 2.3.5 Kugel

$A_M$ = Mantelfläche $A_O$ = Oberfläche

| | | | |
|---|---|---|---|
| **Vollkugel** | 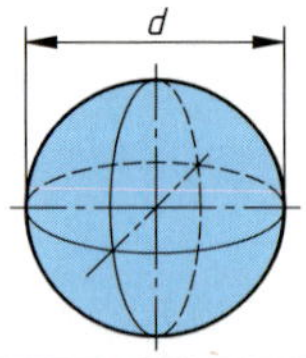  | $d = \sqrt[3]{\frac{6 \cdot V}{\pi}} = \sqrt[3]{\frac{V}{0{,}524}}$<br>$d = 1{,}24 \cdot \sqrt[3]{V}$<br>$A_O = \pi \cdot d^2$; $d = \sqrt{\frac{A_O}{\pi}}$ | $V = \frac{\pi \cdot d^3}{6}$<br>$V = 0{,}524 \cdot d^3$ |
| **Kugel-abschnitt** (Kugel-segment) | 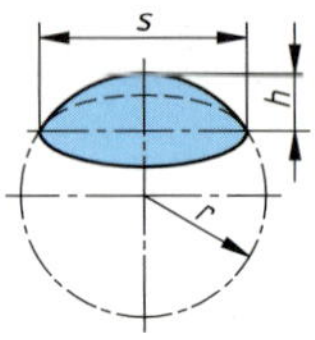  | $A_M = \pi \cdot d \cdot h$<br>$A_M = \frac{\pi \cdot (s^2 + 4 \cdot h^2)}{4}$<br>$A_O = \pi \cdot h \cdot (4 \cdot r - h)$ | $V = \pi \cdot h^2 \cdot \left(r - \frac{h}{3}\right)$<br>$V = \pi \cdot h \cdot \left(\frac{s^2}{8} + \frac{h^2}{6}\right)$ |
| **Kugel-ausschnitt** (Kugelsektor) | 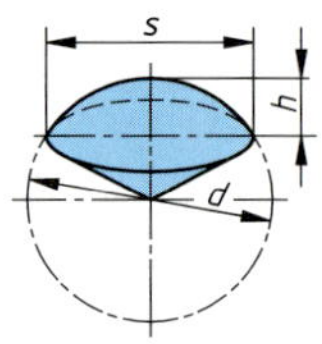  | $A_M = A_O$<br>$A_O = \frac{\pi \cdot d \cdot (4 \cdot h + s)}{4}$ | $V = \frac{\pi \cdot d^2 \cdot h}{6}$ |
| **Kugel-schicht** (Kugelzone) | 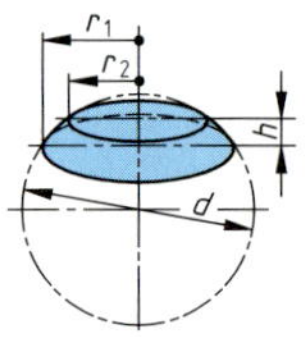  | $A_M = \pi \cdot d \cdot h$<br>$A_O = \pi \cdot (d \cdot h + r_1^2 + r_2^2)$ | $V = \frac{\pi \cdot h \cdot (3 \cdot r_1^2 + 3 \cdot r_2^2 + h^2)}{6}$ |

### Aufgaben

1. Wie groß sind Volumen und Oberfläche einer Kugel von 20 mm Durchmesser?
2. Eine Kugel hat ein Volumen von 100 $cm^3$. Wie groß ist der Durchmesser?
3. Eine Wälzlagerkugel hat einen Durchmesser von 16 mm. Berechnen Sie Volumen und Oberfläche der Kugel.
4. Ein Bleiwürfel mit einer Kantenlänge von 80 mm soll zu einer Kugel umgegossen werden. Wie groß ist der Kugeldurchmesser?
5. Eine Kugel hat eine Oberfläche von 1 963,5 $mm^2$. Wie groß sind der Durchmesser der Kugel und das Volumen?
6. Wie groß sind Volumen, Mantelfläche und Oberfläche des Kugelabschnittes **(Bild 1)** und des Kugelausschnittes **(Bild 2)**?
7. Wie groß sind Volumen, Mantelfläche und Oberfläche der Kugelschicht **(Bild 3)**?
8. Welchen Durchmesser muss eine Kugel haben, damit sie dasselbe Volumen wie ein Würfel mit 100 mm Kantenlänge hat? Wie groß sind die Oberflächen?
9. Ein Kugelgasbehälter hat einen Durchmesser von 30 m. Wie groß sind Volumen und Oberfläche des Gasbehälters?
10. Eine Kugel hat einen Durchmesser von 2 m. a) Wie groß ist das Volumen in $m^3$? b) Wie groß ist das Volumen in % bezogen auf eine Kugel mit 1 m Durchmesser (100%)?

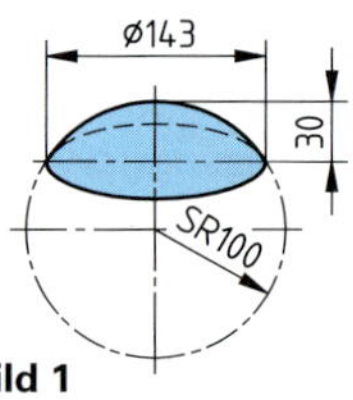

**Bild 1**

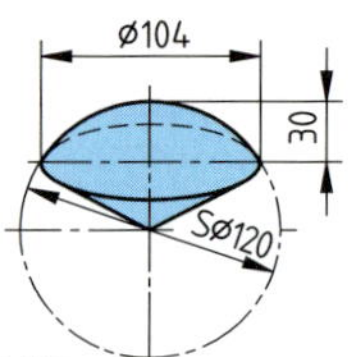

**Bild 2**

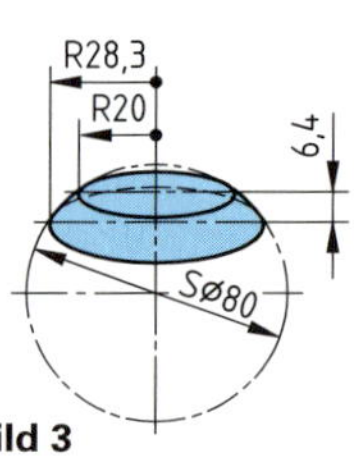

**Bild 3**

## 2.3.6 Umdrehungskörper (Guldinsche Regel)

| | | | |
|---|---|---|---|
| **Volumen** | 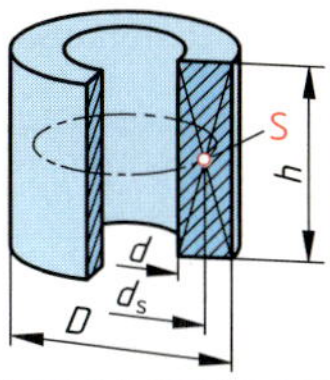 | Das Volumen eines Umdrehungskörpers ist gleich der erzeugenden Fläche mal dem Weg ihres Schwerpunktes. | $V = A \cdot \pi \cdot d_s$<br><br>$d_s = \frac{D + d}{2}$ |
| **Oberfläche** | 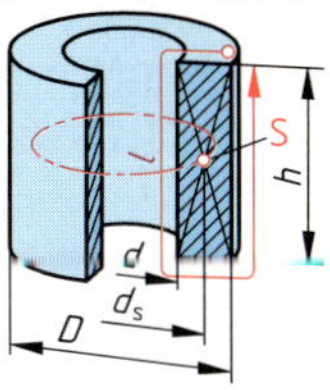 | Die Oberfläche eines Umdrehungskörpers ist gleich der erzeugenden Länge mal dem Weg ihres Schwerpunktes. | $A_O = l \cdot \pi \cdot d_s$<br><br>$d_s = \frac{D + d}{2}$ |

### Aufgaben

Volumen und Oberfläche der Umdrehungskörper **(Bild 1...Bild 5)** sind zu berechnen.

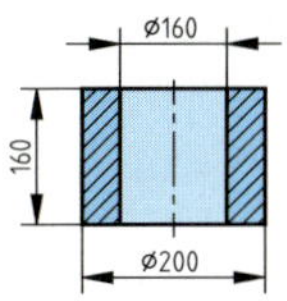

**Bild 1**

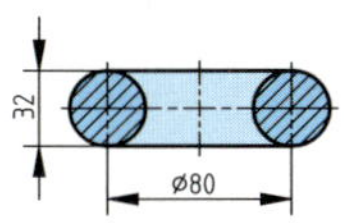

**Bild 2**

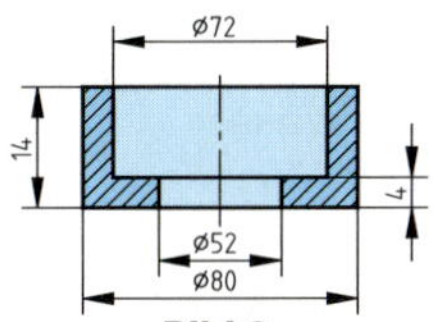

**Bild 3**

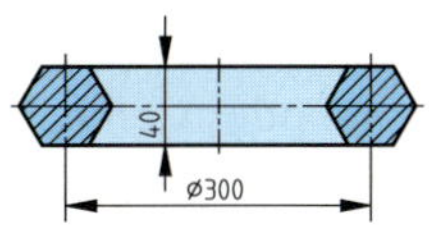

**Bild 4**

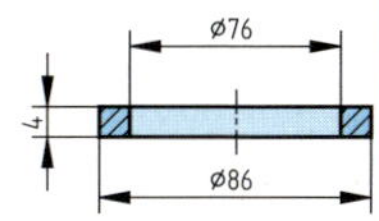

**Bild 5**

## 2.3.7 Zusammengesetzte Körper

| | | | |
|---|---|---|---|
| **Zusammengesetzte Körper** | 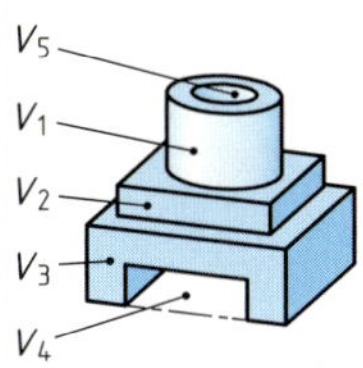 | Zusammengesetzte Körper werden zur Berechnung ihres Volumens in Teilkörper zerlegt. Durch Addition und Subtraktion der Teilkörpervolumen erhält man das Volumen des Gesamtkörpers. | $V_{ges} = V_1 + V_2 + V_3 + \ldots - V_4 - V_5 - \ldots$ |

### Aufgaben

Die Rauminhalte der einzelnen Körper **(Bild 1...Bild 8)** sind zu berechnen.

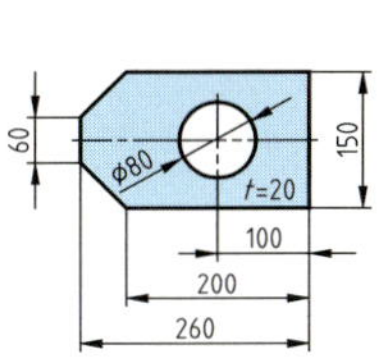

**Bild 1**

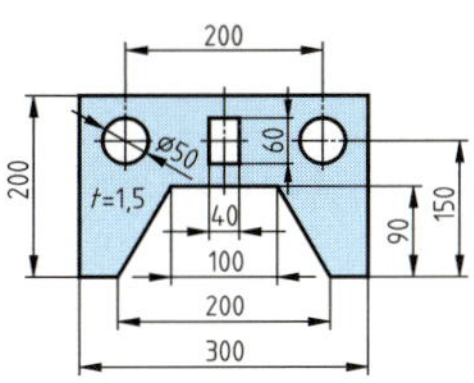

**Bild 2**

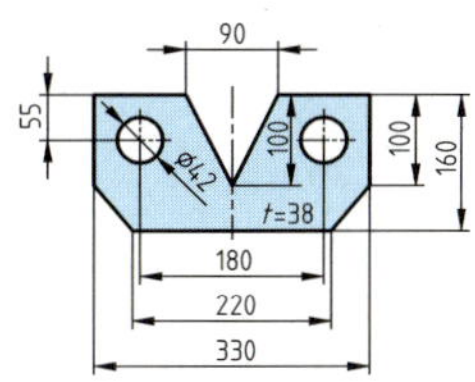

**Bild 3**

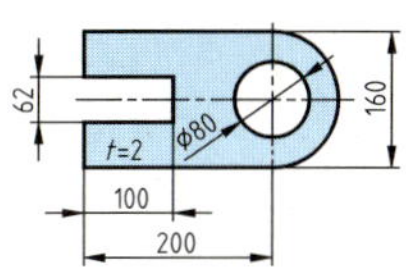

**Bild 4**

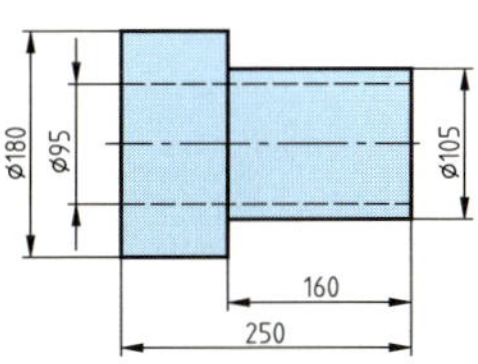

**Bild 5**

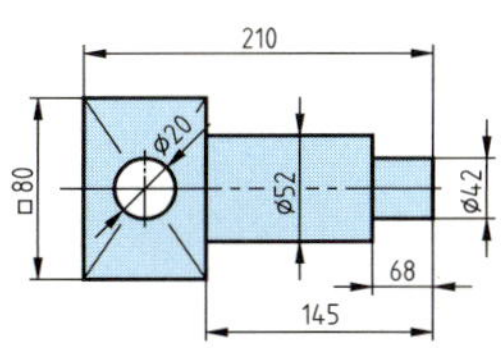

**Bild 6**

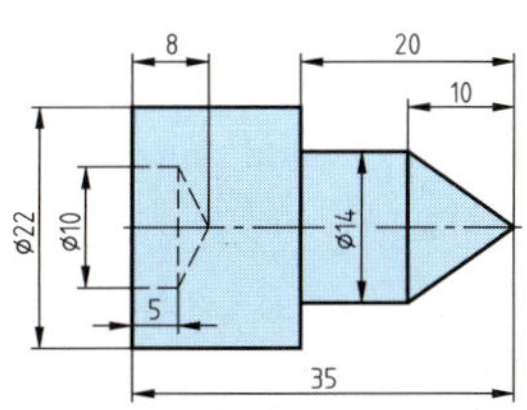

**Bild 7**

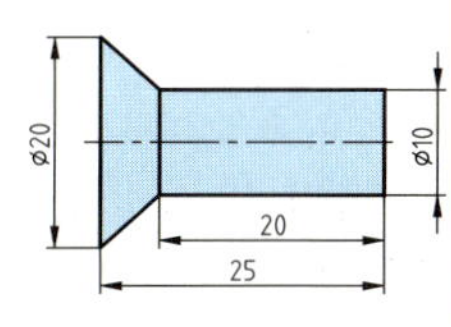

**Bild 8**

## 2.4 Masse und Dichte

Die Masse eines Körpers kann durch Vergleich mit einem Körper bekannter Masse, wie z. B. Wägestücke, Gewichtsstücke oder Laufgewichte, auf einer Hebelwaage ermittelt werden. Sie wird in Gramm, Kilogramm oder Tonnen angegeben. Die SI-Basiseinheit der Masse ist das Kilogramm (kg).

In der Umgangssprache wird statt der Bezeichnung Masse der Ausdruck **Gewicht** benützt. Auch in der Kfz-Technik spricht man z. B. von Leergewicht oder zulässigem Gesamtgewicht.

Die Masse eines Körpers ist von der Erdanziehungskraft bzw. Fallbeschleunigung unabhängig und deshalb überall gleich groß.

Die Einheit der Masse wurde bereits im 19. Jahrhundert festgelegt. 1 Kilogramm entspricht der Masse eines Normzylinders aus 90% Platin und 10% Iridium. Der Normzylinder, der in Sèvres bei Paris aufbewahrt wird, besitzt einen Durchmesser von 39 mm und eine Höhe von 39 mm. Die Masse von 1 $dm^3$ destilliertem Wasser bei 4 °C kann mit hinreichender Genauigkeit der Masse des Normzylinders gleichgesetzt werden.

Bei den verschiedenen Stoffen liegen die Stoffteilchen dichter oder weniger dicht beisammen. Die Masse pro Volumeneinheit ist abhängig von der Art des Stoffes. Sie wird als Dichte des Stoffes bezeichnet und ist von der am Ort wirkenden Fallbeschleunigung unabhängig.

Bei Gasen wird die Normdichte angegeben. Man versteht darunter die Dichte eines Gases bei der Temperatur von 0 °C und dem Druck von 1013 hPa, z. B. Normdichte von Luft = 1,293 $kg/m^3$.

Kann man von einem Körper die Masse aus bestimmten Gründen nicht durch eine Waage ermitteln, so lässt sie sich aus dem Volumen und der Dichte berechnen.

**Hebelwaage**

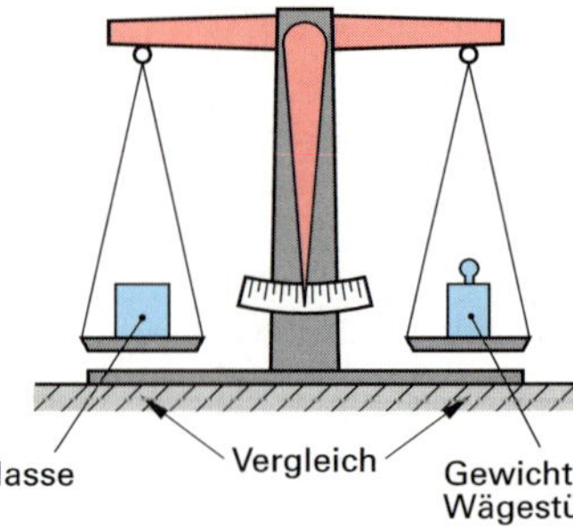


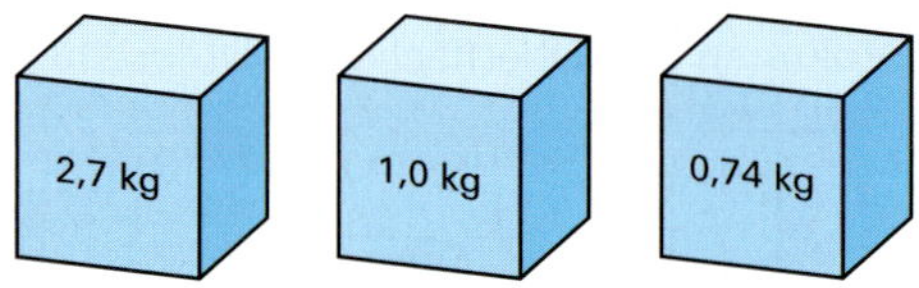


| | | |
|---|---|---|
| $\varrho = 2{,}7\ kg/dm^3$ | $\varrho = 1{,}0\ kg/dm^3$ | $\varrho = 0{,}74\ kg/dm^3$ |
| Aluminium | Wasser 4 °C | Benzin |

$$m = V \cdot \varrho$$

$$\varrho = \frac{m}{V}$$

$$V = \frac{m}{\varrho}$$

$m$ Masse in kg, g, t

$V$ Volumen in $dm^3$, $cm^3$, $m^3$

**Für feste und flüssige Stoffe:**

$\varrho$ Dichte in $kg/dm^3$, $g/cm^3$

**Für gasförmige Stoffe:**

$\varrho$ Dichte in $kg/m^3$

**Beispiel 1**

In einem Kraftstoffbehälter befinden sich 30 l Benzin. Welche Masse hat das Benzin?

Gegeben: $V = 38\ l = 38\ dm^3$; $\varrho = 0{,}74\ kg/dm^3$

Gesucht: $m$

**Lösung:** $m = V \cdot \varrho = 38\ dm^3 \cdot 0{,}74\ kg/dm^3 = \mathbf{28{,}1\ kg}$

**Beispiel 2**

Zur Verbrennung von 1 kg Benzin wurden 17 kg Luft verbraucht. Welche Luftmenge in $m^3$ wurde benötigt?

Gegeben: $m = 17\ kg$; $\varrho = 1{,}29\ kg/m^3$

Gesucht: $V$

**Lösung:** $V = \frac{m}{\varrho} = \frac{17\ kg}{1{,}29\ kg/m^3} = \mathbf{13{,}2\ m^3}$

| | | |
|---|---|---|
| 1000 g | = | 1 kg |
| 1000 kg | = | 1 t |
| 1000 $cm^3$ | = | 1 $dm^3$ |
| 1000 $dm^3$ | = | 1 $m^3$ |
| 1 $kg/dm^3$ | = | 1 $g/cm^3$ |

## Aufgaben

1. Ein Tankkraftfahrzeug hat eine zulässige Zuladung von 9 t. Wie viel Liter Benzin darf es aufnehmen?

2. Der im **Bild 1** dargestellte Behälter wird zur Aufbewahrung von Kraftstoffen verwendet; a) wie viel Liter Kraftstoff können eingefüllt werden, b) wie groß ist die Masse der Füllung, wenn als Kraftstoff Petroleum verwendet wird?

3. Ein Lastkraftwagen hat eine zulässige Zuladung von 7 t. Welcher Raumbedarf ist erforderlich, a) wenn Flachstahl geladen wird ($\varrho$ = 7,8 kg/dm$^3$), b) wenn Aluminiumbleche geladen werden ($\varrho$ = 2,7 kg/dm$^3$), c) wenn CuZn-Bleche geladen werden ($\varrho$ = 8,4 kg/dm$^3$)?

4. Es soll die Masse des Kolbenbolzens **(Bild 2)** bestimmt werden a) ohne Durchbohrung ($m_1$ = ?), wenn $d_1$ = 15 mm ist, b) mit Durchbohrung ($m_2$ = ?), wenn $d_2$ = 9 mm ($\varrho$ = 7,8 kg/dm$^3$) ist.

5. Die vordere Walze einer Straßenwalze ist 1,60 m breit und aus 15 mm dickem Stahlblech zusammengeschweißt ($\varrho$ = 7,8 kg/dm$^3$). Der Außendurchmesser beträgt 90 cm. Welches Gewicht hat die Walze, wenn der Hohlraum zusätzlich mit Wasser aufgefüllt wird?

6. Die Füllung eines Tankkraftfahrzeuges hat ein Gewicht von 11,2 t und nimmt ein Volumen von 14 000 l ein. Wie groß ist die Dichte der Flüssigkeit? Um welche Flüssigkeit kann es sich handeln?

7. Ein Leichtmetallkolben ($\varrho$ = 2,65 kg/dm$^3$) hat die Masse von 1,25 kg. Wie groß ist das Volumen des Kolbenwerkstoffes?

8. Eine Bundbuchse **(Bild 3)** aus Sinter-CuZn (Sint-C 52; $\varrho$ = 7,0 kg/dm$^3$) soll angefertigt werden. a) Wie groß ist das Werkstoffvolumen? b) Wie groß ist die Masse der Buchse?

9. Bei einem Ottomotor werden im Leerlauf für die Verbrennung von 1 kg Kraftstoff 13 kg Luft benötigt. Wie groß ist a) der Luftbedarf in m$^3$? b) das Volumenverhältnis Kraftstoff zu Luft?

10. Welche Masse hat ein 2 mm dickes und 1 m$^2$ großes Stahlblech?

11. Ein zylindrischer Tank **(Bild 4)** ist zu $^3/_4$ seines Inhalts mit Dieselkraftstoff gefüllt. a) Wie viel Liter Dieselkraftstoff befinden sich im Tank? b) Wie groß ist die Masse?

12. Es soll ein zylindrischer Tank **(Bild 5)** gefertigt werden, der bei einer Innenlänge von 4,0 m 8000 kg Benzin fassen soll. Wie groß muss der Innendurchmesser des Tanks sein, wenn 20% des Benzinvolumens zusätzlich als Ausdehnungsraum vorgesehen sein sollen?

13. Ein Pleuel aus Stahl ($\varrho$ = 7,8 kg/dm$^3$) soll durch ein Pleuel aus Titan ($\varrho$ = 4,54 kg/dm$^3$) mit gleichem Volumen ersetzt werden. Wie groß ist die Gewichtsersparnis in Prozent?

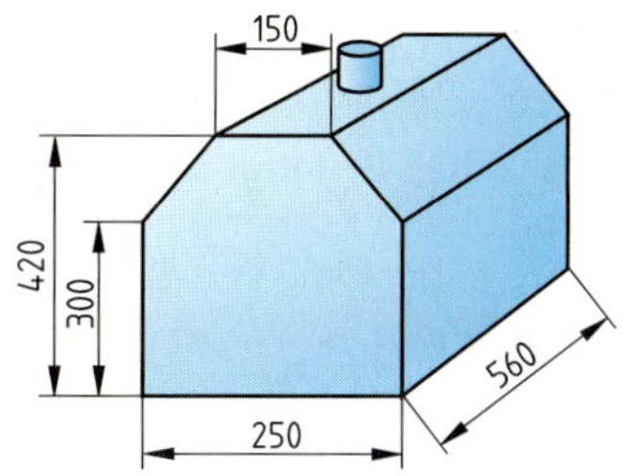

**Bild 1**

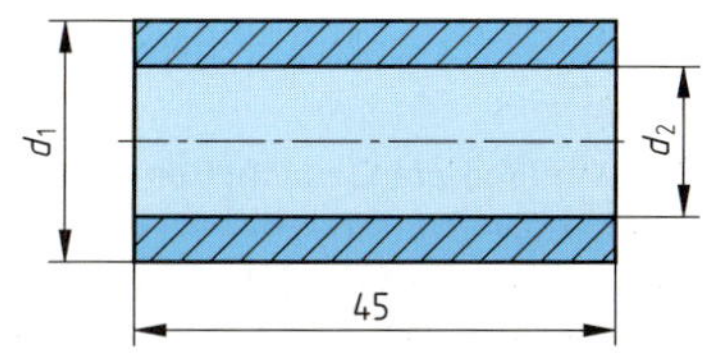

**Bild 2**

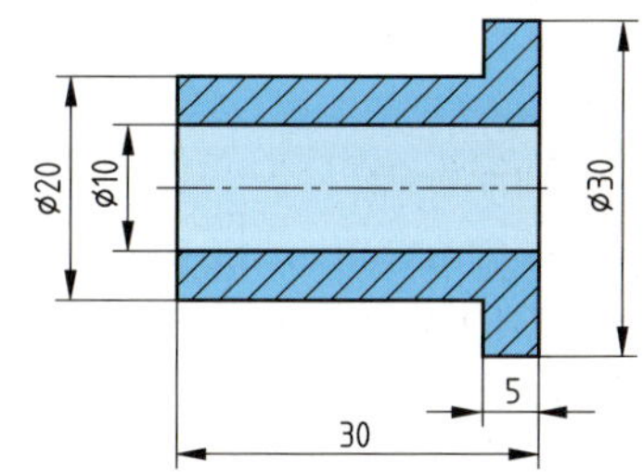

**Bild 3**

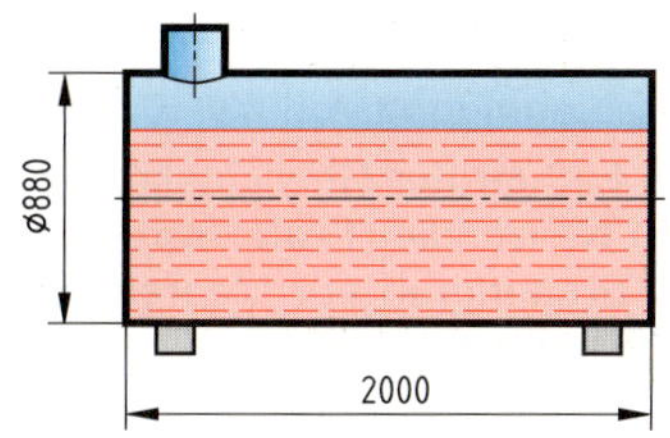

**Bild 4**

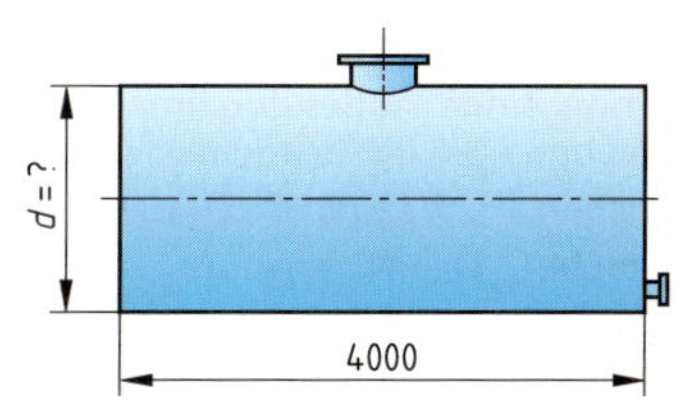

**Bild 5**

## 2.5 Kraft, Gewichtskraft

### Kraft

**Newtonsches Grundgesetz:**
Greift an einem Körper eine Kraft an, so kann eine beschleunigte Bewegung entstehen. Die Beschleunigung, die Körper mit gleicher Masse erfahren, ist um so größer, je größer die angreifende Kraft ist.

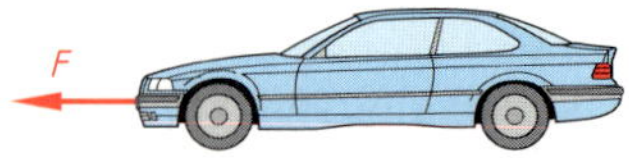


Die abgeleitete SI-Einheit ist das Newton (N). 1 Newton ist gleich der Kraft $F$, die einem Körper der Masse $m$ = 1 kg die Beschleunigung $a$ = 1 m/s² erteilt.

$$F = m \cdot a$$

$$m = \frac{F}{a} \qquad a = \frac{F}{m}$$

$F$ Kraft in N
$m$ Masse (Gewicht) in kg
$a$ Beschleunigung in $\frac{m}{s^2}$

$$1\ N = 1\ kg \cdot 1\ \frac{m}{s^2}$$

$$1\ N = 1\ \frac{kg \cdot m}{s^2}$$

1 kN (Kilonewton) = 1000 N
1 MN (Meganewton) = 1000 kN

**Beispiel**

Ein Lkw mit einem Gewicht von 49 t und einem Anhänger von 11,4 t soll mit 1,5 m/s² beschleunigt werden. Welche Antriebskraft ist erforderlich?

Gegeben: $m_1$ = 49 t = 49000 kg; $m_2$ = 11,4 t = 11400 kg; $a$ = 1,5 m/s²
Gesucht: $F$ in kN

**Lösung:** $m = m_1 + m_2 = 49000\ kg + 11400\ kg = 60400\ kg$

$F = m \cdot a = 60400\ kg \cdot 1{,}5\ m/s^2 = 90600\ \frac{kg \cdot m}{s^2} = 90600\ N$

$F$ = **90,6 kN**

### Gewichtskraft

Die Gewichtskraft ist die Kraft, mit der ein in Ruhe befindlicher Körper von der Erde angezogen wird. Sie wirkt in Richtung Erdmittelpunkt und wird mit dem Federkraftmesser bestimmt.

Die Gewichtskraft ein und desselben Körpers wird von der Erdanziehungskraft bzw. Fallbeschleunigung beeinflusst. Sie ist somit nicht an jedem Ort gleich groß.

Für den 45. Breitengrad beträgt die Fallbeschleunigung $g$ = 9,80665 m/s² ≈ 9,81 m/s². Da ein Fehler von 2% im Allgemeinen vernachlässigt werden kann, darf nach DIN 1305 mit einer Fallbeschleunigung von $g$ = 10 m/s² gerechnet werden.

Die Einheit der Gewichtskraft ist das Newton (N). Die Gewichtskraft 9,81 N ist die Kraft, mit der ein Körper der Masse 1 kg am 45. Breitengrad auf Meereshöhe (Normfallbeschleunigung) von der Erde angezogen wird.

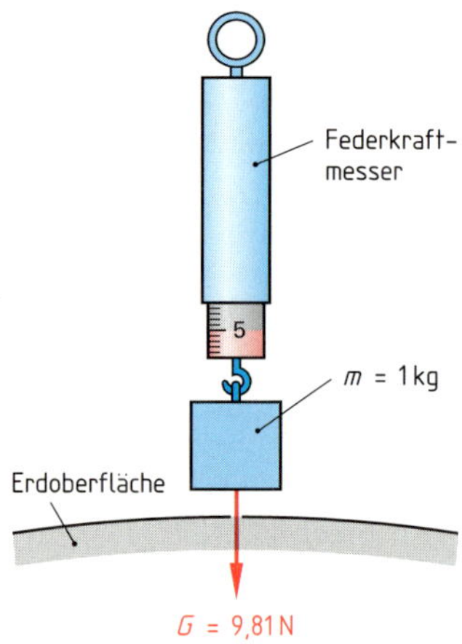


Erdanziehungskraft bei $g$ = 9,81 m/s²

$G$ Gewichtskraft in N
$m$ Masse in kg
$g$ Fallbeschleunigung in m/s²
Norm: $g$ = 9,80665 m/s²
Technik: $g$ = 9,81 m/s²
$g$ ≈ 10 m/s²

$$G = m \cdot g$$

$$m = \frac{G}{g}$$

**Beispiel**

Ein Kolbenbolzen aus Stahl ($\varrho$ = 7,8 g/cm³) hat einen Innendurchmesser von 13 mm, einen Außendurchmesser von 20 mm und eine Länge von 70 mm. Berechnen Sie die Gewichtskraft.

Gegeben: $\varrho$ = 7,8 g/cm³; $D$ = 20 mm; $d$ = 13 mm; $h$ = 70 mm; $g$ = 9,81 m/s²
Gesucht: $G$ in N

**Lösung:** $V = \frac{\pi}{4}(D^2 - d^2) \cdot h = \frac{\pi}{4}[(2\ cm)^2 - (1{,}3\ cm)^2] \cdot 7\ cm = 12{,}7\ cm^3$

$m = V \cdot \varrho = 12{,}7\ cm^3 \cdot 7{,}8\ g/cm^3 = 99\ g = 0{,}099\ kg$

$G = m \cdot g = 0{,}099\ kg \cdot 9{,}81\ m/s^2 =$ **0,97 N** ≈ **1 N**

## Aufgaben

1. Ein Pkw hat ein Leergewicht von 1310 kg. Wie groß ist seine Gewichtskraft in N?
2. Die Pleuelstange eines Mopeds hat eine Masse von 0,543 kg. Wie groß ist die Gewichtskraft in N?
3. In welcher Höhe muss eine Öldose mit einem Durchmesser von 95 mm abgeschnitten werden, wenn sie genau einen dreiviertel Liter Öl ($\varrho$ = 0,85 kg/dm$^3$) aufnehmen soll. Wie viel wiegt das Öl? Wie groß ist seine Gewichtskraft?
4. Beim Auswuchten eines Rades wurde eine Unwucht von 0,2 N ermittelt. Welchen Rauminhalt hat das Ausgleichsgewicht aus Blei ($\varrho$ = 11,34 g/cm$^3$)?
5. Die Dichte eines Schwimmers aus Kunststoff **(Bild 1)** beträgt 0,38 kg/dm$^3$. Wie groß ist a) das Volumen, b) die Masse, c) die Gewichtskraft des Schwimmers?
6. Die Ladefläche eines kleinen Lastkahnes kann mit einer Gewichtskraft von 20 000 N belastet werden. Wie viel m$^3$ Kork können aufgeladen werden, wenn die Dichte von Kork 0,23 kg/dm$^3$ beträgt?
7. Ein Pkw, der sowohl mit Ottomotor, als auch mit Dieselmotor gebaut wird, hat einen Kraftstoffbehälter mit einem Inhalt von 72 l. Um wie viel N ist die Gewichtskraft einer Füllung Dieselkraftstoff ($\varrho$ = 0,86 kg/dm$^3$) größer als die einer Füllung Benzin ($\varrho$ = 0,74 kg/dm$^3$)?
8. Berechnen Sie die Gewichtskraft einer Bremsscheibe aus Gusseisen **(Bild 2)**, wenn die Dichte 7,25 kg/dm$^3$ beträgt!
9. Ein Kraftfahrzeug hat für die Fahrt von München nach Saarbrücken 40 l Benzin verbraucht. Für die Verbrennung des Kraftstoffes im Motor wird ein durchschnittliches Mischungsverhältnis von 1 kg Benzin und 15 kg Luft angenommen. a) Wie viel kg Benzin wurden verbraucht, b) wie viel m$^3$ Luft hat der Motor angesaugt, c) wie groß ist die Gewichtskraft des verbrauchten Benzins und der Luft?
10. Die Gewichtskraft von Öl ($\varrho$ = 0,85 kg/dm$^3$), das sich in einem Behälter **(Bild 3)** befindet, beträgt 130 N. Bis zu welcher Höhe ist der Behälter gefüllt?
11. Ein Motorrad hat ein Gewicht von 220 kg; Fahrer und Sozius wiegen zusammen 160 kg. Welche Zugkraft muss am Hinterrad wirken, wenn es mit 3,5 m/s$^2$ beschleunigt werden soll?
12. Ein Rennwagen mit einem Gewicht von 550 kg wird mit einer Antriebskraft von 4800 N beschleunigt. Wie groß ist seine Beschleunigung?
13. Ein Lkw mit einem Gewicht von 22 t wird mit einer Verzögerung von 7,6 m/s$^2$ abgebremst. Wie groß ist die Bremskraft?
14. Jedes Rad eines allradgetriebenen Pkw hat eine Radlast von 360 kg. Welche Beschleunigung kann der Pkw erreichen, wenn jedes Rad eine Antriebskraft von 1600 N übertragen kann **(Bild 4)**?

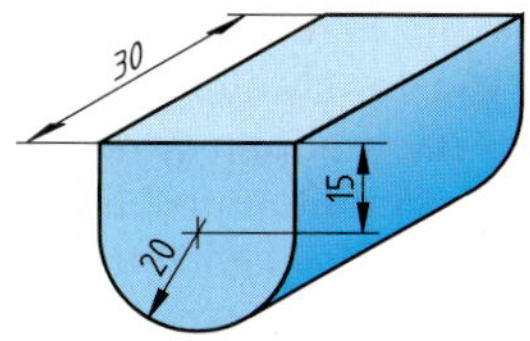

**Bild 1**

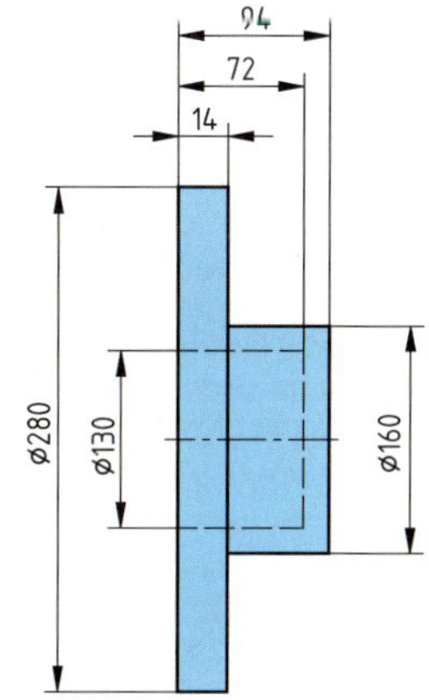

**Bild 2**

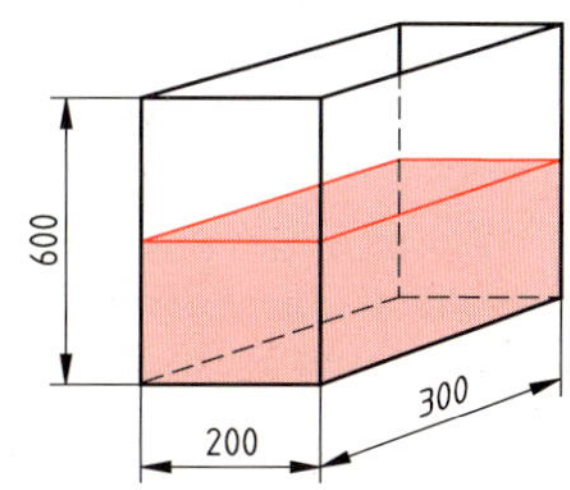

**Bild 3**

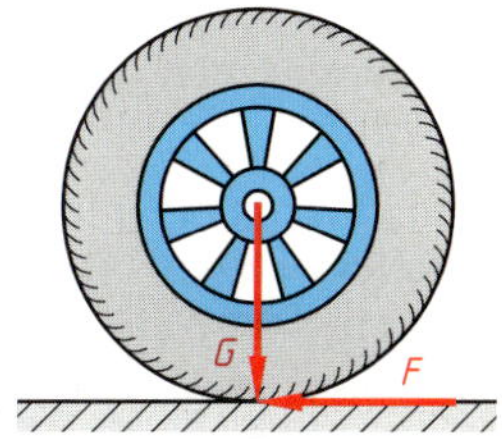

**Bild 4**

## 2.6 Fliehkraft (Zentrifugalkraft)

Fährt ein Fahrzeug in eine Kurve, so tritt eine Fliehkraft auf, die vom Mittelpunkt der Kurve aus gesehen, waagerecht nach außen wirkt. Überschreitet die Fliehkraft die zwischen Reifen und Straße vorhandene Reibungskraft, so rutscht das Fahrzeug aus der Kurve.

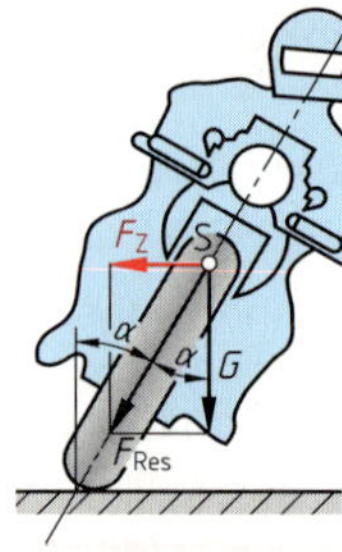


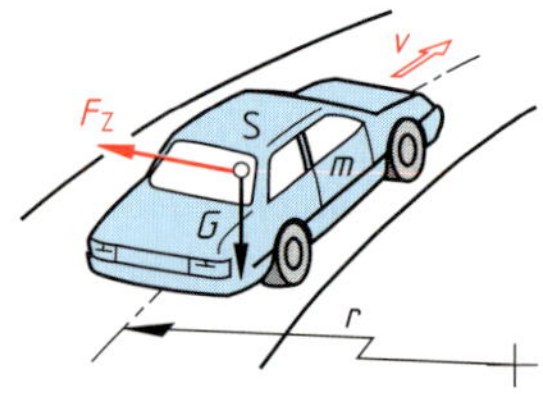


| | | | |
|---|---|---|---|
| $F_Z$ | Fliehkraft in N | $\mu_H$ | Haftreibungszahl |
| $m$ | Masse in kg | $F_H$ | Haftreibungskraft in N |
| $v$ | Geschwindigkeit in m/s | | |
| $r$ | Kurvenradius in m | $F_R$ | Reibungskraft in N |
| $g$ | Fallbeschleunigung in m/s² | $\alpha$ | Neigungswinkel in Grad |
| $v_{max}$ | maximale Fahrgeschwindigkeit in m/s | $F_{Zmax}$ | größte wirksame Fliehkraft in N |
| $G$ | Gesamtgewichtskraft in N | | |

**Beispiel**

Bei einem Fahrzeugtest soll ein Pkw mit einem Gewicht von 1800 kg eine Kurve vom Radius 120 m mit einer Geschwindigkeit von 70 km/h durchfahren. Welche Fliehkraft tritt auf? Welche max. Geschwindigkeit kann bei einer Haftreibungszahl von 0,36 erreicht werden ohne auszubrechen?

Gegeben: $m = 1800$ kg; $r = 120$ m; $v = 70$ km/h; $\mu_H = 0{,}36$

Gesucht: $F_Z$ in N; $v_{max}$ in km/h

**Lösung:** $$F_Z = \frac{m \cdot v^2}{r} = \frac{1800\ \text{kg} \cdot (19{,}44\ \text{m/s})^2}{120\ \text{m}} = \mathbf{5671\ N}$$

$$v_{max} = \sqrt{g \cdot r \cdot \mu_H} = \sqrt{9{,}81\ \frac{\text{m}}{\text{s}^2} \cdot 120\ \text{m} \cdot 0{,}36}$$

$$v_{max} = 20{,}59\ \frac{\text{m}}{\text{s}} = \mathbf{74\ \frac{km}{h}}$$

$$G = m \cdot g$$

$$F_Z = \frac{m \cdot v^2}{r}$$

$$\tan\alpha = \frac{F_Z}{G}$$

$$v = \sqrt{\frac{F_Z \cdot r}{m}}$$

$$F_Z = G \cdot \tan\alpha$$

$$r = \frac{m \cdot v^2}{F_Z}$$

$$\tan\alpha = \frac{v^2}{g \cdot r}$$

$$v = \sqrt{g \cdot r \cdot \tan\alpha}$$

$$V_{max} = \sqrt{g \cdot r \cdot \mu_H}$$

$$F_{Zmax} \leq F_R$$
$$F_{Zmax} \leq m \cdot g \cdot \mu_H$$

Haftgrenze

### Aufgaben

1. Ein Sportwagen mit einem Gewicht von 1160 kg fährt mit einer Geschwindigkeit von 70 km/h in eine Kurve, deren Kurvenradius 42 m beträgt. Wie groß ist die Fliehkraft?
2. Ein Motorrad, das mit Fahrer 312 kg wiegt, fährt in eine Kurve mit einem Radius von 115 m. Mit welcher Geschwindigkeit darf der Fahrer die Kurve durchfahren, wenn die Haftreibung zwischen Reifen und Straße eine Fliehkraft von 6783 N zulässt?
3. Auf der Lauffläche eines Autoreifens 185/65 R 14 mit einem Abrollumfang von 1820 mm befindet sich eine Unwucht von 20 g. Welche Zentrifugalkraft tritt bei 200 km/h auf?
4. Ein Motorrad mit Fahrer hat ein Gesamtgewicht von 360 kg. a) Welche Zentrifugalkraft wirkt bei einer Geschwindigkeit von 60 km/h, wenn eine Kurve mit dem Krümmungsradius 250 m durchfahren wird? b) Wie vergrößert sich die Zentrifugalkraft, wenn die Geschwindigkeit verdoppelt wird? c) Unter welchem Winkel $\alpha$ zur Senkrechten muss sich der Fahrer bei der Geschwindigkeit 100 km/h nach innen legen, damit die Zentrifugalkraft aufgehoben wird? d) Wie groß ist die Haftreibungszahl, wenn das Motorrad bei dieser Geschwindigkeit ins Rutschen kommt?
5. Ein Pkw mit einem Gewicht von 1100 kg und einer Spurweite von 1477 mm durchfährt eine Kurve (Radius = 80 m). Der Schwerpunkt des Fahrzeugs liegt 670 mm über der Straße. Mit welcher Geschwindigkeit darf durch die Kurve gefahren werden, ohne dass das Fahrzeug kippt?
6. Der Wagen einer Achterbahn hat vollbesetzt ein Gewicht von 550 kg. Mit welcher Geschwindigkeit muss der Wagen eine senkrechte Schleife vom Durchmesser 35 m durchfahren, damit er an der obersten Stelle der Schleife noch in den Schienen bleibt?

## 2.7 Darstellung von Kräften

Eine Kraft $F$ kann durch eine Pfeilstrecke (Vektor) zeichnerisch dargestellt werden, wenn ihr Angriffspunkt, ihre Größe $l_F$ und ihre Richtung bekannt sind.

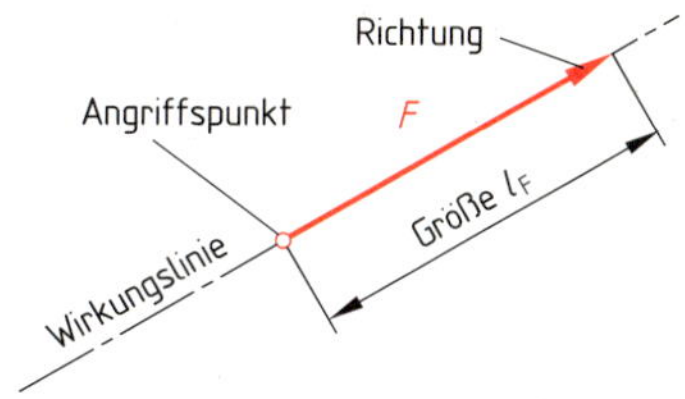


Für die Darstellung einer Kraft gilt:

- **Größe:** Ihr entspricht die Länge der Pfeilstrecke; diese Länge wird mit Hilfe des Kräftemaßstabes (KM) errechnet.
- **Richtung:** Sie wird durch die Pfeilspitze angezeigt. Die dargestellte Kraft (Pfeilstrecke) kann auf ihrer Wirkungslinie verschoben werden.
- **Einheit:** Kraft wird in Newton (N) gemessen.

$$l_F = \frac{F}{KM}$$

$$F = KM \cdot l_F$$

$l_F$ Länge des Kraftpfeils in mm
$F$ Kraft in N
KM Kräftemaßstab in N/mm

**Beispiel**

Wie groß ist die Länge der Pfeilstrecke für eine Kraft von 640 N, wenn der Kräftemaßstab 20 N/mm beträgt?

Gegeben: $F = 640$ N; KM = 20 N/mm

Gesucht: $l_F$ in mm

**Lösung:** $l_F = \frac{F}{KM} = \frac{640\ \text{N}}{20\ \text{N/mm}} = \mathbf{32\ mm}$

### 2.7.1 Zusammensetzen von Kräften

#### Gleiche Richtung und gleiche Wirkungslinie

Mehrere Kräfte $F_1$, $F_2$ ..., die gleiche Richtung und gleiche Wirkungslinie haben, werden durch Addition der Einzelkräfte oder grafisch durch Aneinanderreihen der Pfeilstrecken zu einer Ersatzkraft $F$ zusammengefasst. Die Ersatzkraft hat die gleiche Wirkung wie die Teilkräfte zusammen.

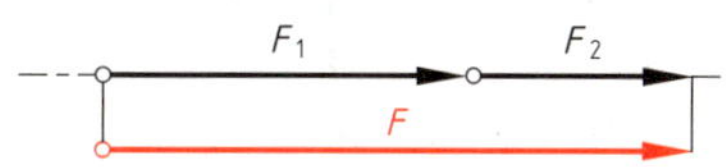


$$F = F_1 + F_2 + \ldots$$

$F_1$, $F_2$ Teilkräfte in N
$F$ Resultierende bzw. Ersatzkraft in N

**Beispiel**

A schiebt mit einer Kraft von 300 N und B zieht mit einer Kraft von 200 N in gleicher Richtung auf gleicher Wirkungslinie. Wie groß ist die Ersatzkraft?

Gegeben: $F_1 = 300$ N, $F_2 = 200$ N

Gesucht: $F$ in N

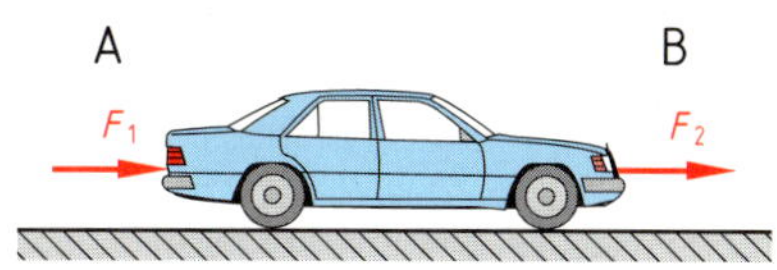


**Lösung:** KM: 1 mm ≙ 10 N (gewählt) = 10 N/mm

$$l_1 = \frac{F_1}{KM} = \frac{300\ \text{N}}{10\ \text{N/mm}} = 30\ \text{mm}$$

$$l_2 = \frac{F_2}{KM} = \frac{200\ \text{N}}{10\ \text{N/mm}} = 20\ \text{mm}$$

$F = l_F \cdot KM = 50\ \text{mm} \cdot 10\ \text{N/mm} = \mathbf{500\ N}$

oder

$F = F_1 + F_2 = 300\ \text{N} + 200\ \text{N} = \mathbf{500\ N}$

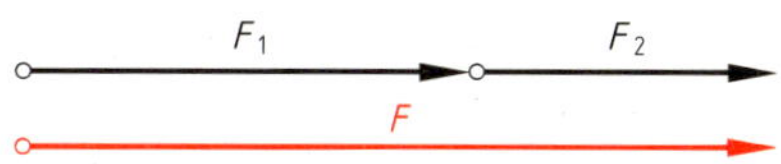

## Entgegengesetzte Richtung und gleiche Wirkungslinie

Haben mehrere Kräfte $F_1$, $F_2$, ... entgegengesetzte Richtung aber gleiche Wirkungslinie, so werden die jeweils in gleicher Richtung wirkenden Kräfte zu einer Ersatzkraft $F_E$ addiert. Durch Subtraktion der kleineren von der größeren Ersatzkraft erhält man die Resultierende $F$; sie wirkt in Richtung der größeren Ersatzkraft.

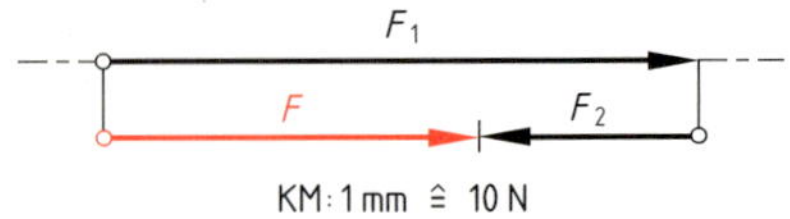


$$F = F_1 - F_2$$

$F_1$, $F_2$ Teilkräfte bzw. Ersatzkräfte in N

$F$ Resultierende bzw. Gesamtersatzkraft in N

**Beispiel**

Die Antriebskraft eines Pkw beträgt 1500 N, der Fahrwiderstand 900 N. Mit welcher Kraft wird das Fahrzeug beschleunigt?

Gegeben: $F_1 = 1500$ N, $F_2 = 900$ N

Gesucht: $F$ in N

**Lösung:** KM: 1 mm ≙ 30 N (gewählt) = 30 N/mm

$$l_1 = \frac{F_1}{KM} = \frac{1500\ \text{N}}{30\ \text{N/mm}} = 50\ \text{mm}$$

$$l_2 = \frac{F_2}{KM} = \frac{900\ \text{N}}{30\ \text{N/mm}} = 30\ \text{mm}$$

$$F = l \cdot KM = 20\ \text{mm} \cdot 30\ \text{N/mm} = \mathbf{600\ N}$$

oder

$$F = F_1 - F_2 = 1500\ \text{N} - 900\ \text{N} = \mathbf{600\ N}$$

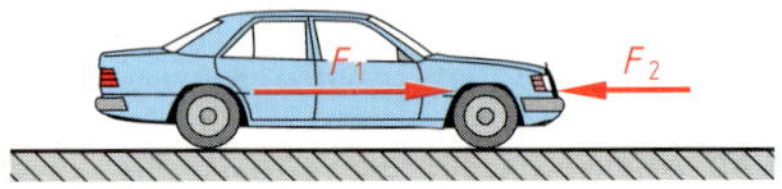


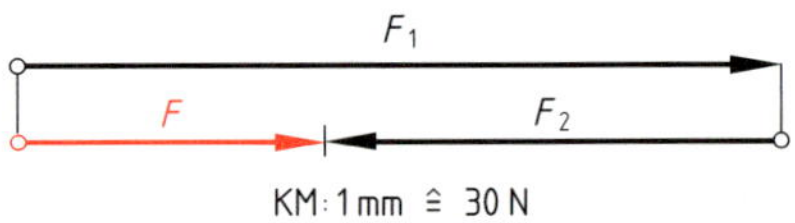


## Gleicher Angriffspunkt, aber nicht gleiche Richtung und Wirkungslinie

Die Resultierende $F$ von mehreren Kräften $F_1$, $F_2$, ..., die gleichen Angriffspunkt, die aber nicht gleiche Richtung und nicht gleiche Wirkungslinien haben, wird am einfachsten grafisch mit Hilfe des Kräfteparallelogramms ermittelt.

### Kräfteparallelogramm

Die Kräfte $F_1$ und $F_2$ werden mit Hilfe des Kräfteparallelogramms zu einer Ersatzkraft $F$ zusammengefasst.

Die Ersatzkraft $F$ ist die gesuchte Resultierende in Richtung und Größe.

**Kräfteparallelogramm**

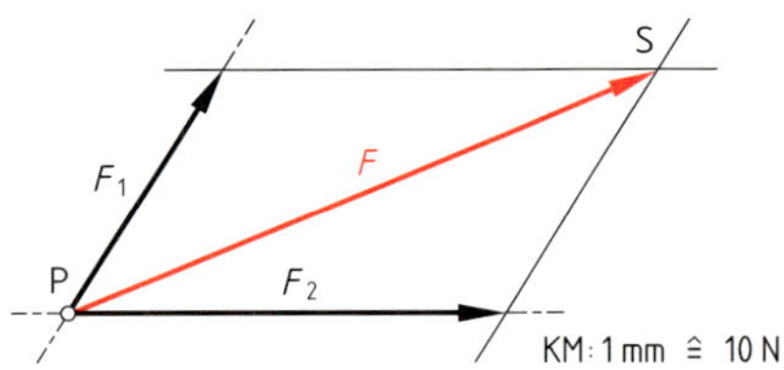


$F_1$, $F_2$ Teilkräfte in N

$F$ Ersatzkraft, Resultierende in N

**Beispiel**

Am gemeinsamen Angriffspunkt $P$ greifen nach **Bild** die Kräfte 150 N, 250 N und 300 N an. Die Richtung der Resultierenden und ihre Größe sind zeichnerisch zu ermitteln!

Gegeben: $F_1 = 150$ N, $F_2 = 250$ N, $F_3 = 300$ N

Gesucht: $F$ in N

**Lösung:** KM: 1 mm ≙ 10 N (gewählt) = 10 N/mm

$$l_1 = \frac{F_1}{KM} = \frac{150\ \text{N}}{10\ \text{N/mm}} = 15\ \text{mm}$$

$$l_2 = \frac{F_2}{KM} = \frac{250\ \text{N}}{10\ \text{N/mm}} = 25\ \text{mm}$$

$$l_3 = \frac{F_3}{KM} = \frac{300\ \text{N}}{10\ \text{N/mm}} = 30\ \text{mm}$$

$$F = l_{F_2} \cdot KM = 47\ \text{mm} \cdot 10\ \text{N/mm} = \mathbf{470\ N}$$

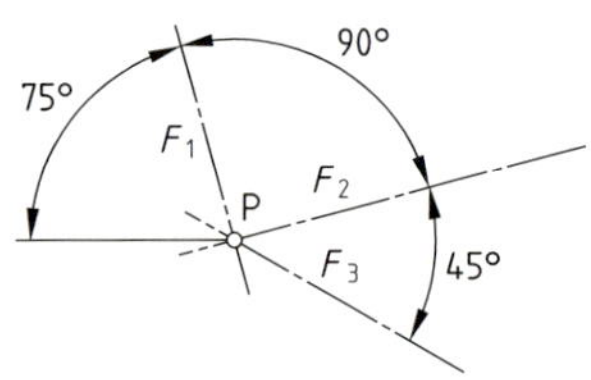


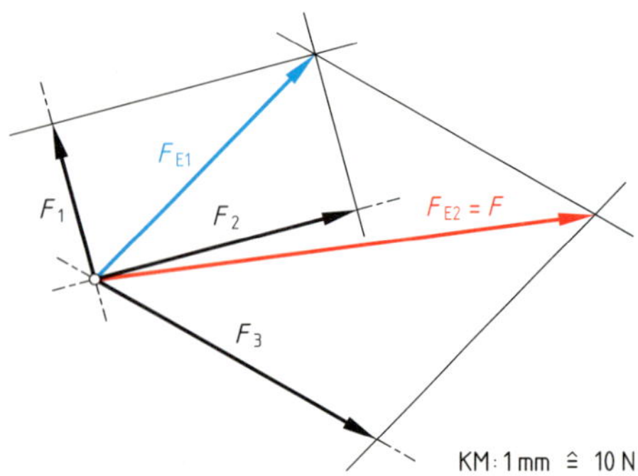

## Aufgaben

1. Die in der Tabelle aufgeführten Kräfte sind grafisch (zeichnerisch) darzustellen!

| Aufgabe | a | b | c | d | e | f |
|---|---|---|---|---|---|---|
| Kraft $F$ | 30 daN | 60 N | 80 daN | 35 MN | 45 kN | 400 N |
| Richtung von $F$ | 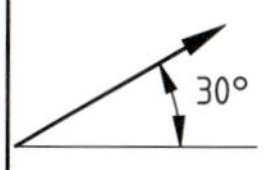  | 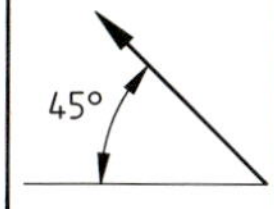  | 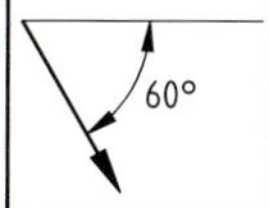  | 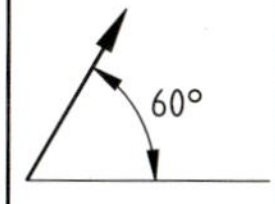  |  | 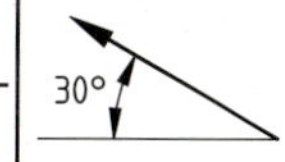  |
| KM: 1 mm ≙ ... | 1 daN | 10 N | wählen | wählen | wählen | wählen |

2. Ein Pkw mit einem Wohnanhänger befährt mit 70 km/h eine leicht steigende Straße. Folgende Kräfte wirken am Wohnanhänger der Zugkraft entgegen: Rollwiderstandskraft 110 N, Luftwiderstandskraft 720 N und die Steigungswiderstandskraft 230 N. Mit welcher Zugkraft wird die Anhängerkupplung belastet?

3. Ein Schiff wird mit der Schubkraft seiner Schraube $F_1$ = 80 kN gegen die Strömung angetrieben. Die Strömungswiderstandskraft beträgt $F_2$ = 65 kN, die Luftwiderstandskraft $F_3$ = 3000 N. Mit welcher Kraft wird das Schiff beschleunigt?

4. Beim Durchfahren einer Kurve mit 35 km/h wirken an einem Fahrzeugrad eine Antriebskraft von 160 N und senkrecht dazu eine Fliehkraft mit 120 N. Welche Größe und Richtung hat die auf das Fahrzeugrad wirkende resultierende Kraft?

5. Über eine Seilrolle **(Bild 1)** wird eine Last mit einer Gewichtskraft von 1200 N hochgezogen. Wie groß ist die Belastung der Achse in Fall a) bzw. b)?
   Kräftemaßstab: 1 mm ≙ 50 N

6. An einer Feststellbremse **(Bild 2)** sind die Seilkräfte $F$ je 150 N. Wie groß ist die Gestängekraft (Gegenkraft) $F_G$?

7. An einem Leitungsmast P sind 3 Leitungen nach **Bild 3** befestigt. Die Spannkräfte betragen $F_1$ = 13000 N, $F_2$ = 8000 N und $F_3$ = 15000 N. Bestimmen Sie Richtung und Größe der Resultierenden!

8. Bei einem Kettentrieb im Ruhezustand **(Bild 4)** soll durch eine Spannrolle eine Kettenspannung von 230 N erzeugt werden. a) In welcher Richtung und mit welcher Kraft muss die Spannrolle angedrückt werden? b) Welche Größe und Richtung hat die Lagerkraft in M?

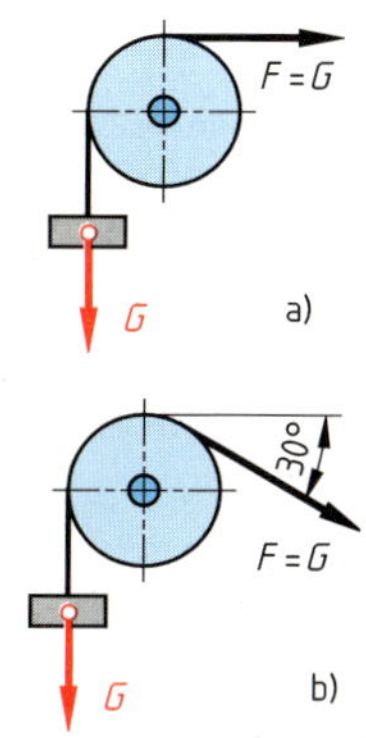


**Bild 1**

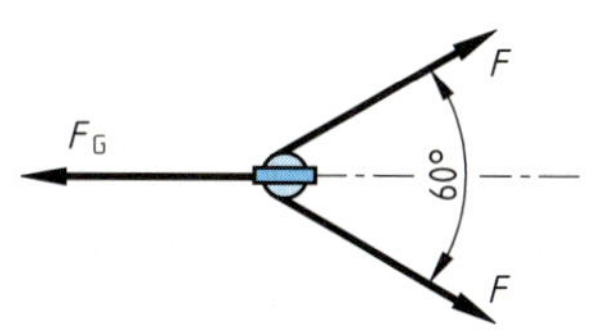


**Bild 2**

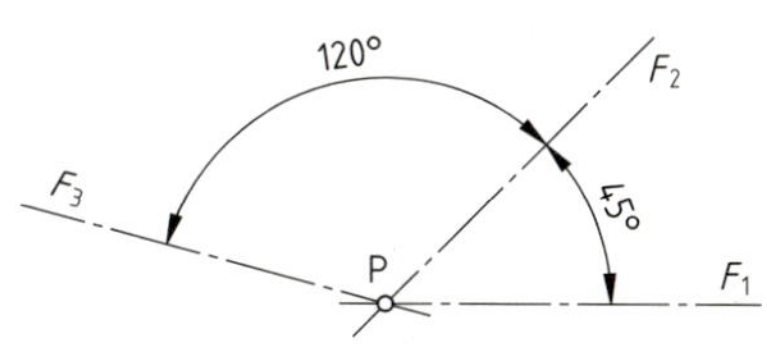


**Bild 3**

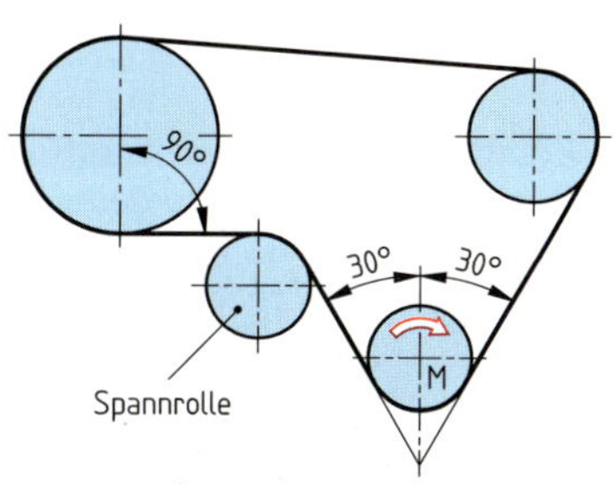


**Bild 4**

## 2.7.2 Zerlegen einer Kraft in Teilkräfte

Soll eine Kraft $F$ in zwei Teilkräfte $F_1$ und $F_2$, deren Wirkungslinien bekannt sind, zerlegt werden, so findet man Richtung und Größe der Teilkräfte mit Hilfe des Kräfteparallelogramms.

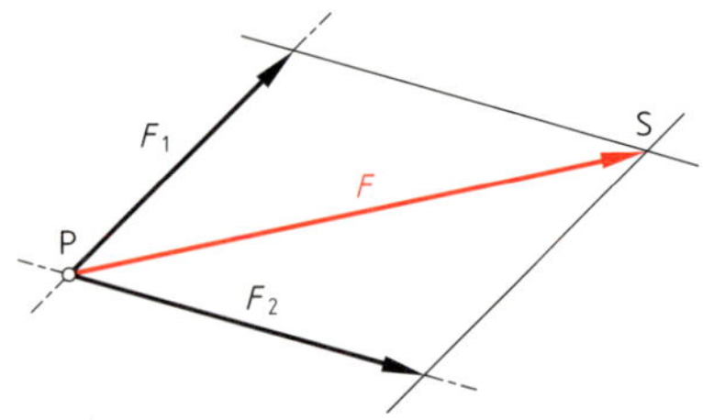


| | |
|---|---|
| $F$ | Kraft in N |
| $F_1$, $F_2$ | in ihre Wirkungslinien zerlegte von P ausgehende Teilkräfte in N |

**Konstruktion:**
Kraft $F$ zeichnen, die Wirkungslinien der Teilkräfte $F_1$ und $F_2$ in P antragen und mit $F$ als Diagonalen das Kräfteparallelogramm ergänzen. Die von P ausgehenden Parallelogrammseiten ergeben die Teilkräfte $F_1$ und $F_2$.

**Beispiel**

Eine horizontal wirkende Zugkraft von 480 N soll in Teilkräfte zerlegt werden, deren Wirkungslinien bekannt sind (Bild). Welche Richtung und welche Größe haben die Teilkräfte?

Gegeben: $F = 480$ N

Gesucht: $F_1$ in N, $F_2$ in N

**Lösung:** KM: 1 mm ≙ 10 N (gewählt) = 10 N/mm

$$l_F = \frac{F}{KM} = \frac{480\ \text{N}}{10\ \text{N/mm}} = \mathbf{48\ mm}$$

Pfeilstrecke der Zugkraft $F$ zeichnen und mit Hilfe der Wirkungslinien von $F_1$ und $F_2$ das Kräfteparallelogramm ergänzen.

Die Teilkräfte ergeben sich in Richtung und Größe als Strecken

$l_1 = 35$ mm, $l_2 = 16$ mm

Größe der Teilkräfte:

$F_1 = l_1 \cdot KM = 35\ \text{mm} \cdot 10\ \text{N/mm} = \mathbf{350\ N}$

$F_2 = l_2 \cdot KM = 16\ \text{mm} \cdot 10\ \text{N/mm} = \mathbf{160\ N}$

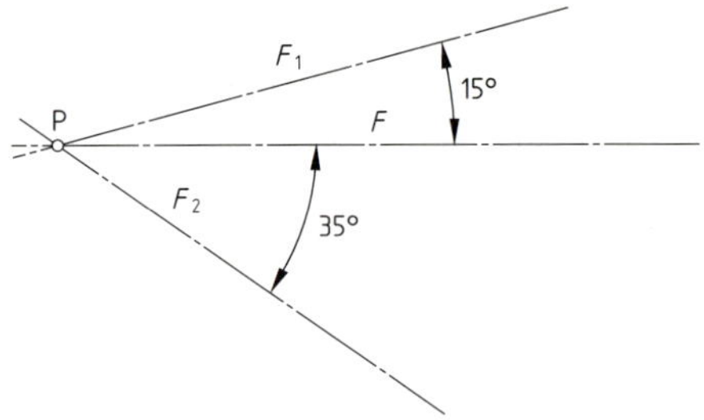


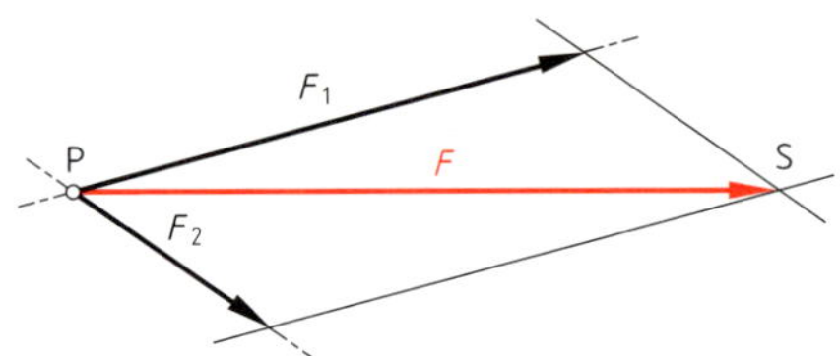


### Aufgaben

1. a) Am Kurbeltrieb **(Bild 1)** ist die Kolbenkraft $F$ in die Pleuelstangenkraft $F_{PL}$ und die Normalkraft $F_N$ zu zerlegen.

   b) Die Pleuelstangenkraft $F_{PL}$, die auch auf den Kurbelzapfen wirkt, ist dort in die Tangentialkraft $F_T$ und die Radialkraft $F_{rad}$ zu zerlegen.

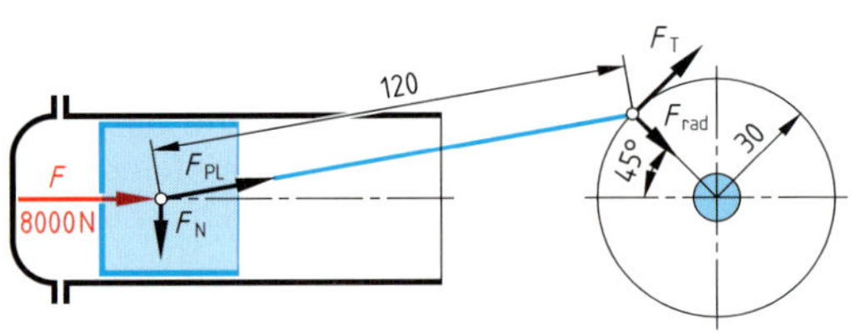


**Bild 1**

2. Ein Pkw wird auf einer Straße mit einem Gefälle von 15° abgestellt **(Bild 2)**. Die Gewichtskraft des Pkw beträgt 10000 N. Bestimmen Sie zeichnerisch die Normalkraft und die Hangabtriebskraft!

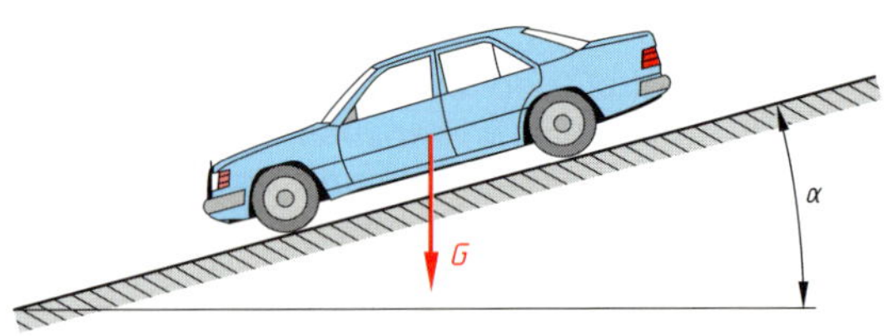


**Bild 2**

3. Ein Motor mit einer Gewichtskraft von 1200 N wird mit Hilfe eines Krans hochgehoben **(Bild 1)**. Wie groß sind die Zugkräfte $F_1$ und $F_2$ in den Ketten bei der jeweiligen Aufhängung (a, b, c)?

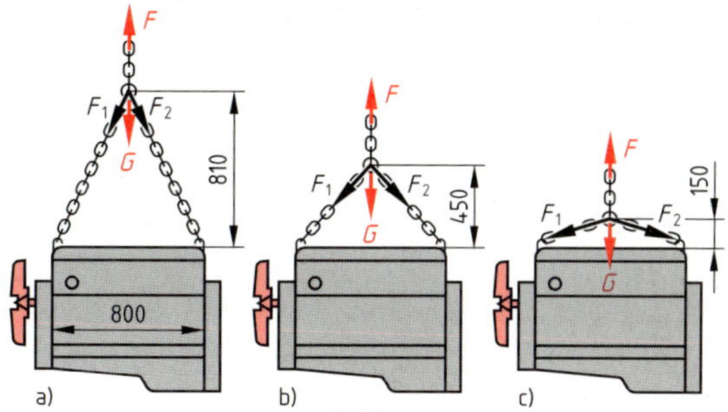

**Bild 1**

4. Am Seil eines Schlittens, das unter einem Winkel von 30° zur Waagrechten schräg nach oben läuft, wirkt eine Zugkraft von 58 N. Ein Teil der Zugkraft wird für den Vorwärtszug nutzbar, ein anderer Teil versucht den Schlitten vorne senkrecht anzuheben. Welche Größe hat a) die Zugkraft, die den Schlitten vorwärts zieht, b) die Kraft, die den Schlitten vorne entlastet?

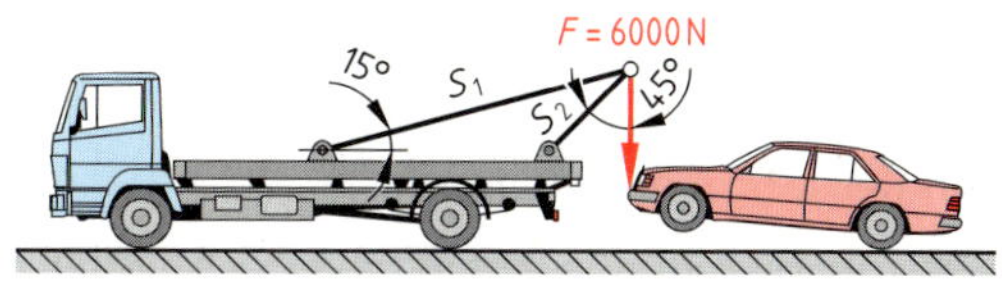

**Bild 2**

5. Die Kräfte in den Streben $S_1$ und $S_2$ sind zeichnerisch zu bestimmen **(Bild 2)**!

6. Das Handbremsseil wird mit einer Zugkraft von 3000 N angezogen **(Bild 3)**. Wie groß sind die Seilzugkräfte $F_1$ und $F_2$?

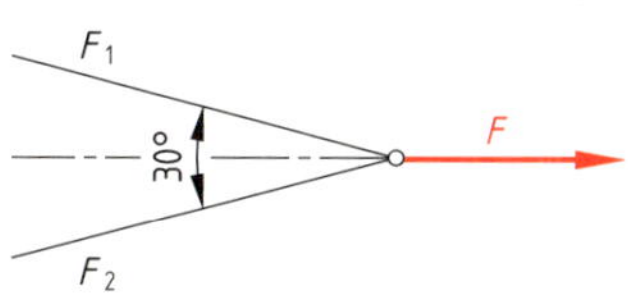

**Bild 3**

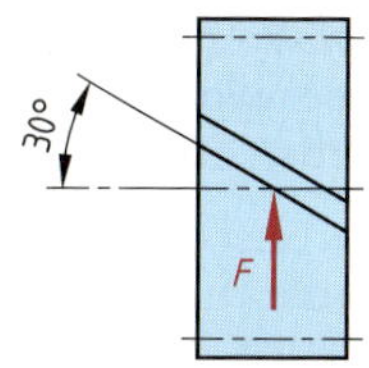

**Bild 4**

7. Am schrägverzahnten Zahnrad wirkt eine Umfangskraft $F$ = 30000 N **(Bild 4)**. Es sind Richtung und Größe der axial wirkenden Kraft $F_a$ und der Normalkraft $F_N$ (senkrecht zur Zahnflanke) zeichnerisch zu bestimmen!

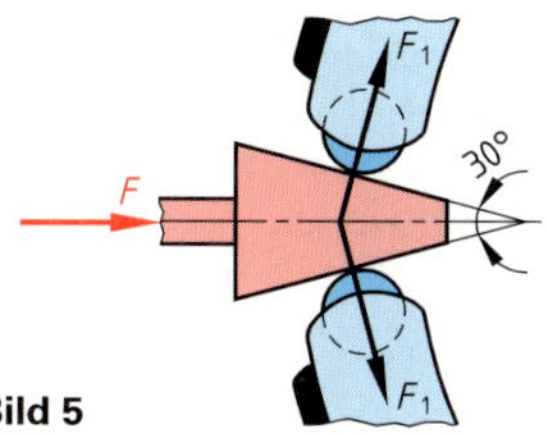

**Bild 5**

8. Der Spreizkeil einer Lkw-Trommelbremse **(Bild 5)** drückt mit einer Kraft von 4000 N und legt dadurch die Bremsbacken an der Bremstrommel an. Wie groß sind die Spannkräfte auf die Bremsbacken?

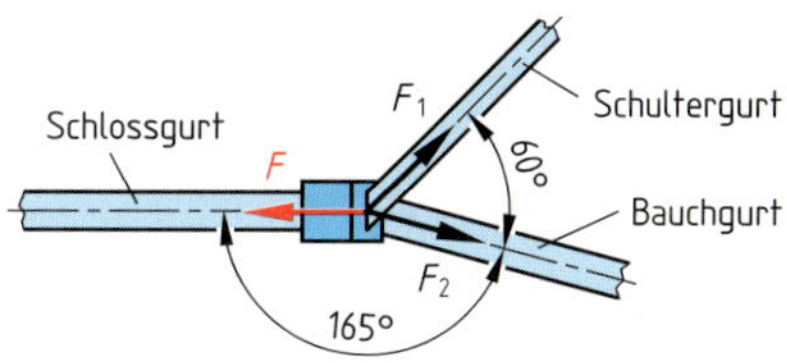

**Bild 6**

9. Bei einem Aufprall wirkt im Schlossgurt eines Sicherheitsgurtes eine Kraft von 7,5 kN **(Bild 6)**. Wie groß sind die Kräfte im Bauch- und Schultergurt?

10. Mit einem Scherenwagenheber wird ein Fahrzeug seitlich angehoben. Auf den Wagenheber wirkt eine Gewichtskraft $G$ von 4000 N **(Bild 7)**. Welche Größe hat die Kraft
    a) die in jeder Lasche wirkt,
    b) die in der Spindel wirkt?

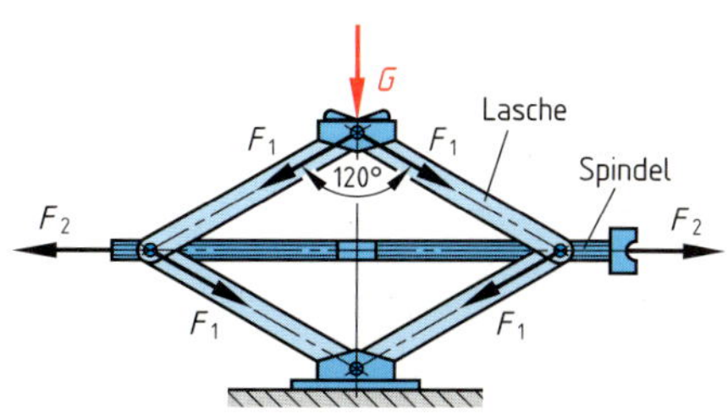

**Bild 7**

## 2.8 Geschwindigkeit, Beschleunigung

### 2.8.1 Gleichförmige Geschwindigkeit, Durchschnittsgeschwindigkeit

Mit dem Begriff Geschwindigkeit drückt man aus, wie schnell oder wie langsam sich ein Körper bewegt. Nach der Art der Bewegung unterscheidet man vor allem:

a) je nachdem, auf welcher Bahn sich ein Körper bewegt,
   - geradlinige Bewegungen
   - kreisförmige Bewegungen

b) je nachdem, ob sich die Geschwindigkeit in der gemessenen Zeit ändert oder nicht,
   - gleichförmige Bewegungen
   - ungleichförmige Bewegungen.

Die Bewegungsvorgänge laufen meist nicht völlig gleichförmig ab, somit bleibt die Geschwindigkeit in einer gewissen Zeit auch nicht völlig gleich. Die ermittelten Geschwindigkeiten sind mittlere Geschwindigkeiten; sie werden auch Durchschnittsgeschwindigkeiten genannt.

Die Geschwindigkeit erhält man, wenn man den vom Körper zurückgelegten Weg teilt durch die benötigte Zeit.

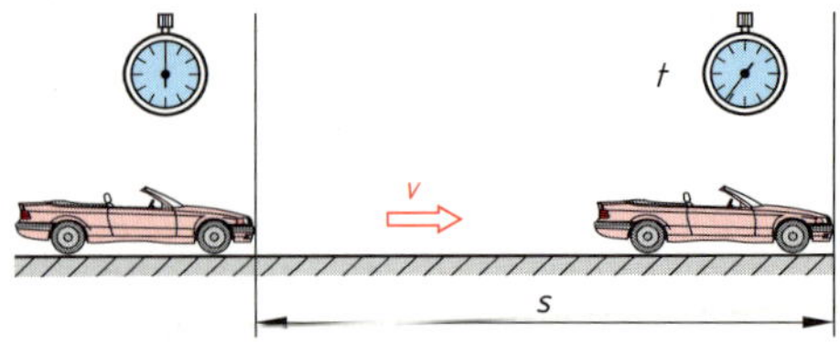


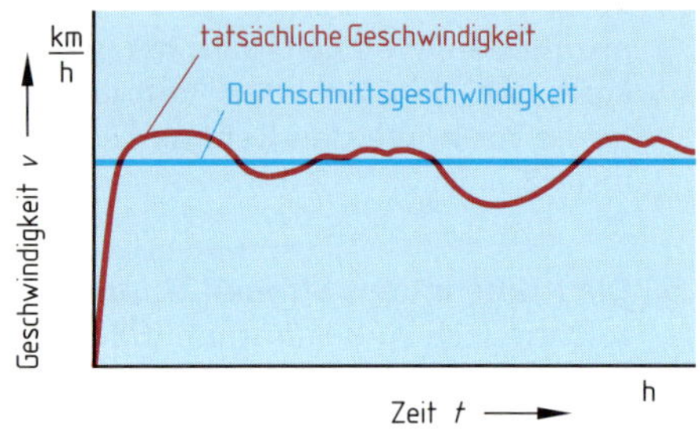


$$v = \frac{s}{t}$$

$$s = v \cdot t$$

$$t = \frac{s}{v}$$

$v$ Geschwindigkeit in m/s, km/h
$s$ Weg in m, km
$t$ Zeit in s, h

**Beispiel 1**

Eine Versuchsstrecke von 1,5 km Länge wird von einem Pkw mit höchstmöglicher Geschwindigkeit in 36 s durchfahren. Wie groß ist die Geschwindigkeit in m/s und in km/h?

Gegeben: $s = 1{,}5\ \text{km} = 1500\ \text{m}$; $t = 36\ \text{s} = 0{,}01\ \text{h}$

Gesucht: $v$ in m/s und in km/h

**Lösung:** $v = \frac{s}{t} = \frac{1500\ \text{m}}{36\ \text{s}} = \mathbf{41{,}7\ \frac{m}{s}}$

$v = \frac{1{,}5\ \text{km}}{0{,}01\ \text{h}} = \mathbf{150\ \frac{km}{h}}$

**Beispiel 2**

Die Geschwindigkeit eines Fahrzeugs beträgt 16,7 m/s. Wie groß ist die Geschwindigkeit in km/h?

Gegeben: $v = 16{,}7$ m/s

Gesucht: $v$ in km/h

**Lösung:** $v = 16{,}7\ \frac{\text{m}}{\text{s}} = 16{,}7\ \frac{\text{m}}{\text{s}} \cdot 3{,}6\ \frac{\text{km/h}}{\text{m/s}} = \mathbf{60\ \frac{km}{h}}$

**Beispiel 3**

Ein Kfz fährt mit einer Geschwindigkeit von 80 km/h. Wie groß ist seine Geschwindigkeit in m/s?

Gegeben: $v = 80$ km/h

Gesucht: $v$ in m/s

**Lösung:** $v = 80\ \frac{\text{km}}{\text{h}} = \frac{80\ \text{km/h}}{3{,}6\ \frac{\text{km/h}}{\text{m/s}}} = \frac{80}{3{,}6}\ \frac{\text{m}}{\text{s}} = \mathbf{22{,}2\ \frac{m}{s}}$

**Umrechnung der Einheiten für die Geschwindigkeit**

$$1\ \frac{\text{m}}{\text{s}} = 1\ \frac{\text{m}}{\text{s}} \cdot \frac{1\ \text{km}/1000\ \text{m}}{1\ \text{h}/3600\ \text{s}} =$$

$$= 1\ \frac{\text{m}}{\text{s}} \cdot 3{,}6\ \frac{\text{km/h}}{\text{m/s}} = 3{,}6\ \frac{\text{km}}{\text{h}}$$

$$1\ \text{m/s} = 3{,}6\ \text{km/h}$$

$$1\ \text{km/h} = \frac{1}{3{,}6}\ \text{m/s}$$

## Durchschnittsgeschwindigkeit aus Einzelgeschwindigkeiten

Wird in verschiedenen Zeitabschnitten mit unterschiedlicher Geschwindigkeit gefahren, wobei die Geschwindigkeit jeweils während eines Zeitabschnittes gleichbleibt, so lässt sich die Durchschnittsgeschwindigkeit (mittlere Geschwindigkeit) $v_m$ aus den Einzelgeschwindigkeiten und den Einzelfahrzeiten ermitteln.

In nebenstehendem *v-t*-Diagramm erscheinen die Änderungen der Geschwindigkeiten sprunghaft, da die Beschleunigungs- und Verzögerungszeiten in Sekunden sehr gering sind gegenüber der Fahrzeit in Stunden.

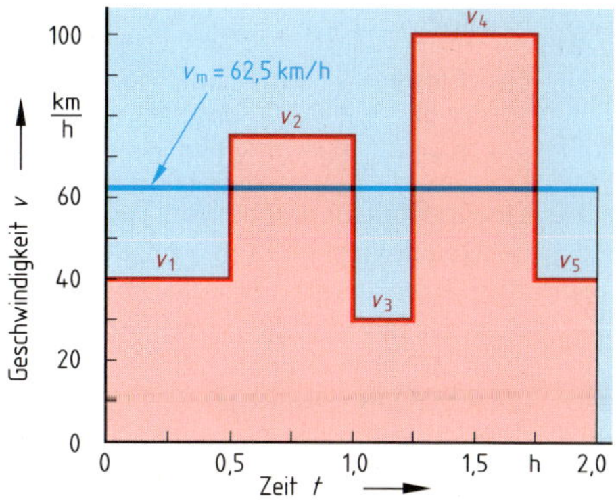


| | |
|---|---|
| $v_m$ | Durchschnittsgeschwindigkeit (mittlere Geschwindigkeit) in km/h |
| $v_1, v_2, \ldots$ | Einzelgeschwindigkeiten in km/h |
| $t_1, t_2, \ldots$ | Einzelfahrzeiten in h |

$$v_m = \frac{v_1 \cdot t_1 + v_2 \cdot t_2 + \ldots}{t_1 + t_2 + \ldots}$$

**Beispiel** Ein Kfz fährt in verschiedenen Zeitabschnitten mit unterschiedlicher Geschwindigkeit. Wie groß ist die Durchschnittsgeschwindigkeit?

Gegeben: $v_1 = 40$ km/h, $t_1 = 0{,}5$ h; $v_2 = 75$ km/h; $t_2 = 0{,}5$ h; $v_3 = 30$ km/h; $t_3 = 0{,}25$ h; $v_4 = 100$ km/h; $t_4 = 0{,}5$ h; $v_5 = 40$ km/h; $t_5 = 0{,}25$ h

Gesucht: $v_m$ in km/h

**Lösung:**

$$v_m = \frac{v_1 \cdot t_1 + v_2 \cdot t_2 + v_3 \cdot t_3 + v_4 \cdot t_4 + v_5 \cdot t_5}{t_1 + t_2 + t_3 + t_4 + t_5} =$$

$$= \frac{40\ \text{km/h} \cdot 0{,}5\ \text{h} + 75\ \text{km/h} \cdot 0{,}5\ \text{h} + 30\ \text{km/h} \cdot 0{,}25\ \text{h} + 100\ \text{km/h} \cdot 0{,}5\ \text{h} + 40\ \text{km/h} \cdot 0{,}25\ \text{h}}{0{,}5\ \text{h} + 0{,}5\ \text{h} + 0{,}25\ \text{h} + 0{,}5\ \text{h} + 0{,}25\ \text{h}} =$$

$$= \mathbf{62{,}5\ km/h}$$

### Aufgaben

1. Ein Kraftfahrer legt auf der Autobahn eine Strecke von 193 km in 2 h 15 min zurück. Wie groß ist seine Durchschnittsgeschwindigkeit in km/h?
2. Ein Pkw fährt von Stuttgart nach Tübingen (42 km). Abfahrt in Stuttgart um 13.15 Uhr, Ankunft in Tübingen um 14.00 Uhr. Wie groß ist die Durchschnittsgeschwindigkeit in km/h?
3. Ein Sprinter benötigt für die Sprintstrecke 100 m eine Zeit von 9,9 s. Wie groß ist seine Durchschnittsgeschwindigkeit in m/s und in km/h?
4. Eine Rennstrecke ist 11,2 km lang. Eine Rundenzeit wird mit 4 min 6,6 s gestoppt. Wie groß war die Geschwindigkeit in m/s und in km/h?
5. Ein Lkw fährt 1 h 36 min mit einer Durchschnittsgeschwindigkeit von 65 km/h. Welchen Weg hat er zurückgelegt?
6. Ein Pkw startet um 7.50 Uhr in Dortmund mit einer Durchschnittsgeschwindigkeit von 83 km/h zur Fahrt nach Braunschweig und kommt dort um 11.05 Uhr an. Wie lang war die Fahrtstrecke?
7. Ein Berufsschüler benötigt mit seinem Leichtkraftrad für den Weg zur Schule eine Zeit von 10 min. Seine Durchschnittsgeschwindigkeit beträgt 36 km/h. Wie lang ist der Schulweg?
8. Ein Pkw-Fahrer will auf der Autobahn von Dresden-Neustadt nach Leipzig-Ost (96 km) fahren und dabei eine durchschnittliche Geschwindigkeit von 80 km/h einhalten. Wann muss er in Dresden-Neustadt abfahren, wenn er in Leipzig-Ost um 14.00 Uhr erwartet wird?

9. Ein Stapler hat eine Geschwindigkeit von 5 km/h. Die einfache Wegstrecke ist 60 m lang. Zum Entladen eines Waggons sind 30 Fahrten notwendig. Wie groß ist bei dieser Arbeit die Fahrzeit in min?

10. Ein Fahrzeug fährt auf der Autobahn 4,5 h mit einer Durchschnittsgeschwindigkeit von 110 km/h. Um wie viel Minuten verkürzt sich die Fahrzeit, wenn mit einer Durchschnittsgeschwindigkeit von 120 km/h gefahren wird?

11. Ein Kraftfahrer will seinen Tachometer testen. Er fährt auf der Autobahn und hält gleichbleibende Geschwindigkeiten von 80 km/h, 100 km/h, 120 km/h laut Tachometeranzeige jeweils über eine Strecke von 1 km ein. Dafür stoppt er die Zeiten 46 s, 37 s, 31 s. a) Wie groß sind die wirklichen Geschwindigkeiten in km/h? b) Wie groß sind die Abweichungen der Tachometeranzeige in km/h? c) Wie groß sind die Abweichungen in % vom Skalenendwert, wenn der Skalenendwert 180 km/h beträgt?

12. Die zulässige Höchstgeschwindigkeit im Ortsverkehr beträgt 50 km/h. Auf einer Fahrstrecke von 8 km stehen 3 Ampeln auf Rot; die Wartezeit beträgt je 1,5 min. $^3/_4$ der Fahrstrecke können mit einer Geschwindigkeit von 40 km/h gefahren werden, der Rest mit der zulässigen Höchstgeschwindigkeit. Wie groß ist die benötigte Zeit und die für diese Zeit sich ergebende Durchschnittsgeschwindigkeit?

13. Ein Pkw-Fahrer fährt 24 min im Stadtverkehr mit einer durchschnittlichen Geschwindigkeit von 35 km/h. Auf dem Zubringer kann er 12 min lang eine Durchschnittsgeschwindigkeit von 60 km/h, auf der Autobahn 1 h 30 min lang eine Durchschnittsgeschwindigkeit von 95 km/h einhalten. Wie groß ist seine Durchschnittsgeschwindigkeit auf der ganzen Strecke?

## Relative Geschwindigkeit

Für den Fahrer eines in Bewegung befindlichen Fahrzeuges ist die Geschwindigkeit eines überholenden oder eines entgegenkommenden Fahrzeugs eine andere, als für einen stehenden Beobachter, der die wirklichen Geschwindigkeiten feststellt. Man bezeichnet deshalb die auf den fahrenden Beobachter bezogene Geschwindigkeit als relative Geschwindigkeit.

Die relative Geschwindigkeit beim Überholen ist gleich der Differenz, beim Entgegenkommen gleich der Summe der wirklichen Geschwindigkeiten.

Überholen:

$$v_{rel} = v_2 - v_1$$

Entgegenkommen:

$$v_{rel} = v_1 + v_2$$

$v_{rel}$ relative Geschwindigkeit
$v_1$ kleinere Einzelgeschwindigkeit
$v_2$ größere Einzelgeschwindigkeit

### Aufgaben

1. Ein Pkw fährt auf der Autobahn mit einer Geschwindigkeit von 90 km/h, ein nachfolgender mit 120 km/h. Wie groß ist die Überholgeschwindigkeit?

2. Zwei Züge fahren in gleicher Richtung aus einem Bahnhof auf nebeneinander liegenden Gleisen mit einer Geschwindigkeit von 30 km/h. Wie groß ist die relative Geschwindigkeit?

3. Ein Pkw-Fahrer fährt mit einer Geschwindigkeit von 70 km/h, ein zweiter Pkw-Fahrer mit 90 km/h in entgegengesetzter Richtung. Wie groß ist die relative Geschwindigkeit?

4. Welche Zeit steht zum Lesen des Kennzeichens zur Verfügung, wenn der entgegenkommende Pkw mit 100 km/h, der eigene mit 80 km/h fährt und das Lesen des Kennzeichens zwischen einer Entfernung von 40 m und 10 m möglich ist?

## Grafische Lösungen

Den Bewegungsablauf eines Kraftfahrzeugs kann man in einem Weg-Zeit-Diagramm ($s$-$t$-Diagramm) darstellen. Zeichnet man den Bewegungsablauf mehrerer Fahrzeuge ein, so kann man z. B. den Treffpunkt zweier sich entgegenkommender Fahrzeuge nach Ort und Zeit bestimmen oder auch die Einholzeit beim Fahren in gleicher Richtung.

**Beispiel** Ein Kraftfahrzeug (Kfz 1) fährt um 13.00 Uhr mit einer mittleren Geschwindigkeit von 75 km/h von Stuttgart zum 216 km entfernten Frankfurt. Ein anderes Kraftfahrzeug (Kfz 2) fährt zur gleichen Zeit mit einer mittleren Geschwindigkeit von 105 km/h von Frankfurt nach Stuttgart.

Gesucht: a) Grafische Darstellung des Bewegungsablaufs beider Fahrzeuge in einem $s$-$t$-Diagramm.

b) Treffpunkt beider Fahrzeuge nach Uhrzeit und Entfernung von Stuttgart.

c) Ankunftszeit von Kfz 2 in Stuttgart.

**Lösung:** a) Man stellt für beide Fahrzeuge eine Wertetabelle auf für die in bestimmten Zeitabschnitten zurückgelegten Wegstrecken. In einem $s$-$t$-Diagramm werden über einer gemeinsamen Zeitskale zwei Wegstreckenskalen in entgegengesetzter Richtung, aber gleicher Länge errichtet. Die Skalenlänge entspricht der Entfernung der Zielorte.

Wegmaßstab: 1 mm ≙ 4 km;

Zeitmaßstab: 1 mm ≙ 2 min

Als Geschwindigkeitslinien der Fahrzeuge erhält man zwei sich schneidende Geraden.

b) Abgelesen: Kfz 2 kommt nach 2,05 h um 15.03 Uhr in Stuttgart an.

c) Der Schnittpunkt der Geschwindigkeitslinien entspricht dem Treffpunkt der Fahrzeuge.

Abgelesen: Die Fahrzeuge treffen sich 90 km von Stuttgart entfernt um 14.12 Uhr nach einer Fahrzeit von 1 h 12 min.

Wertetabelle

| Fahrzeit $t$ | 1 h | 2 h |
|---|---|---|
| Weg $s_1$ für Kfz 1 | 75 km | 150 km |
| Weg $s_2$ für Kfz 2 | 105 km | 210 km |

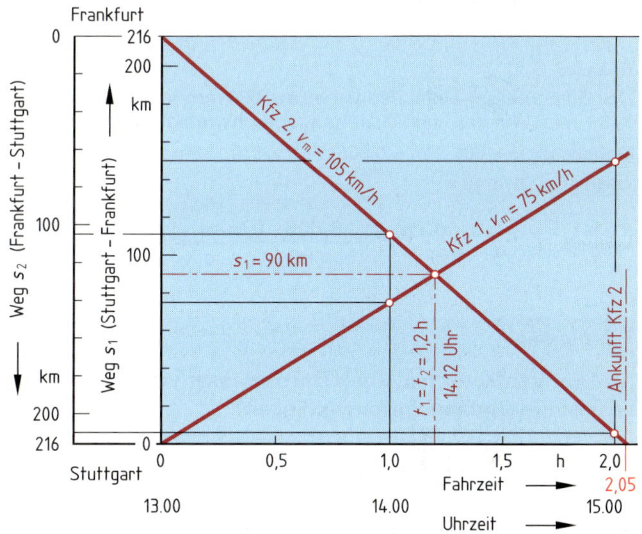


## Aufgaben

1. In Ulm-Ost und in München-West (Entfernung 120 km) fährt um 15.00 Uhr je ein Kfz ab. Die Geschwindigkeit des Ulmer Kfz beträgt 100 km/h, die des Münchener Kfz 80 km/h. Nach welcher Zeit und in welcher Entfernung von München treffen sie sich?
   Wegmaßstab: 1 mm ≙ 2 km; Zeitmaßstab: 1 mm ≙ 1 min.
   Hinweis für die rechnerische Lösung: $t_1 = t_2$; $s_1 + s_2 = s$.
2. Ein Lkw fährt um 6.00 Uhr in Hamburg ab, Richtung Köln. Seine Geschwindigkeit beträgt 70 km/h. Ein Pkw fährt um 6.30 Uhr ab, mit dem gleichen Ziel. Nach welcher Zeit und Strecke kann der Pkw den Lkw einholen, wenn er eine Geschwindigkeit von 90 km/h einhält?
   Wegmaßstab: 1 mm ≙ 4 km; Zeitmaßstab: 1 mm ≙ 2 min.
   Hinweis für die rechnerische Lösung: $t_2 = t_1 - 0{,}5$ h; $s_1 = s_2$.
3. Ein Pkw fährt um 7.45 Uhr von Frankfurt/Main-Nord nach Kassel-Süd (180 km) und will dort um 10.00 Uhr eintreffen. Um 9.00 Uhr (nach 100 km) hat er einen Aufenthalt von 15 min. a) Wählen Sie geeignete Maßstäbe für die grafische Lösung! b) Wie groß ist die anfängliche Geschwindigkeit des Pkw? c) Mit welcher Geschwindigkeit muss er weiterfahren, damit er rechtzeitig eintrifft?

## 2.8.2 Umfangsgeschwindigkeit

Bei der Drehbewegung eines Körpers um seine Drehachse machen alle Massenpunkte dieses Körpers Drehbewegungen um die Drehachse. Beispiele: Schwungrad, Riemenscheibe, Zahnräder.

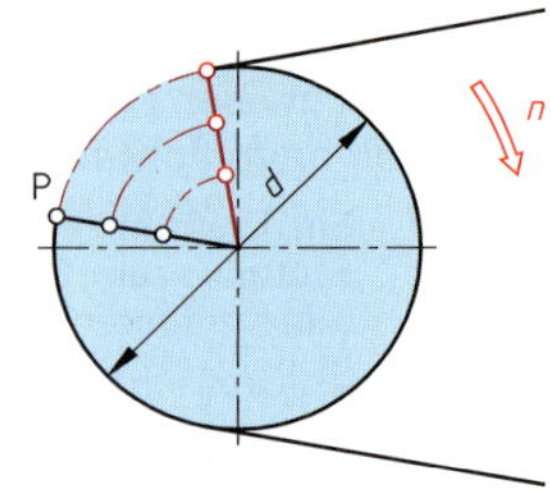


Die Geschwindigkeit eines Punktes auf seiner Kreisbahn um die Drehachse bezeichnet man als Umfangsgeschwindigkeit. Diese Umfangsgeschwindigkeit ist umso größer, je größer der Durchmesser der Kreisbahn und je größer die Drehzahl des Körpers ist.

Der Weg des Punktes P auf dem Umfang ist bei 1 Umdrehung $\pi \cdot d$, bei $n$ Umdrehungen $\pi \cdot d \cdot n$. Da mit $n$ die Anzahl der Umdrehungen je Minute angegeben wird, ist der Ausdruck $\pi \cdot d \cdot n$ der in 1 Minute vom Punkt P auf dem Umfang zurückgelegte Weg, also die Umfangsgeschwindigkeit. Da die Umfangsgeschwindigkeit von Drehkörpern meist in m/s angegeben wird, muss der Durchmesser in m eingesetzt und der in der Minute zurückgelegte Weg noch dividiert werden durch 60 s/min.

Die Umfangsgeschwindigkeit ist der in der Zeiteinheit auf dem Kreisbogen zurückgelegte Weg.

$$v = \frac{\pi \cdot d \cdot n}{60}$$

$$d = \frac{60 \cdot v}{\pi \cdot n}$$

$$n = \frac{60 \cdot v}{\pi \cdot d}$$

$v$ Umfangsgeschwindigkeit in m/s

$d$ Kreisdurchmesser in m

$n$ Drehzahl in 1/min

**Beispiel**

Der Durchmesser eines Rades beträgt 606 mm; das Rad hat eine Drehzahl von 875 1/min. Wie groß ist die Umfangsgeschwindigkeit?

Gegeben: $d = 606$ mm $= 0{,}606$ m; $n = 875$ 1/min

Gesucht: $v$ in m/s

**Lösung:** $v = \frac{\pi \cdot d \cdot n}{60} = \frac{\pi \cdot 0{,}606 \cdot 875}{60} \frac{\text{m}}{\text{s}} = \mathbf{27{,}76\ \frac{m}{s}}$

### Aufgaben

1. Ein Ventilator hat einen Durchmesser von 380 mm, seine Drehzahl beträgt 5000 1/min. Wie groß ist die Umfangsgeschwindigkeit?
2. Die Drehzahl einer Trennscheibe beträgt 2940 1/min, ihr Durchmesser 200 mm. Wie groß ist die Umfangsgeschwindigkeit der Trennscheibe?
3. Der dynamische Halbmesser eines Reifens beträgt 301 mm, die Antriebswelle hat eine Drehzahl von 825 1/min. Wie groß ist a) der dynamische Abrollumfang des Reifens, b) die Umfangsgeschwindigkeit des Reifens in m/s, c) die Fahrgeschwindigkeit in km/h?
4. Die Riemenscheibe eines Generators hat einen Durchmesser von 120 mm, ihre Umfangsgeschwindigkeit beträgt 37,7 m/s. Wie groß ist die Generatordrehzahl?
5. Eine Schleifscheibe mit 250 mm Durchmesser darf eine Umfangsgeschwindigkeit von 30 m/s nicht überschreiten. Wie groß darf ihre Drehzahl höchstens sein?
6. Welche Drehzahl hat ein Reifen mit einem dynamischen Halbmesser von 309 mm bei einer Geschwindigkeit von 100 km/h?
7. Der Zahnriemen eines Nockenwellenantriebes läuft mit einer Umfangsgeschwindigkeit von 16,65 m/s bei einer Nockenwellendrehzahl von 2650 1/min. Wie groß ist der Durchmesser des Zahnriemenrades der Nockenwelle?
8. Bei einem Viertaktmotor beträgt die Motordrehzahl 4800 1/min, die Umfangsgeschwindigkeit des Schwungrades 80,4 m/s. Wie groß ist der Schwungraddurchmesser in mm?
9. Ein Keilriemen läuft bei einer Drehzahl von 4100 1/min mit 19,3 m/s über die Keilriemenscheibe der Kurbelwelle. Wie groß ist der wirksame Durchmesser der Riemenscheibe?

## 2.8.3 Schnittgeschwindigkeit

Die Schnittgeschwindigkeit ist beim **Drehen** die Umfangsgeschwindigkeit des Werkstücks an dem zu zerspanenden Durchmesser.

Beim **Bohren, Fräsen** und **Schleifen** ist die Schnittgeschwindigkeit die Umfangsgeschwindigkeit des eingespannten Werkzeugs.

Der Weg am Umfang von Werkzeug bzw. Werkstück bei 1 Umdrehung ist $\pi \cdot d$. Bei $n$ Umdrehungen je Minute ist der Ausdruck $\pi \cdot d \cdot n$ der in 1 Minute am Umfang von Werkzeug oder Werkstück zurückgelegte Weg, also die Schnittgeschwindigkeit.

Beim **Drehen, Bohren** und **Fräsen** wird die Schnittgeschwindigkeit in m/min angegeben. Der Werkzeug- bzw. Werkstückdurchmesser in mm muss deshalb zur Umrechnung auf die Einheit m/min noch dividiert werden durch 1000 mm/m.

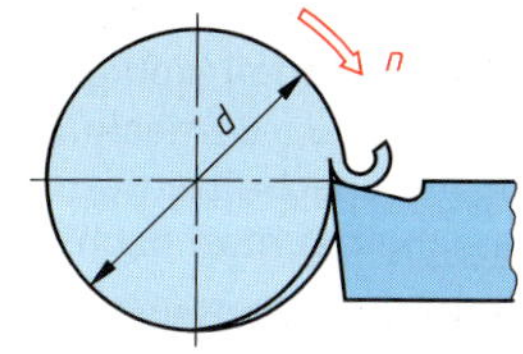


$$v = \frac{\pi \cdot d \cdot n}{1000}$$

$$n = \frac{1000 \cdot v}{\pi \cdot d}$$

$v$ Schnittgeschwindigkeit in m/min

$d$ Werkstückdurchmesser in mm beim Drehen bzw. Werkzeugdurchmesser in mm beim Bohren und Fräsen

$n$ Drehzahl der Arbeitsspindel in 1/min beim Drehen bzw. Drehzahl der Werkzeugspindel in 1/min beim Bohren und Fräsen

**Beispiel**

Eine Welle mit 28 mm Durchmesser wird überdreht; die Arbeitsspindel dreht mit 400 1/min. Wie groß ist die Schnittgeschwindigkeit?

Gegeben: $d = 28$ mm; $n = 400$ 1/min

Gesucht: $v$ in m/min

**Lösung:** $v = \frac{\pi \cdot d \cdot n}{1000} = \frac{\pi \cdot 28 \cdot 400}{1000} \frac{\text{m}}{\text{min}} = \mathbf{35{,}2\ \frac{m}{min}}$

### Aufgaben

1. Die Drehzahl eines Spiralbohrers mit $d = 10$ mm **(Bild 1)** beträgt $n = 640$ 1/min. Mit welcher Schnittgeschwindigkeit $v$ in m/min wird gebohrt?
2. Für eine Axialbohrung in einem Drehteil ist in der Reitstockpinole einer Drehmaschine ein 12 mm Bohrer eingespannt. Wie groß ist die Schnittgeschwindigkeit, wenn die Drehzahl der Arbeitsspindel 430 1/min beträgt?
3. Wie groß darf der Durchmesser eines Drehteils höchstens sein, wenn bei einer Drehzahl der Arbeitsspindel von 265 1/min die Schnittgeschwindigkeit 50 m/min nicht übersteigen soll?
4. Ein Rundstahl mit 50 mm Durchmesser wird auf der Drehmaschine mit einer Schnittgeschwindigkeit von 35 m/min geschruppt. Wie groß ist die Drehzahl der Arbeitsspindel?
5. Mit einem Schaftfräser soll eine Nut von 8 mm Breite gefräst werden. Wie groß ist die Drehzahl der Frässpindel, wenn die Schnittgeschwindigkeit 15 m/min beträgt?
6. Aus dem dargestellten Nomogramm einer Bohrmaschine **(Bild 2)** sollen zu den in der Tabelle gegebenen Bohrerdurchmessern die fehlenden Werte von Drehzahl und Schnittgeschwindigkeit ermittelt werden.

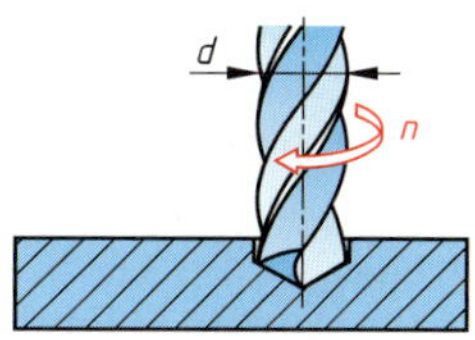


**Bild 1**

| | a | b | c | d |
|---|---|---|---|---|
| $d$ in mm | 6,8 | 10 | 14 | 8 |
| $n$ in 1/min | 1400 | ? | ? | 995 |
| $v$ in m/min | ? | 25 | 20 | ? |

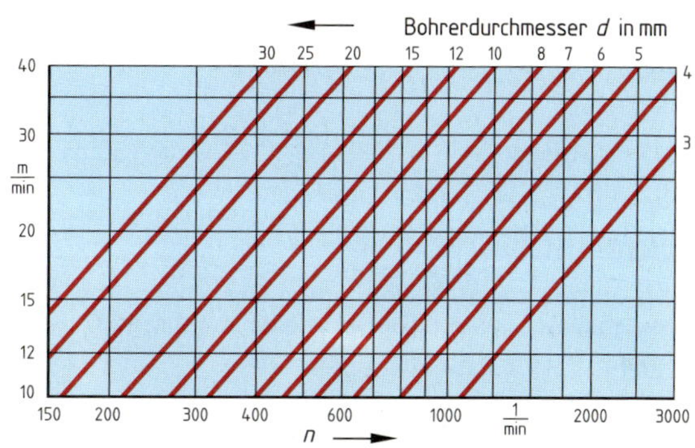


**Bild 2**

## 2.8.4 Beschleunigung, Verzögerung

Unter dem Begriff Beschleunigung bzw. Verzögerung versteht man, wie schnell sich die Geschwindigkeit eines Körpers je Zeiteinheit ändert. Je nachdem, ob sich die Geschwindigkeit in gleichen Zeitabschnitten um den gleichen Betrag ändert oder nicht, unterscheidet man nach der Art der Beschleunigung

- gleichförmige Beschleunigung bzw. Verzögerung
- ungleichförmige Beschleunigung bzw. Verzögerung

Geschwindigkeitsänderungen laufen meist nicht völlig gleichförmig ab, somit bleibt die Beschleunigung in einer bestimmten Zeit auch nicht völlig gleich. Die ermittelte Beschleunigung ist dann eine mittlere Beschleunigung.

Die Beschleunigung bzw. Verzögerung erhält man, wenn man die Geschwindigkeitsänderung teilt durch die dafür benötigte Zeit.

Für die Beschleunigung und für die Verzögerung verwendet man das gleiche Formelzeichen und die gleichen Formeln.

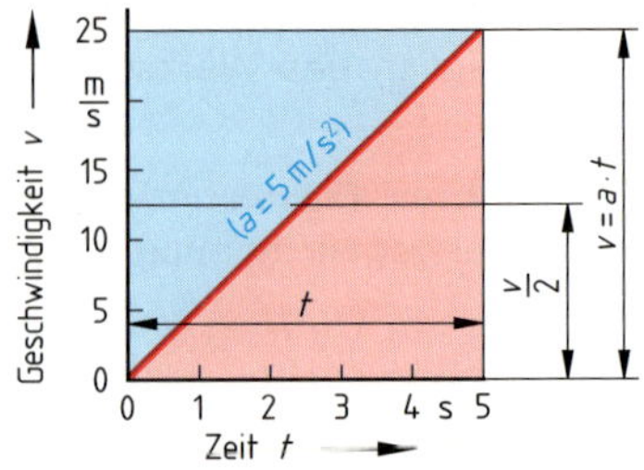


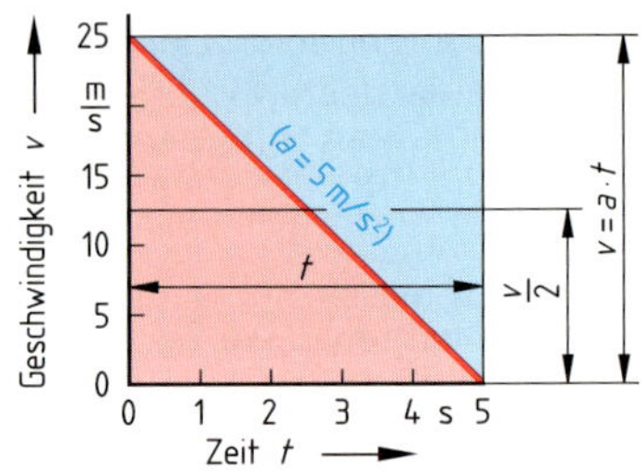


### Beschleunigung aus dem Stand, Verzögerung bis zum Stand

Bei der Beschleunigung eines Fahrzeugs aus dem Stand auf die Geschwindigkeit $v$ ist die Anfangsgeschwindigkeit = 0. Bei der Verzögerung eines Fahrzeugs aus der Geschwindigkeit $v$ bis zum Stand ist die Endgeschwindigkeit = 0. In beiden Fällen ist die Geschwindigkeitsänderung $v$.

$$a = \frac{v}{t}$$

$$t = \frac{v}{a} \qquad v = a \cdot t$$

Die mittlere Geschwindigkeit aus der Anfangsgeschwindigkeit 0 und der Endgeschwindigkeit $v$ ist $v/2$. Damit ergibt sich für den während der Beschleunigung zurückgelegten Weg $s$:

$$s = \frac{v \cdot t}{2}$$

$$v = \frac{2 \cdot s}{t} \qquad t = \frac{2 \cdot s}{v}$$

Aus den nebenstehenden Formeln erhält man durch Umformen:

$$a = \frac{2 \cdot s}{t^2}$$

$$t = \sqrt{\frac{2 \cdot s}{a}} \qquad s = \frac{a \cdot t^2}{2}$$

$$a = \frac{v^2}{2 \cdot s}$$

*a* Beschleunigung bzw. Verzögerung in m/s²

*v* Endgeschwindigkeit bei der Beschleunigung bzw. Anfangsgeschwindigkeit bei der Verzögerung in m/s

*t* Beschleunigungs- bzw. Verzögerungszeit in s

*s* Beschleunigungs- bzw. Verzögerungsweg (Bremsweg) in m

**Beispiel 1**

Wie groß sind die Beschleunigung und der Beschleunigungsweg, wenn ein Pkw in 16 s von Null auf 72 km/h beschleunigt?

Gegeben: $v = 72\ \frac{\text{km}}{\text{h}} = 72\ \frac{\text{km}}{\text{h}} : 3{,}6\ \frac{\text{km/h}}{\text{m/s}} = 20\ \frac{\text{m}}{\text{s}}$; $t = 16$ s

Gesucht: a) $a$ in m/s²
b) $s$ in m

**Lösung:** a) $a = \frac{v}{t} = \frac{20\ \text{m/s}}{16\ \text{s}} = \mathbf{1{,}25\ \frac{m}{s^2}}$

b) $s = \frac{a \cdot t^2}{2} = \frac{1{,}25\ \text{m/s}^2 \cdot 16^2\ \text{s}^2}{2} = \mathbf{160\ m}$

**Beispiel 2**

Ein Kfz kommt nach 4 s und einem Bremsweg von 28 m zum Stehen. Aus welcher Geschwindigkeit wurde es abgebremst?

Gegeben: $t = 4$ s; $s = 28$ m

Gesucht: $v$ in km/h

**Lösung:** $v = \frac{2 \cdot s}{t} = \frac{2 \cdot 28\ \text{m}}{4\ \text{s}} = 14\ \frac{\text{m}}{\text{s}} = \mathbf{50{,}4\ \frac{km}{h}}$

## Aufgaben

1. Ein Pkw wird in 10,8 s von Null auf 100 km/h beschleunigt. Wie groß ist die Beschleunigung?
2. Ein Motorradfahrer beschleunigt in 4,5 s von Null auf 80 km/h. Wie groß ist a) die Beschleunigung, b) der Beschleunigungsweg?
3. Ein Kraftfahrzeug wird aus 120 km/h bis zum Stand abgebremst; der Bremsweg beträgt 115 m. Wie groß ist a) die Bremszeit, b) die Bremsverzögerung?
4. Nach einem Unfall wird eine Bremsspur von 18 m gemessen; auf Grund des Zustandes der Bremsanlage, der Bereifung und der Fahrbahn kann eine Verzögerung von 4 m/s² angenommen werden. Wie groß war a) die Bremszeit, b) die Geschwindigkeit?
5. Welchen Bremsweg und welche Bremszeit benötigt ein Kraftfahrzeug, welches mit einer Verzögerung von 4,5 m/s² aus 160 km/h bis zum Stillstand abgebremst wird?
6. Ein Kraftfahrzeug beschleunigt aus dem Stand 6,9 s lang mit 3,2 m/s². a) Welche Geschwindigkeit erreicht das Fahrzeug? b) Wie lang ist der Beschleunigungsweg?
7. Ein Pkw wird aus verschiedenen Geschwindigkeiten mit einer Bremsverzögerung von 5,5 m/s² bis zum Stillstand abgebremst; die Geschwindigkeiten betrugen a) 60 km/h, b) 85 km/h, c) 120 km/h und d) 170 km/h. Wie groß sind die einzelnen Bremswege und Bremszeiten?
8. Ein Lkw kommt bei einer Vollbremsung in 5,5 s nach 55 m zum Stehen. a) Wie groß war seine Geschwindigkeit? b) Mit welcher Bremsverzögerung wurde der Lkw abgebremst?
9. Auf einer Messstrecke von 100 m Länge versuchen 2 Motorradfahrer aus dem Stand eine möglichst große Geschwindigkeit zu erreichen. Der eine Fahrer benötigt 5,9 s, der andere 6,4 s. a) Welche Geschwindigkeiten erreichten die beiden Fahrer? b) Wie groß waren die Beschleunigungen?

## Bremsweg, Anhalteweg, Reaktionsweg

Beim Bremsen in einer Gefahrensituation ist neben dem Bremsweg auch der Reaktionsweg von Bedeutung. Den Anhalteweg $s_A$ erhält man, wenn man zum Bremsweg $s$ den Reaktionsweg $s_R$ addiert. Der Reaktionsweg ist der Weg, der vom Erkennen der Gefahr bis zum Ansprechen der Bremsen zurückgelegt wird. Er ist abhängig von Fahrgeschwindigkeit $v$ und Reaktionszeit $t_R$. Die Reaktionszeit beträgt etwa 0,3 s bis 1,7 s, sie hängt ab von der Bremsenansprechzeit und vor allem von der Reaktion des Fahrers. Der Bremsweg $s$ wird entweder aus Fahrgeschwindigkeit $v$ und Bremsverzögerung $a$ oder aus Fahrgeschwindigkeit $v$ und Bremszeit $t$ ermittelt.

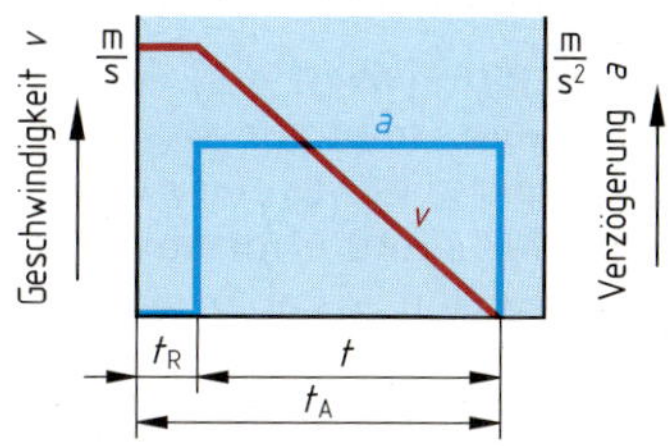


$$s_A = s_R + s \qquad t_A = t_R + t$$

$$s_R = v \cdot t_R$$

$$s_A = v \cdot t_R + \frac{v^2}{2 \cdot a}$$

$$s_A = v \cdot \left(t_R + \frac{t}{2}\right)$$

$$t_A = t_R + \frac{2 \cdot s}{v}$$

$$s = \frac{v^2}{2 \cdot a} \qquad s = \frac{v \cdot t}{2}$$

| | | | |
|---|---|---|---|
| $s$ | Bremsweg in m | $t$ | Bremszeit in s |
| $s_R$ | Reaktionsweg in m | $t_R$ | Reaktionszeit in s |
| $s_A$ | Anhalteweg in m | $t_A$ | Anhaltezeit in s |
| $v$ | Fahrgeschwindigkeit in m/s | $a$ | Bremsverzögerung in m/s² |

**Beispiel**

Ein Kfz wird aus 90 km/h bis zum Stand abgebremst. Die Reaktionszeit beträgt 0,6 s, die Bremsverzögerung 5,5 m/s². Wie groß sind a) Bremsweg, b) Anhaltezeit?

Gegeben: $v = 90$ km/h $= 25$ m/s; $t_R = 0{,}6$ s; $a = 5{,}5$ m/s²

Gesucht: a) $s$ in m; b) $t_A$ in s

**Lösung:** a) $s = \frac{v^2}{2 \cdot a} = \frac{(25\ \text{m/s})^2}{2 \cdot 5{,}5\ \text{m/s}^2} = \frac{625}{11}\ \text{m} = \mathbf{56{,}8\ m}$

b) $t_A = t_R + \frac{2 \cdot s}{v} = 0{,}6\ \text{s} + \frac{2 \cdot 56{,}8\ \text{m}}{25\ \text{m/s}} = \mathbf{5{,}1\ s}$

## Aufgaben

1. Die Geschwindigkeit eines Pkw auf der Autobahn beträgt 135 km/h. Wegen eines Staues bremst der Fahrer nach einer Reaktionszeit von 1,7 s das Fahrzeug mit einer Bremsverzögerung von 3,5 m/s² ab. Wie lang ist der Anhalteweg?
2. Der Fahrer eines Lkw bringt nach einer Reaktionszeit von 0,9 s sein Fahrzeug aus einer Geschwindigkeit von 80 km/h auf einem Bremsweg von 55 m zum Stehen. a) Wie lang ist der Anhalteweg? b) Wie groß ist die Anhaltezeit?
3. Aus einer Geschwindigkeit von 115 km/h wird ein Pkw wegen eines auftauchenden Hindernisses nach einer Reaktionszeit von 1,4 s mit 5,5 m/s² abgebremst. a) Wie lang ist der Anhalteweg? b) Wie groß ist die Anhaltezeit?
4. Wie lang ist der Anhalteweg eines Pkw, dessen Fahrer vor einem Fußgängerüberweg aus einer Geschwindigkeit von 45 km/h nach einer Reaktionszeit von 0,7 s eine Bremszeit von 3 s benötigt, um das Fahrzeug zum Stehen zu bringen?
5. Ein Motorradfahrer benötigt bei einer Geschwindigkeit von 81 km/h einen Anhalteweg von 112 m, die Reaktionszeit beträgt 0,6 s. Wie groß sind a) Bremsweg, b) Bremszeit, c) Bremsverzögerung?
6. Ein Sportwagenfahrer bremst sein Fahrzeug in 10 s mit einer Bremsverzögerung von 6,25 m/s² bis zum Stillstand ab. a) Wie lang ist der Bremsweg? b) Wie groß war die Geschwindigkeit? c) Wie groß war die Reaktionszeit des Fahrers, wenn der Anhalteweg 350 m betrug?
7. Ein Fahrer bremst seinen Pkw nach 0,8 s Reaktionszeit mit 7,5 m/s² aus einer Geschwindigkeit von 50 km/h ab und kommt gerade noch vor einem querstehenden Lkw zum Stehen. Berechnen Sie a) Bremsweg und Anhalteweg, b) Bremsweg und Anhalteweg bei einer Geschwindigkeit von 70 km/h. c) Wie groß wäre die Aufprallgeschwindigkeit auf den stehenden Lkw bei einer Geschwindigkeit von 70 km/h? d) Wie groß wären Anhalteweg und Aufprallgeschwindigkeit bei 70 km/h, wenn infolge von Alkoholeinwirkung die Reaktionszeit 1,2 s beträgt?

## Näherungsformeln für Bremsweg und Anhalteweg

Wenn Bremsweg und Anhalteweg näherungsweise ermittelt werden, setzt man für Bremsverzögerung und Reaktionszeit durchschnittliche Werte ein: $a = 3{,}85\ \text{m/s}^2$; $t_R = 1{,}08$ s. Setzt man in die Formeln für $s$ und $s_A$ diese Werte und außerdem die Geschwindigkeit $v$ in km/h ein, ergeben sich die nebenstehenden Näherungsformeln.

$$s_R \approx 3 \cdot \frac{v}{10}$$

$$s \approx \left(\frac{v}{10}\right)^2$$

$$s_A \approx 3 \cdot \frac{v}{10} + \left(\frac{v}{10}\right)^2$$

$s$ Bremsweg in m
$s_A$ Anhalteweg in m
$s_R$ Reaktionsweg in m
$v$ Fahrgeschwindigkeit in km/h

**Beispiel**

Wie groß sind nach der Näherungsformel Bremsweg und Anhalteweg, wenn aus 80 km/h bis zum Stand abgebremst wird?

Gegeben: $v = 80$ km/h
Gesucht: $s$ in m; $s_A$ in m

**Lösung:**

$$s \approx \left(\frac{v}{10}\right)^2 = \left(\frac{80}{10}\right)^2 = \mathbf{64\ m}$$

$$s_A \approx 3 \cdot \frac{v}{10} + \left(\frac{v}{10}\right)^2 = 3 \cdot \frac{80}{10} + \left(\frac{80}{10}\right)^2 = 24 + 64 = \mathbf{88\ m}$$

## Aufgaben

1. Ein Kfz fährt mit einer Geschwindigkeit von 120 km/h. Mit welchem Reaktionsweg muss näherungsweise gerechnet werden?
2. Nach einem Verkehrsunfall wird eine Bremsspur von 27 m gemessen. Wie groß war näherungsweise die Geschwindigkeit des Fahrzeugs?
3. Berechnen Sie für die Geschwindigkeiten a) 30 km/h, b) 60 km/h, c) 120 km/h jeweils den Bremsweg und den Anhalteweg nach der Näherungsformel.

## Beschleunigung in der Bewegung, Verzögerung in der Bewegung

Wird die Geschwindigkeit eines in Bewegung befindlichen Fahrzeugs geändert, erhält man die Beschleunigung bzw. Verzögerung *a*, indem man die Geschwindigkeitsänderung $(v_2 - v_1)$ durch die dafür benötigte Zeit *t* teilt.

Der bei der Beschleunigung zurückgelegte Weg *s* ergibt sich aus dem mit der Anfangsgeschwindigkeit $v_1$ in der Beschleunigungszeit *t* zurückgelegten Weg $v_1 \cdot t$ und dem Weg, der in der gleichen Zeit zusätzlich auf Grund der Geschwindigkeitssteigerung zurückgelegt wird; dieser zusätzliche Weg beträgt $(v_2 - v_1) \cdot t/2$. Für beide Wege zusammen ergeben sich die nebenstehenden Formeln.

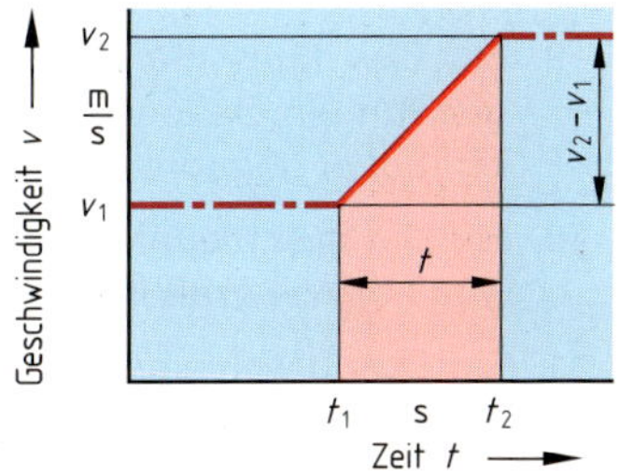


$$a = \frac{v_2 - v_1}{t}$$

$$v_1 = v_2 - a \cdot t$$

$$v_2 = v_1 + a \cdot t$$

$$t = \frac{v_2 - v_1}{a}$$

$$s = v_1 \cdot t + \frac{(v_2 - v_1) \cdot t}{2}$$

$$s = \frac{v_1 + v_2}{2} \cdot t$$

$$s = v_1 \cdot t + \frac{a \cdot t^2}{2}$$

| | | | |
|---|---|---|---|
| $a$ | Beschleunigung bzw. Verzögerung in m/s² | $t$ | Beschleunigungszeit bzw. Bremszeit in s |
| $s$ | Beschleunigungsweg bzw. Bremsweg in m | $v_1$ | kleinere Geschwindigkeit in m/s |
| | | $v_2$ | größere Geschwindigkeit in m/s |

**Beispiel 1**

Ein Kfz erhöht seine Geschwindigkeit in 8 s von 72 km/h auf 90 km/h. Wie groß ist der Beschleunigungsweg?

Gegeben: $v_1 = 72$ km/h = 20 m/s; $v_2 = 90$ km/h = 25 m/s; $t = 8$ s

Gesucht: *s* in m

**Lösung:** $s = \frac{v_1 + v_2}{2} \cdot t = \frac{(20\text{ m/s} + 25\text{ m/s})}{2} \cdot 8\text{ s} = \mathbf{180\text{ m}}$

**Beispiel 2**

Ein Motorrad wird aus 120 km/h mit einer Verzögerung von 4,5 m/s² 4 s lang abgebremst. Auf welche Geschwindigkeit wird es abgebremst?

Gegeben: $v_2 = 120$ km/h = 33,3 m/s; $a = 4{,}5$ m/s²; $t = 4$ s

Gesucht: $v_1$ in km/h

**Lösung:** $v_1 = v_2 - a \cdot t = 33{,}3\,\frac{\text{m}}{\text{s}} - 4{,}5\,\frac{\text{m}}{\text{s}^2} \cdot 4\text{ s} = 15{,}3\,\frac{\text{m}}{\text{s}} = \mathbf{55{,}1\,\frac{km}{h}}$

### Aufgaben

1. Ein Pkw beschleunigt in 7,5 s von 50 km/h auf 80 km/h. a) Wie groß ist die Beschleunigung? b) Wie groß ist der Beschleunigungsweg?
2. Ein Pkw wird vor einer Ortschaft in 10 s von 95 km/h auf 50 km/h abgebremst. a) Wie groß ist die Bremsverzögerung? b) Wie lang ist der Bremsweg?
3. Ein Motorrad wird mit 2,3 m/s² von 60 km/h auf 80 km/h beschleunigt. a) Wie groß ist die Beschleunigungszeit? b) Wie lang ist der Beschleunigungsweg?
4. Ein Pkw fährt mit einer Geschwindigkeit von 50 km/h. Er wird 12 s lang mit 1,5 m/s² beschleunigt. a) Welche Geschwindigkeit erreicht das Fahrzeug? b) Wie lang ist der Beschleunigungsweg?
5. Ein Kfz wird aus einer Geschwindigkeit von 105 km/h abgebremst; nach 75 m Bremsweg beträgt die Geschwindigkeit noch 20 km/h. a) Wie groß ist die Bremsverzögerung? b) Wie lange wurde das Kfz abgebremst?
6. Ein Motorradfahrer beschleunigt mit 3,5 m/s² in 2,4 s auf 75 km/h. a) Wie groß war die Ausgangsgeschwindigkeit? b) Wie lang ist der Beschleunigungsweg?
7. Ein Lkw beschleunigt auf einer Strecke von 300 m Länge gleichmäßig von 30 km/h auf 80 km/h. a) Wie groß ist die Beschleunigung? b) Wie groß ist die Beschleunigungszeit?

8. Ein Pkw wird mit einer Verzögerung von 5 $m/s^2$ von 80 km/h auf 40 km/h abgebremst. Wie groß ist a) der Bremsweg, b) die Bremszeit?

9. Ein Pkw fährt mit einer Geschwindigkeit von 70 km/h. Durch Wildwechsel wird der Fahrer gezwungen, 2 s lang mit einer Verzögerung von 4 $m/s^2$ zu bremsen. a) Auf welche Geschwindigkeit hat er abgebremst? b) Wie groß ist der Bremsweg?

10. Ein Lkw beschleunigt mit 0,5 $m/s^2$ von 40 km/h auf 75 km/h. a) Wie lang ist der Beschleunigungsweg? b) Wie groß ist die Beschleunigungszeit?

11. Ein Lkw beschleunigt aus einer Geschwindigkeit von 25 km/h mit einer Beschleunigung von 0,5 $m/s^2$. a) Welche Geschwindigkeit hat er nach einer Beschleunigungsstrecke von 400 m erreicht? b) Wie groß ist die Beschleunigungszeit?

12. Ein Pkw beschleunigt aus einer Geschwindigkeit von 50 km/h; für eine Beschleunigungsstrecke von 250 m werden 10 s benötigt. a) Wie groß ist die Beschleunigung? b) Welche Geschwindigkeit hat der Pkw am Ende der Beschleunigungsstrecke?

13. Ein Omnibus wird mit einer Bremsverzögerung von 4,5 $m/s^2$ in 4 s bis auf eine Geschwindigkeit von 35 km/h abgebremst. a) Aus welcher Geschwindigkeit wurde der Omnibus abgebremst? b) Wie lang war der Bremsweg?

14. Ein Motorrad fährt auf der Autobahn mit einer Geschwindigkeit von 150 km/h. Vor einer Unfallstelle bremst der Fahrer sein Fahrzeug auf einer Strecke von 230 m mit einer Bremsverzögerung von 2,8 $m/s^2$ ab. a) Auf welche Geschwindigkeit wird das Motorrad abgebremst? b) Wie groß ist die Bremszeit? c) Wie groß ist der Gesamtbremsweg, wenn das Motorrad anschließend mit einer Bremsverzögerung von 5 $m/s^2$ bis zum Stillstand abgebremst wird?

15. Ein Kfz beschleunigt in 6,9 s von 0 auf 80 km/h und in weiteren 3,2 s von 80 km/h auf 100 km/h; nach 36 s Fahrzeit mit 100 km/h wird das Kfz in 6 s bis auf Null abgebremst. a) Wie groß sind die Beschleunigungen? b) Wie groß ist die Bremsverzögerung? c) Wie groß ist der gesamte zurückgelegte Weg?

## 2.8.5 Überholen

Bei der Berechnung der Überholvorgänge wird angenommen, dass das zu überholende Kfz 1 mit gleichbleibender Geschwindigkeit fährt. Während des Überholvorganges legt es entsprechend seiner Geschwindigkeit $v_1$ in der Überholzeit $t_ü$ den Grundweg $s_g = v_1 \cdot t_ü$ zurück. In derselben Zeit $t_ü$ muss das überholende Kfz 2 zusätzlich zu diesem Grundweg $s_g$ den Aufholweg $s_a$ zurücklegen, der zum Überholen des Kfz 1 zusätzlich erforderlich ist. Der Aufholweg $s_a$ ergibt sich aus der Summe der Fahrzeuglängen beider Fahrzeuge und der Sicherheitsabstände zwischen den Fahrzeugen vor Beginn und nach Beendigung des Überholvorganges. Als Sicherheitsabstand wird in der Rechtsprechung mindestens die Strecke angesehen, die das Fahrzeug in 1,5 s zurücklegt. Dieser Abstand beträgt in m etwa dem halben Zahlenwert der Tachoanzeige.

$$\text{Sicherheitsabstand in m} = \frac{\text{Zahlenwert der Tachoanzeige}}{2}$$

$$s_1 = \frac{|v_1|}{2} \qquad s_2 = \frac{|v_2|}{2}$$

$s_1$ Sicherheitsabstand des überholten Kfz 1 in m

$s_2$ Sicherheitsabstand des überholenden Kfz 2 in m

$s_ü$ Überholweg des Kfz 2 in m

$s_a$ Aufholweg des überholenden Kfz 2 in m

$s_g$ Grundweg des zu überholenden Kfz 1 in m

$t_ü$ Überholzeit in s

$l_1$ Länge des zu überholenden Kfz 1 in m

$l_2$ Länge des überholenden Kfz 2 in m

$v_1$ Geschwindigkeit des zu überholenden Kfz 1 in m/s (km/h für $s_1$)

$v_2$ Geschwindigkeit des überholenden Kfz 2 in m/s (km/h für $s_2$)

$a$ Beschleunigung des überholenden Kfz 2 in $m/s^2$

$$s_g = v_1 \cdot t_ü$$

$$s_ü = s_g + s_a$$

$$s_a = l_1 + l_2 + s_1 + s_2$$

## Überholen mit gleichbleibender Geschwindigkeit

Das Kfz 2 hat eine größere Geschwindigkeit als das Kfz 1. Die Geschwindigkeiten ändern sich während des Überholvorganges nicht. Kfz 1 legt in der Überholzeit $t_ü$ den Grundweg $s_g = v_1 \cdot t_ü$ zurück; in der gleichen Zeit legt das Kfz 2 den Überholweg $s_ü = v_2 \cdot t_ü$ zurück. Durch Kombination und Umformen der Ausgangsformeln ergeben sich die nebenstehenden Formeln.

**Beispiel**

Ein 15 m langer Lastzug fährt mit 80 km/h. Er wird von einem 4,5 m langen Pkw überholt, der mit 110 km/h fährt. Wie lang ist der Überholweg?

Gegeben: $v_1 = 80$ km/h = 22,2 m/s; $l_1 = 15$ m;
$v_2 = 110$ km/h = 30,6 m/s; $l_2 = 4,5$ m

Gesucht: $s_ü$ in m

**Lösung:**

$$s_1 = \frac{|v_1|}{2} = \frac{80}{2} = 40 \text{ m}$$

$$s_2 = \frac{|v_2|}{2} = \frac{110}{2} = 55 \text{ m}$$

$$s_a = l_1 + l_2 + s_1 + s_2 = = 15 \text{ m} + 4{,}5 \text{ m} + 40 \text{ m} + 55 \text{ m} \approx 115 \text{ m}$$

$$s_ü = \frac{s_a \cdot v_2}{v_2 - v_1} = \frac{115 \text{ m} \cdot 30{,}6 \text{ m/s}}{30{,}6 \text{ m/s} - 22{,}2 \text{ m/s}} = = \frac{3519}{8{,}4} \text{ m} = \mathbf{419\ m}$$

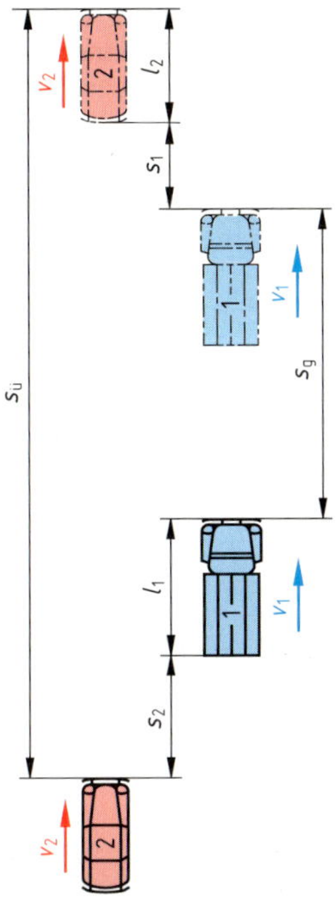


$$s_a = (v_2 - v_1) \cdot t_ü$$

$$s_a = s_ü - s_g$$

$$s_g = v_2 \cdot t_ü - s_a$$

$$s_g = \frac{s_a \cdot v_1}{v_2 - v_1}$$

$$s_ü = v_2 \cdot t_ü$$

$$s_ü = \frac{s_a \cdot v_2}{v_2 - v_1}$$

$$t_ü = \frac{s_a}{v_2 - v_1}$$

$$t_ü = \frac{s_ü}{v_2}$$

### Aufgaben

1. Ein Pkw (Länge 4,5 m) fährt auf der Autobahn mit einer Geschwindigkeit von 130 km/h; er hat freie Bahn zum Überholen eines anderen Pkw (Länge 4,2 m), der eine Geschwindigkeit von 90 km/h hat. Wie groß ist a) der Aufholweg, b) die Überholzeit und c) der Überholweg?
2. Ein Lastzug mit einer Länge von 18 m fährt mit einer Geschwindigkeit von 60 km/h; er wird von einem Lkw, der eine Länge von 12 m hat, mit einer Geschwindigkeit von 80 km/h überholt. Berechnen Sie a) den Aufholweg, b) die Überholzeit und c) den Überholweg.
3. Zwei hintereinander fahrende Lastzüge mit je 18 m Länge fahren mit 75 km/h, wobei sie den vorgeschriebenen Sicherheitsabstand einhalten; sie werden von einem Pkw (Länge 4 m) überholt, der 115 km/h fährt. Der einsehbare Überholweg beträgt 350 m. a) Wie groß ist der Aufholweg? b) Reicht der einsehbare Überholweg aus? c) Welche Überholzeit wird benötigt?
4. Ein Lkw überholt einen Lastzug mit einer Differenzgeschwindigkeit von 10 km/h; der Aufholweg beträgt 93 m. a) Welche Überholzeit benötigt der Lkw? b) Wie groß ist der Überholweg, wenn die Geschwindigkeit des Lkw 70 km/h beträgt?
5. Ein Pkw benötigt 9 s, um einen Lkw zu überholen, der mit einer Geschwindigkeit von 54 km/h fährt. Der Aufholweg beträgt 75 m. a) Wie groß ist der Grundweg des Lkw? b) Welchen Überholweg benötigt der Pkw? c) Welche Geschwindigkeit hat der Pkw?
6. Ein Sattelkraftfahrzeug fährt mit einer Geschwindigkeit von 75 km/h; es wird von einem Pkw, der mit 140 km/h fährt, in 7 Sekunden überholt. a) Wie groß ist der Grundweg des Sattelkraftfahrzeugs? b) Wie groß ist der Aufholweg des Pkw? c) Welchen Überholweg benötigt der Pkw?
7. Ein Pkw legt bei 90 km/h einen Grundweg von 200 m zurück. Mit welcher Geschwindigkeit muss er mindestens überholt werden, wenn der Überholweg höchstens 350 m beträgt?
8. Bei einem Überholvorgang beträgt der Geschwindigkeitsunterschied 40 km/h, die Überholzeit 9 s und der Grundweg 300 m. Wie groß sind die Geschwindigkeiten der beiden Fahrzeuge?

## Überholen mit gleichbleibender Beschleunigung

Beide Fahrzeuge haben bei Beginn des Überholvorganges gleiche Geschwindigkeit. Kfz 2 beschleunigt beim Überholen gleichförmig von $v_1$ auf $v_2$. In der Überholzeit $t_ü$ legt Kfz 2 auf Grund der Anfangsgeschwindigkeit $v_1$ den Grundweg $v_1 \cdot t_ü$ und auf Grund der Beschleunigung $a$ den Aufholweg $a \cdot t_ü^2/2$ zurück. Der Aufholweg ergibt sich auch aus $(v_2 - v_1) \cdot t_ü/2$. Aus Grundweg $s_g$ und Aufholweg $s_a$ ergeben sich die nebenstehenden Formeln.

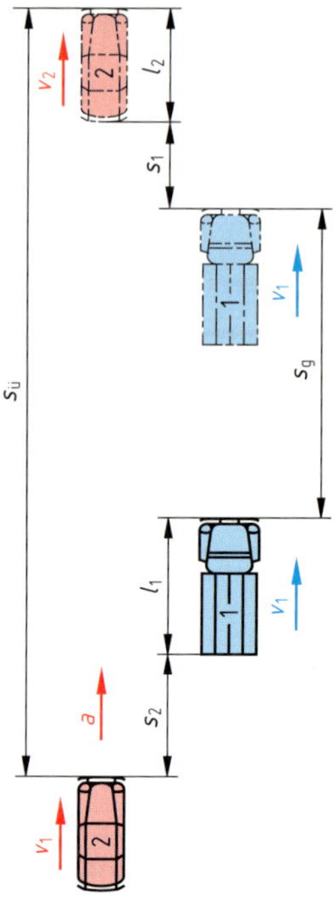


$$s_a = \frac{a \cdot t_ü^2}{2}$$

$$s_a = \frac{(v_2 - v_1) \cdot t_ü}{2}$$

$$s_g = s_ü - \frac{a \cdot t_ü^2}{2}$$

$$s_g = v_1 \cdot t_ü$$

$$s_ü = \frac{(v_1 + v_2) \cdot t_ü}{2}$$

$$s_ü = v_1 \cdot t_ü + \frac{a \cdot t_ü^2}{2}$$

$$t_ü = \frac{(v_2 - v_1)}{a}$$

$$t_ü = \frac{2 \cdot s_a}{v_2 - v_1}$$

**Beispiel**

Ein Pkw fährt mit 72 km/h; zum Überholen beschleunigt er 12,8 s mit 1 m/s². Wie lang ist der Überholweg?

Gegeben: $v_1 = 72\ \text{km/h} = 20\ \text{m/s}$; $a = 1\ \text{m/s}^2$; $t_ü = 12{,}8\ \text{s}$

Gesucht: $s_ü$ in m

**Lösung:** $s_ü = v_1 \cdot t_ü + \frac{a \cdot t_ü^2}{2} =$

$$= 20\ \frac{\text{m}}{\text{s}} \cdot 12{,}8\ \text{s} + \frac{1\ \text{m/s}^2 \cdot 12{,}8^2\ \text{s}^2}{2} =$$

$$= 256\ \text{m} + 82\ \text{m} = \mathbf{338\ m}$$

### Aufgaben

1. Ein Sportwagen mit einer Länge von 3,80 m fährt mit einer Geschwindigkeit von 60 km/h hinter einem Sattelkraftfahrzeug, welches eine Länge von 15 m hat. Zum Überholen beschleunigt der Sportwagen gleichförmig mit 1,5 m/s². a) Wie groß ist der Aufholweg? b) Wie groß ist die Überholzeit? c) Mit welchem Überholweg muss der Fahrer rechnen?
2. Hinter einem 16 m langen Lastzug fährt mit einer Geschwindigkeit von 50 km/h ein 10 m langer Lkw. Zum Überholen beschleunigt er gleichförmig mit 0,25 m/s². a) Welche Zeit und welchen Weg benötigt der Lkw zum Überholen? b) Wie groß ist die Geschwindigkeit des überholenden Lkw nach dem Überholvorgang?
3. Zwei Pkw fahren mit einer Geschwindigkeit von 90 km/h hintereinander. Zum Überholen beschleunigt der hintere Pkw gleichförmig 16 s lang auf eine Geschwindigkeit von 135 km/h. a) Wie groß ist der Grundweg des überholten Pkw? b) Wie groß ist der Aufholweg des überholenden Pkw? c) Wie groß ist der Überholweg?
4. An einer Steigung fährt ein Pkw hinter einem Lkw mit einer Geschwindigkeit von 36 km/h. Zum Überholen beschleunigt der Pkw 11,4 s lang auf 69 km/h. a) Wie groß ist der Aufholweg? b) Wie groß ist der Überholweg? c) Welche Beschleunigung ist für den Pkw erforderlich?
5. Zwei Pkw fahren mit gleicher Geschwindigkeit hintereinander. Zum Überholen beschleunigt der hintere Pkw 13 s lang über 450 m mit 1,25 m/s². a) Wie schnell fährt der überholende Pkw am Ende des Überholvorganges? b) Bei welcher Geschwindigkeit begann der Überholvorgang? c) Wie groß ist der Grundweg des überholten Pkw? d) Wie groß ist der Aufholweg des überholenden Pkw?
6. Ein Sportwagen (Länge 4,3 m) setzt bei einer Geschwindigkeit von 72 km/h zum Überholen eines Pkw (Länge 4,7 m) an. Der Überholvorgang soll nach 9 s abgeschlossen sein. a) Wie lang ist der Überholweg? b) Welche Geschwindigkeit hat der Sportwagen am Ende des Überholvorganges? c) Welche Beschleunigung ist für den Überholvorgang erforderlich? d) Wie groß müsste die Beschleunigung sein, wenn der Überholvorgang schon nach 8 s beendet sein soll?

## 2.9 Mechanische Arbeit, Energie

### 2.9.1 Mechanische Arbeit

Die mechanische Arbeit ist das Produkt aus der aufgebrachten Kraft und dem in der Wirkrichtung der Kraft zurückgelegten Weg. Die mechanische Arbeit 1 Newtonmeter (Nm) wird erbracht, wenn z. B. eine Last mit einer Kraft 1 Newton (N) um 1 Meter (m) hochgehoben wird.

Für 1 Newtonmeter (Nm) setzt man auch die Einheit 1 Wattsekunde (Ws) oder die Einheit 1 Joule (J).

$$1\,\text{N} \cdot 1\,\text{m} = 1\,\text{Nm}$$

$$1\,\text{Nm} = 1\,\frac{\text{kg m}}{\text{s}^2} \cdot \text{m}$$

$$1\,\text{Nm} = 1\,\text{Ws} = 1\,\text{J}$$

$$1\,\text{kWh} = 3\,600\,000\,\text{Ws}$$

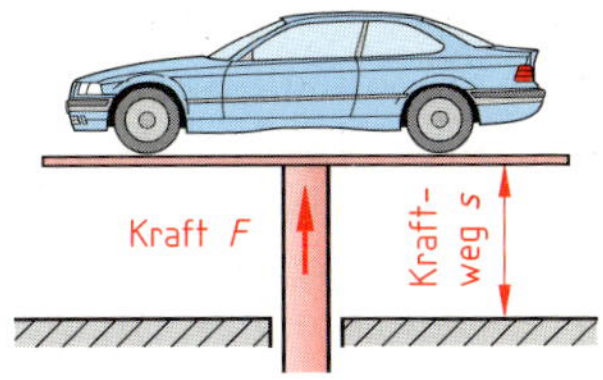


$$W = F \cdot s$$

$$F = \frac{W}{s}; \qquad s = \frac{W}{F}$$

$W$ Arbeit in Nm, J, Ws
$F$ Kraft in N
$s$ Kraftweg in m

**Beispiel**

Ein Pkw mit einer Gewichtskraft von 11 000 N wird mit einer Hebebühne 1,8 m hochgehoben. Wie groß ist die dabei verrichtete Arbeit?

Gegeben: $G = F = 11\,000$ N; $s = 1{,}8$ m

Gesucht: $W$ in Nm

**Lösung:** $W = F \cdot s = 11\,000\,\text{N} \cdot 1{,}8\,\text{m} = \mathbf{19\,800\,Nm}$

### Goldene Regel der Mechanik

Die goldene Regel der Mechanik drückt aus, dass die gleiche Arbeit mit geringerem Kraftaufwand über einen längeren Weg oder mit höherem Kraftaufwand über einen kürzeren Weg erbracht werden kann.

Aufgewendete Arbeit = gewonnene Arbeit

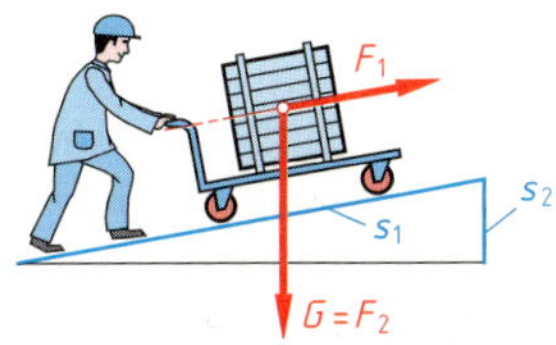


$$F_1 \cdot s_1 = F_2 \cdot s_2$$

$$F_1 = \frac{F_2 \cdot s_2}{s_1}; \qquad F_2 = \frac{F_1 \cdot s_1}{s_2}$$

$$s_1 = \frac{F_2 \cdot s_2}{F_1}; \qquad s_2 = \frac{F_1 \cdot s_1}{F_2}$$

$F_1$; $F_2$ Kräfte in N
$s_1$; $s_2$ Kraftwege in m

**Beispiel**

Über eine schiefe Ebene von 6 m Länge wird ein beladener Transportwagen mit einer Gesamtgewichtskraft von 1020 N in die 1 m höher gelegene Montagehalle geschoben. Welche Kraft ist erforderlich?

Gegeben: $s_1 = 6$ m; $F_2 = 1020$ N; $s_2 = 1$ m

Gesucht: $F_1$ in N

**Lösung:** $F_1 \cdot s_1 = F_2 \cdot s_2$; $\quad F_1 = \frac{F_2 \cdot s_2}{s_1} = \frac{1020\,\text{N} \cdot 1\,\text{m}}{6\,\text{m}} = \mathbf{170\,N}$

### Aufgaben

1. Ein Transportwagen wird mit einer Kraft von 200 N eine Strecke von 15 m weit geschoben. Wie groß ist die aufgewendete Arbeit a) in Nm b) in Ws c) in J?
2. Ein Lastzug legt auf ebener Fahrbahn eine Strecke von 2 km zurück; dabei beträgt die Zugkraft für den Anhänger 2800 N. Welche Arbeit ist zum Ziehen des Anhängers notwendig?
3. Ein Lkw wird an der Hinterachse um 60 cm angehoben. Die dabei aufgewendete Arbeit beträgt 10 800 Nm. Mit welcher Kraft muss an der Hinterachse gehoben werden?
4. Ein Gabelstapler hebt einen Motor vom Lagerboden in ein 6 m höher gelegenes Regalfach. Der Stapler verrichtet dabei eine Hubarbeit von 7800 Nm. Welches Gewicht (Masse) hat der Motor?
5. Zum Anheben eines Fahrzeugs ist eine Arbeit von 18 900 Nm erforderlich. Das Fahrzeug hat ein Gewicht von 1350 kg. Wie hoch wird das Fahrzeug angehoben?

6. Ein Montagekran hebt einen Motor mit der Masse 195 kg aus dem Motorraum eines Pkw. Die Hubarbeit am Kranhaken ist dabei 2870 Nm. Wie hoch wurde der Motor zum Ausbau angehoben?
7. Ein Pkw wird bei einem Crashtest frontal gegen eine Betonwand gefahren. Seine Knautschzone im Vorderwagen verkürzt sich um 0,7 m. Die Verformungsarbeit war dabei 260 kNm. Welche mittlere Verformungskraft war wirksam?
8. Ein Verladekran hebt einen Container mit einem Gewicht von 9 t. Die Hubwinde verrichtet dabei eine Arbeit von 0,125 kWh. Wie groß ist der Hubweg?
9. Ein Tankwagen wird aus einem Brunnen mit 10 $m^3$ Wasser gefüllt. Die Förderpumpe überwindet dabei eine Saughöhe von 6 m und eine Druckhöhe von 30 m. Welche Arbeit in kWh wird beim Pumpen erbracht?
10. Eine Kolbenpumpe benötigt für einen Förderhub eine Arbeit von 242 J. Die Bohrung des Pumpenzylinders beträgt 89 mm und der Kolbenhub ist 71 mm. Berechnen Sie a) die mittlere Kolbenkraft in N, b) den mittleren Förderdruck in bar.
11. Ein Motor mit einer Gewichtskraft von 1600 N wird mit einem Flaschenzug 4 m hochgehoben. Die Zugkraft am Zugseil des Flaschenzuges beträgt 200 N. a) Wie lang ist der Kraftweg am Zugseil? b) Wie groß ist die mechanische Arbeit in Nm und in kWh?
12. Mit Hilfe einer schiefen Ebene wird ein Ölfass mit einem Gewicht von 80 kg auf eine Laderampe von 1,2 m gehoben. Die Länge der schiefen Ebene beträgt 4 m. a) Wie groß ist die erforderliche Kraft in N? b) Welche Arbeit in Ws wird aufgewendet?
13. Ein Pkw wird über 6 m lange Ladeschienen mit Hilfe einer Seilwinde auf einen Autotransporter verladen. Der Höhenunterschied zwischen Straße und Ladepritsche ist 0,9 m. Die Zugkraft im Zugseil beträgt beim Hochziehen 1800 N. Berechnen Sie a) die Gewichtskraft des Pkw, b) sein Gewicht in kg.
14. An der Seilwinde eines Brunnens **(Bild 1)** hängt ein mit Wasser gefüllter Eimer vom Gesamtgewicht 12 kg. Der Eimer wird durch 10 Umdrehungen an der Kurbel hochgewunden. a) Welche Gewichtskraft hat der Eimer? b) Welchen Hubweg legt der Eimer zurück? c) Welche Hubarbeit in Nm ist erforderlich? d) Welche Handkraft ist an der Kurbel notwendig?

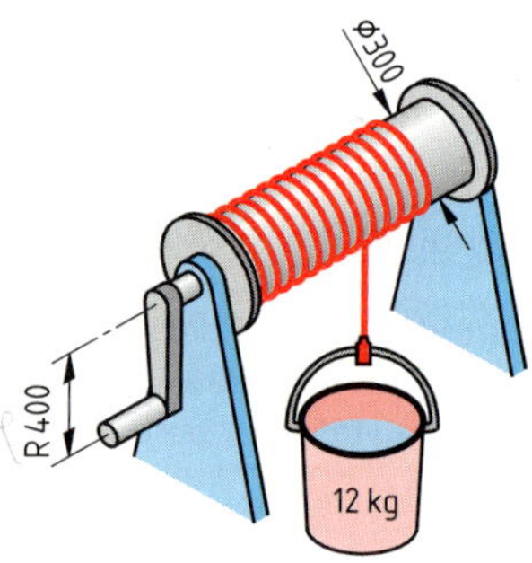

**Bild 1**

## 2.9.2 Energie

Unter mechanischer Energie versteht man Arbeitsvermögen, also gespeicherte Arbeit. Energie kann weder erzeugt noch vernichtet, aber gespeichert, umgeformt und fortgeleitet werden. Man unterscheidet Energie der Ruhe und Energie der Bewegung.

### Energie der Ruhe

Energie der Ruhe wird auch Energie der Lage oder potenzielle Energie genannt, z. B. Wasser in einem Stausee, Pkw auf der Hebebühne, Druckluft im Vorratsbehälter oder gespannte Feder. Die Energie der Ruhe ist gespeicherte Arbeit, denn in ihr ist Kraft mal Kraftweg enthalten.

$$W_p = F \cdot s$$

$$F = \frac{W_p}{s}; \qquad s = \frac{W_p}{F}$$

$W_p$ Potenzielle Energie in Nm
$F$ Kraft in N
$s$ Kraftweg in m

**Beispiel**

In einem Regal lagert in 0,8 m Höhe ein Austauschmotor von 1100 N Gewichtskraft. Wie groß ist seine Energie der Ruhe?

Gegeben: $s = 0{,}8$ m; $G = F = 1100$ N
Gesucht: $W$ in Nm

**Lösung:** $W = F \cdot s = 1100 \text{ N} \cdot 0{,}8 \text{ m} = \mathbf{880\ Nm}$

## Energie der Bewegung

Energie der Bewegung wird auch kinetische Energie oder Wucht genannt. In jedem Körper, der sich in Bewegung befindet, ist Energie der Bewegung gespeichert, z. B. drehendes Schwungrad, fließendes Wasser, fahrendes Auto oder fallende Masse.

> Die Energie der Bewegung ist abhängig von der Masse des Körpers und dem Quadrat seiner Geschwindigkeit.

Zwischen der Energie der Ruhe und der Energie der Bewegung besteht der Zusammenhang:

$$\mathbf{W_p = W_k}$$

| | | | |
|---|---|---|---|
| $W_p$ | Energie der Ruhe in Nm | $W_k$ | Energie der Bewegung in Nm |
| $m$ | Masse in kg | $v$ | Geschwindigkeit in m/s |
| $a$ | Beschleunigung in m/s² | $s$ | Weg in m |

$$W_p = F \cdot s$$

$$F = m \cdot a$$

$$W_k = m \cdot a \cdot s$$

$$m = \frac{W_k}{a \cdot s}; \quad a = \frac{W_k}{m \cdot s}$$

$$s = \frac{W_k}{m \cdot a}$$

$$a = \frac{v^2}{2 \cdot s}; \quad W_k = m \cdot \frac{v^2}{2 \cdot s} \cdot s$$

$$W_k = \frac{m \cdot v^2}{2}$$

$$m = \frac{2 \cdot W_k}{v^2}; \quad v = \sqrt{\frac{2 \cdot W_k}{m}}$$

**Beispiel**

Ein Pkw wiegt 1290 kg. Er fährt mit einer Geschwindigkeit von 90 km/h (= 25 m/s). Wie groß ist seine Energie der Bewegung?

Gegeben: $m = 1290$ kg; $v = 90$ km/h = 25 m/s

Gesucht: $W_k$ in Nm

**Lösung:** $W_k = \frac{m \cdot v^2}{2} = \frac{1290\ \text{kg} \cdot 25^2\ \text{m}^2/\text{s}^2}{2} = \mathbf{403\,125\ \frac{kgm}{s^2}\ m = 403\,125\ Nm}$

### Aufgaben

1. An einem Kran hängt 2,5 m über dem Boden ein Motor mit einem Gewicht von 184 kg. Wie groß ist die potenzielle Energie?
2. Ein Speichersee hat ein Fassungsvermögen von 400 000 m³ Wasser. Er liegt 150 m über dem Turbinenhaus. Wie groß ist die potenzielle Energie des Wassers in Nm und kWh?
3. Ein Personenkraftwagen hat ein Gewicht von 1200 kg. Er wird mit 4 m/s² gleichmäßig über eine Strecke von 100 m beschleunigt. Welche Energie der Bewegung ergibt sich beim Beschleunigen?
4. Das Gesamtgewicht eines Motorrades mit Fahrer beträgt 300 kg. Es wird mit seiner Höchstgeschwindigkeit von 200 km/h gefahren. Wie groß ist die kinetische Energie?
5. Eine Automobilfirma lässt Fahrzeuge gleicher Bauart bei Geschwindigkeiten von 36 km/h, 72 km/h und 144 km/h frontal gegen eine Betonwand fahren. Die Masse der Fahrzeuge beträgt jeweils 1500 kg. a) Wie groß ist bei den verschiedenen Geschwindigkeiten die kinetische Energie? b) Wie verhalten sich die Geschwindigkeiten zu den Energien?
6. Zwei gleichartige Personenkraftwagen mit jeweils 1040 kg Gewicht stoßen frontal zusammen. Die Aufprallgeschwindigkeit ist für jedes Fahrzeug 50 km/h. Welche Verformungsarbeit muss das einzelne Fahrzeug in der Knautschzone seiner Sicherheitskarosserie aufnehmen?
7. Im Bericht zu einem Crashtest wurde ermittelt: Verformungsarbeit (Bewegungsenergie) 0,1875 kWh, Fahrzeuggewicht 1500 kg. Welche Aufprallgeschwindigkeit in km/h hatte das Fahrzeug?
8. Das Fallgewicht eines Schmiedehammers zum Gesenkschmieden wiegt 3,6 t. Die Fallhöhe beträgt 1,2 m. a) Welche potenzielle Energie ist im Fallhammer gespeichert? b) Welche Aufprallgeschwindigkeit wird durch die gespeicherte Energie bewirkt?
9. Ein Rammbär für Spundbohlen hat ein Gewicht von 400 kg. Er wird vor jedem Schlag 3,5 m hochgezogen. Wie groß ist a) die Wucht des Aufschlags, b) die Aufschlaggeschwindigkeit?
10. Zur Demonstration der Auswirkung eines Frontalaufpralls bei 50 km/h lässt man einen 1200 kg schweren Pkw von einem Kran hochziehen und im freien Fall auf den Boden abstürzen. In welche Höhe muss der Pkw hochgezogen werden?

## 2.10 Mechanische Leistung

Die mechanische Leistung ist die verrichtete Arbeit pro Zeiteinheit.

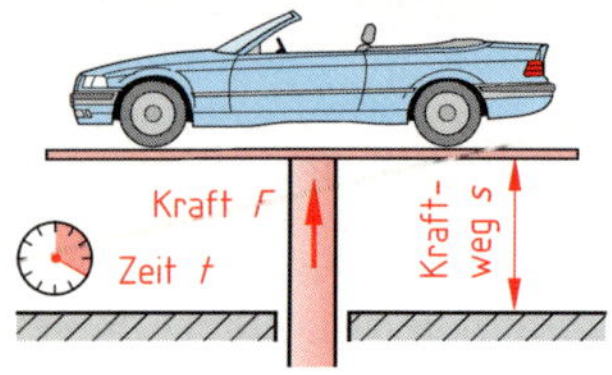


Die Leistung 1 Newtonmeter/Sekunde (Nm/s) wird erbracht, wenn z. B. eine Last durch die Kraft 1 Newton (N) um 1 Meter (m) in 1 Sekunde (s) hochgehoben wird.

Für 1 Newtonmeter/Sekunde (Nm/s) setzt man auch die Einheit 1 Watt (W) oder die Einheit 1 Joule/Sekunde (J/s).

In der Technik ist es jedoch üblich, die Leistung in Kilowatt (kW) anzugeben.

$$P = \frac{W}{t}$$

Die Leistung $P$ errechnet sich aus der Arbeit $W$ und der dafür benötigten Zeit $t$.

$$W = P \cdot t; \quad t = \frac{W}{P}$$

In der Gleichung $P = \frac{W}{t}$ kann für die Arbeit $W$ gleich $F \cdot s$ eingesetzt werden.

$$P = \frac{F \cdot s}{t}$$

In der Gleichung $P = \frac{F \cdot s}{t}$ kann für $\frac{s}{t}$ die Geschwindigkeit $v$ eingesetzt werden.

Bei gleicher Arbeit kann die Leistung unterschiedlich groß sein, je nachdem welche Zeit dazu benötigt wird.

$$F = \frac{P \cdot t}{s}; \quad s = \frac{P \cdot t}{F}$$

$$t = \frac{F \cdot s}{P}$$

$$P = F \cdot v$$

$$F = \frac{P}{v}; \quad v = \frac{P}{F}$$

**Beispiel 1**

Ein Motor erbringt in 30 s eine Arbeit von 4800 Ws. Welche Leistung hat der Motor abgegeben?

Gegeben: $W = 4800$ Ws; $t = 30$ s

Gesucht: $P$ in W

**Lösung:** $P = \frac{W}{t} = \frac{4800\ \text{Ws}}{30\ \text{s}} = \mathbf{160\ W}$

**Beispiel 2**

Eine Hebebühne hebt einen Pkw mit der Gewichtskraft 15 000 N in 5 s auf eine Höhe von 1,9 m. Wie groß ist die mechanische Hubleistung der Hebebühne?

Gegeben: $F = G = 15\,000$ N; $t = 5$ s; $s = 1{,}9$ m

Gesucht: $P$ in kW

**Lösung:** $P = \frac{F \cdot s}{t} = \frac{15\,000\ \text{N} \cdot 1{,}9\ \text{m}}{5\ \text{s}} = \mathbf{5700\ W = 5{,}7\ kW}$

**Beispiel 3**

Ein Pkw hat ein Gewicht von 800 kg und wird mit einer Hebebühne 2 m hochgehoben. Die Hubgeschwindigkeit beträgt 0,2 m/s.

Wie groß sind a) Leistung in kW, b) Hubzeit in s, c) Hubarbeit in Nm und in Ws?

Gegeben: $m = 800$ kg; $s = 2$ m, $v = 0{,}2$ m/s

Gesucht: $P$ in kW; $t$ in s, $W$ in Nm und in Ws

**Lösung:** a) $F = G = m \cdot g = 800\ \text{kg} \cdot 9{,}81\ \frac{\text{m}}{\text{s}^2} \approx 8000\ \frac{\text{kgm}}{\text{s}^2} = 8000\ \text{N}$

$P = F \cdot v = 8000\ \text{N} \cdot 0{,}2\ \frac{\text{m}}{\text{s}} = 1600\ \frac{\text{Nm}}{\text{s}} = 1600\ \text{W} = \mathbf{1{,}6\ kW}$

b) $P = \frac{F \cdot s}{t}; \quad t = \frac{F \cdot s}{P} = \frac{8000\ \text{N} \cdot 2\ \text{m}}{1600\ \text{Nm/s}} = \mathbf{10\ s}$

c) $W = F \cdot s = 8000\ \text{N} \cdot 2\ \text{m} = \mathbf{16\,000\ Nm = 16\,000\ Ws}$

- $P$ Leistung in Nm/s, W, J/s
- $W$ Arbeit in Nm, Ws, J
- $t$ Zeit in s
- $F$ Kraft in N
- $s$ Kraftweg in m
- $v$ Geschwindigkeit in m/s

$$\frac{1\ \text{N} \cdot 1\ \text{m}}{1\ \text{s}} = 1\ \frac{\text{Nm}}{\text{s}}$$

1 Nm/s = 1 W = 1 J/s

1000 W = 1 kW

## Aufgaben

1. Eine Hebebühne **(Bild 1)** erbringt beim Hochheben eines Pkw in 20 s eine Hubarbeit von 30 000 Nm. Wie groß ist die Leistung in W und kW?

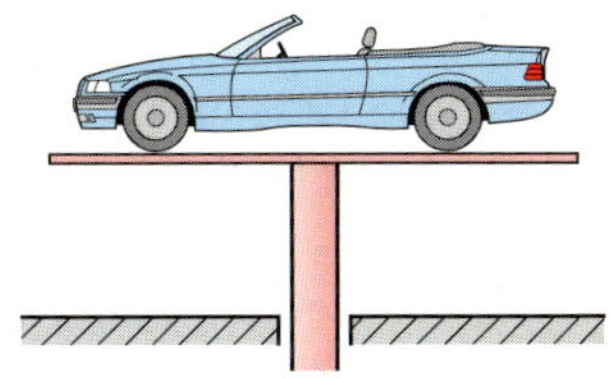

Bild 1

2. Ein stationärer Dieselmotor treibt mit konstanter Leistung von 160 kW einen Generator an. Das Stromaggregat ist 45 Minuten in Betrieb. Wie groß ist die vom Dieselmotor abgegebene Arbeit in kWh und in Ws?

3. Ein Motor hat eine Leistung von 0,4 kW. Er gab eine Arbeit von 1080 Nm ab. Wie lange war der Motor in Betrieb?

4. Das Kühlgebläse eines Motors benötigt eine Antriebsleistung von 220 W. Es ist 5 Stunden ununterbrochen in Betrieb. Wie groß ist die aufgenommene Arbeit in kWh und in Nm?

5. Eine Seilwinde hebt in 20 s mit einer Kraft von 1600 N eine Last 3 m hoch. Wie groß ist die Leistung in W und in kW?

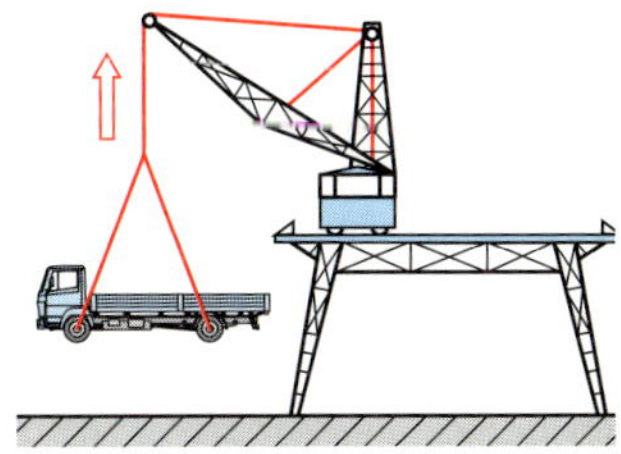

Bild 2

6. Ein Gabelstapler hat eine Hubleistung von 4 kW. Er befördert in 4 Sekunden ein Getriebe in ein 8 m höher gelegenes Lagerfach. Welche Hubkraft entwickelt dabei der Gabelstapler?

7. Ein Geländewagen zieht sich in 180 Sekunden durch Unterstützung mit seiner elektrischen Seilwinde aus einem verschlammten Gelände auf die Straße zurück. Die durchschnittliche Zugkraft im Seil beträgt 4500 N. Die Seilwinde erbringt dabei am Zugseil eine Leistung von 250 W. Errechnen Sie die zurückgelegte Wegstrecke.

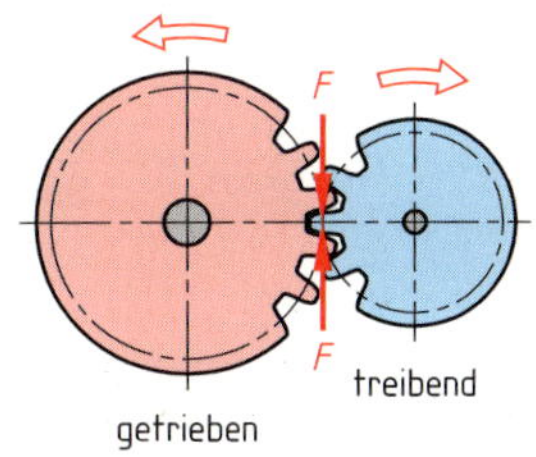


Bild 3

8. Ein Verladekran **(Bild 2)** hebt einen 16 t schweren Lkw 9 Meter hoch. Seine Windenleistung beträgt 120 kW. a) Welche Hubzeit ergibt sich? b) Welche Hubarbeit wird verrichtet?

9. In einem Pumpspeicherwerk fließen stündlich 5000 $m^3$ Wasser aus dem 100 m höher gelegenen Speichersee in die Turbinen. Wie groß ist die Leistung in kW und in MW an den Turbinenschaufeln?

10. Ein Pkw fährt mit einer Geschwindigkeit von 72 km/h. Die äußeren Fahrwiderstände ergeben eine Gesamtkraft von 615 N. Wie groß ist die Antriebsleistung in kW?

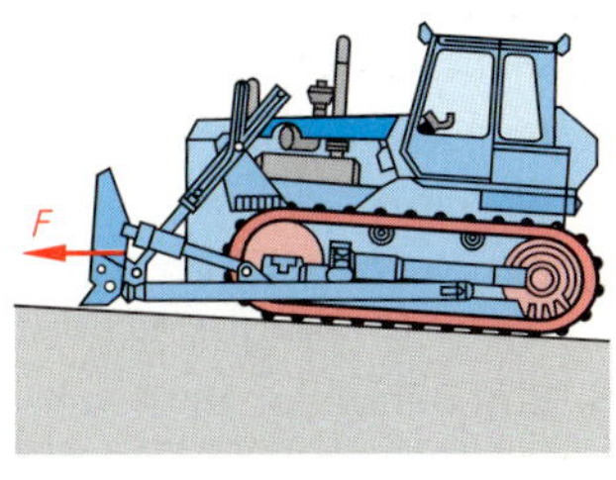


Bild 4

11. Ein Anhänger wird mit einer Zugkraft von 20 000 N eine 200 m lange Steigung hochgezogen. Die Fahrgeschwindigkeit beträgt dabei 27 km/h. Welche Zugleistung ist erforderlich?

12. Ein Zahnradtrieb **(Bild 3)** hat eine Umfangsgeschwindigkeit von 12 m/s. Es soll eine Leistung von 8 kW übertragen werden. Wie groß ist die an den Zähnen wirkende Kraft?

13. Eine Planierraupe **(Bild 4)** bringt zur Erdbewegung am Planierschild eine Schubkraft von 100 kN auf. Sie verrichtet dabei in 120 Sekunden eine Schubarbeit von 5 kWh. Errechnen Sie die Fahrgeschwindigkeit der Planierraupe in km/h.

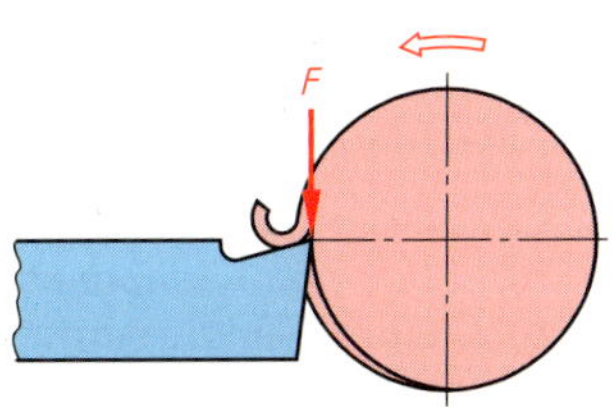


Bild 5

14. Eine Stahlwelle **(Bild 5)** mit 142 mm Durchmesser wird mit einer Schnittkraft von 1,05 kN bei einer Drehzahl von 560 1/min überdreht. Welche Schnittleistung in kW muss zum Zerspanen aufgebracht werden?

## Mechanische Leistung bei Drehbewegung

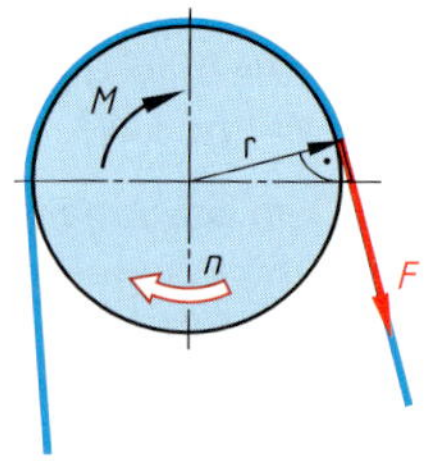


Für die Leistung gilt auch bei rotierenden Teilen $P = F \cdot v$.

Der Kraftweg ist jedoch in diesem Fall eine Kreisbahn und somit ist die Geschwindigkeit gleich der Umfangsgeschwindigkeit.

Setzt man diese Formel in die Formel für die Leistung ein, so erhält man die Leistung bei Drehbewegung in Nm/s bzw. in W.

Soll die Leistung $P$ in kW errechnet werden, so muss durch den Umrechnungsfaktor 1000 W/kW geteilt werden.

Man setzt für $d = 2 \cdot r$ und für $F \cdot r = M$ ein und erhält $P = \frac{2 \cdot \pi \cdot M \cdot n}{60 \cdot 1000}$.

Der Bruch $\frac{2 \cdot \pi}{60 \cdot 1000}$ ergibt den gerundeten Faktor $\frac{1}{9550}$.

Die Leistung $P$ in kW errechnet sich somit aus Drehmoment $M$ und Drehzahl $n$.

$$P = \frac{F \cdot \pi \cdot d \cdot n}{60}$$

$$F = \frac{60 \cdot P}{\pi \cdot d \cdot n}$$

$$d = \frac{60 \cdot P}{\pi \cdot F \cdot n}$$

$$n = \frac{60 \cdot P}{\pi \cdot F \cdot d}$$

$$P = \frac{M \cdot n}{9550}$$

$$M = \frac{9550 \cdot P}{n}$$

$$n = \frac{9550 \cdot P}{M}$$

| | | | |
|---|---|---|---|
| $v$ | Umfangsgeschwindigkeit in m/s | $P$ | Leistung in kW |
| $r$ | Radius in m | $M$ | Drehmoment in Nm |
| $d$ | Durchmesser in m | $n$ | Drehzahl in 1/min |

**Beispiel**

Bei einer Drehzahl von 2000 1/min beträgt das Drehmoment eines Elektromotors 120 Nm. Wie groß ist seine Leistung in kW?

Gegeben: $M = 120$ Nm; $n = 2000$ 1/min

Gesucht: $P$ in kW

**Lösung:** $P = \frac{M \cdot n}{9550} = \frac{120 \cdot 2000}{9550}$ kW = **25,13 kW**

### Aufgaben

1. Ein Motor erreicht bei einer Drehzahl von 4000 1/min ein Drehmoment von 212 Nm. Welche Leistung gibt der Motor ab?
2. Ein Windrad hat eine Drehzahl von 200 1/min. Dabei treibt es einen Generator mit einem Drehmoment von 95,5 Nm an. Welche Antriebsleistung wird auf den Generator übertragen?
3. Ein Elektromotor gibt 59 kW Höchstleistung bei einer Drehzahl von 8000 1/min ab. Welches Drehmoment ergibt sich an der Ankerwelle?
4. Ein Dieselmotor erreicht bei einer Drehzahl von 2200 1/min sein höchstes Drehmoment. Er hat bei dieser Drehzahl eine Leistung von 60 kW. Wie groß ist sein maximales Drehmoment?
5. Ein Generator wird mit einem Drehmoment von 1,2 Nm angetrieben. Er nimmt dabei eine Leistung von 950 W auf. Welche Drehzahl hat die Generatorwelle?
6. Ein Ottomotor hat eine Nennleistung von 75 kW. Er entwickelt dabei ein Drehmoment von 143,19 Nm. Wie groß ist seine Nennleistungsdrehzahl?
7. Beim Langdrehen eines Werkstückes mit 150 mm Durchmesser ergibt sich am Drehmeißel eine Schnittkraft von 4800 N. Die Drehzahl der Arbeitsspindel ist 1200 1/min. a) Welches Drehmoment hat dabei die Arbeitsspindel? b) Welche Antriebsleistung ist an der Arbeitsspindel erforderlich?
8. Ein Starter hat bei einer Drehzahl von 800 1/min eine Leistungsabgabe von 1,5 kW. Das Starterritzel hat einen Teilkreisdurchmesser von 32 mm. a) Welches Drehmoment erzeugt der Starter? b) Wie groß ist die Antriebskraft am Zahnkranz des Schwungrades?
9. Ein Elektromotor treibt über einen Keilriemen einen Verdichter an. Der Motor gibt 3,2 kW ab, seine Drehzahl beträgt 1500 1/min. Welchen Durchmesser muss die Riemenscheibe haben, wenn die zulässige Riemenzugkraft 300 N beträgt?

## 2.11 Wirkungsgrad

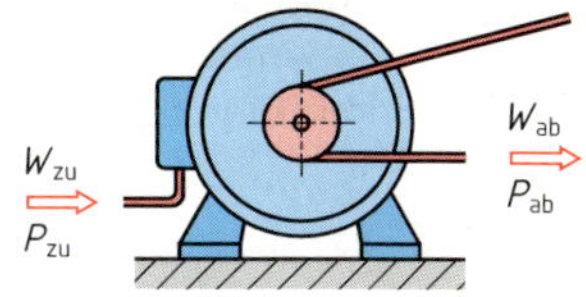


$W_{ab} < W_{zu}$ $\quad$ $P_{ab} < P_{zu}$

$W_v = W_{zu} - W_{ab}$

Beim Betrieb jeder Maschine treten bei der Energieumwandlung Verluste, z. B. aufgrund von Wärmeabstrahlung oder Reibung, auf. Sie bewirken, dass die abgegebene Energie bzw. die abgegebene Leistung stets kleiner ist als die aufgenommene.

Das Verhältnis von abgegebener Energie bzw. Arbeit zu zugeführter Energie bzw. Arbeit ergibt den Wirkungsgrad. Er hat keine Einheit.

$$\eta = \frac{W_{ab}}{W_{zu}}$$

Da bei der Energieumformung und bei der Energieübertragung die Energieverluste in einer bestimmten Zeit auftreten, ergibt sich somit auch ein Leistungsverlust. Deshalb ergibt auch das Verhältnis von abgegebener Leistung zu zugeführter Leistung den Wirkungsgrad.

$P_v = P_{zu} - P_{ab}$

$$\eta = \frac{P_{ab}}{P_{zu}}$$

Der Wirkungsgrad lässt sich auch aus dem Verhältnis von abgegebenem zu zugeführtem Drehmoment berechnen, wenn keine Drehmomentwandlung stattfindet.

$$\eta = \frac{M_{ab}}{M_{zu}}$$

Die abgegebene Leistung bzw. Energie ist stets kleiner als die zugeführte. Der Wirkungsgrad ist deshalb immer kleiner als 1 bzw. kleiner als 100%.

| | | | |
|---|---|---|---|
| $\eta$ | Wirkungsgrad | $W_v$ | Energieverlust in Nm, Ws |
| $W_{ab}$ | abgegebene Arbeit in Nm, Ws | $P_v$ | Verlustleistung in W, kW |
| $W_{zu}$ | zugeführte Arbeit in Nm, Ws | $P_{ab}$ | abgegebene Leistung in W, kW |
| $M_{ab}$ | abgegebenes Drehmoment in Nm | $P_{zu}$ | zugeführte Leistung in W, kW |
| $M_{zu}$ | zugeführtes Drehmoment in Nm | | |

**Beispiel 1**

Bei einer hydraulischen Kupplung **(Bild 1)** ist die zugeführte Leistung 80 kW. Die abgegebene Leistung beträgt 78 kW. Wie groß ist der Wirkungsgrad der Kupplung?

Gegeben: $P_{zu} = 80$ kW; $P_{ab} = 78$ kW

Gesucht: $\eta$ in %

**Lösung:** $\eta = \frac{P_{ab}}{P_{zu}} = \frac{78\text{ kW}}{80\text{ kW}} = \mathbf{0{,}975} = 0{,}975 \cdot 100\% = \mathbf{97{,}5\%}$

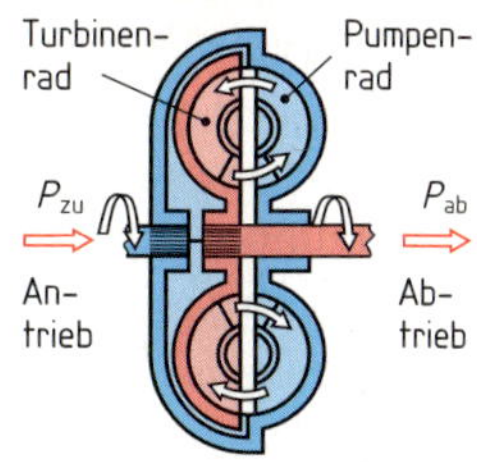


**Bild 1**

**Beispiel 2**

Bei einem Wechselgetriebe **(Bild 2)** ist im direkten Gang das an der Antriebswelle zugeführte Drehmoment 150 Nm. Das an der Abtriebswelle abgegebene Drehmoment ist 145,5 Nm. Wie groß ist der Getriebewirkungsgrad?

Gegeben: $M_{zu} = 150$ Nm; $M_{ab} = 145{,}5$ Nm

Gesucht: $\eta$ in %

**Lösung:** $\eta = \frac{M_{ab}}{M_{zu}} = \frac{145{,}5\text{ Nm}}{150\text{ Nm}} = \mathbf{0{,}97} = 0{,}97 \cdot 100\% = \mathbf{97\%}$

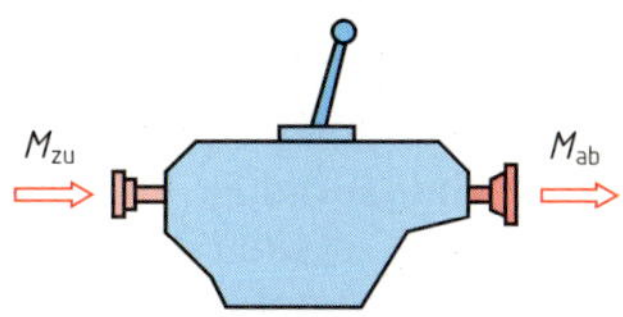


**Bild 2**

### Gesamtwirkungsgrad

Treten mehrere Wirkungsgrade auf, wie z. B. bei der Kraftübertragung Motor – Kupplung – Wechselgetriebe – Achsantrieb mit Ausgleichgetriebe, so erhält man durch Multiplikation dieser Wirkungsgrade den Gesamtwirkungsgrad $\eta_{ges}$. Der Gesamtwirkungsgrad ist stets kleiner als der kleinste einzelne Wirkungsgrad.

$$\eta_{ges} = \eta_1 \cdot \eta_2 \cdot \eta_3 \dots$$

**Beispiel**

Ein Motor hat einen Wirkungsgrad von 24%, das Wechselgetriebe von 95% und der Achsantrieb mit dem Ausgleichgetriebe von 97% **(Bild 3)**. Wie groß ist der Gesamtwirkungsgrad?

Gegeben: $\eta_1 = 24\% = 0{,}24$; $\eta_2 = 95\% = 0{,}95$; $\eta_3 = 97\% = 0{,}97$

Gesucht: $\eta_{ges}$

**Lösung:** $\eta_{ges} = \eta_1 \cdot \eta_2 \cdot \eta_3 = 0{,}24 \cdot 0{,}95 \cdot 0{,}97 = \mathbf{0{,}22116} \approx \mathbf{0{,}22}$

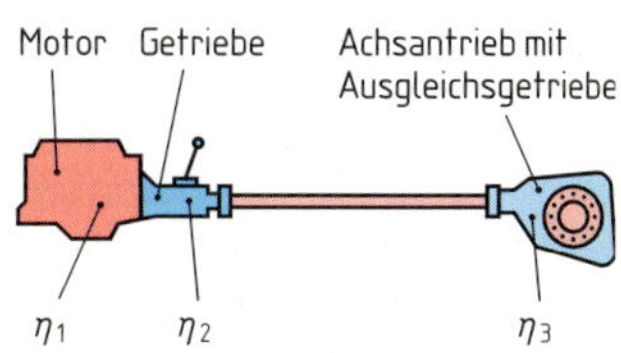


**Bild 3**

## Aufgaben

1. Dem hydraulischen Antrieb einer Hebebühne muss zum Heben eines Kraftfahrzeuges eine Antriebsenergie von 34 000 Ws zugeführt werden. Die erbrachte Hubarbeit beträgt 27 000 Nm. a) Berechnen Sie den Energieverlust. b) Berechnen Sie den Wirkungsgrad.
2. Eine Bauwinde hebt eine Last von 1 t auf eine Höhe von 22 m. Der Windenmotor erbringt dabei eine Arbeit von 0,08 kWh. a) Berechnen Sie den Energieverlust der Winde. b) Welchen Wirkungsgrad hat die Bauwinde?
3. Der Wirkungsgrad eines Zahnradgetriebes beträgt 96%, die zugeführte Arbeit 33 500 Nm. Wie groß ist die abgegebene Arbeit?
4. Bei einem Notstromaggregat nimmt der Generator vom Antriebsmotor eine Leistung von 132 kW auf und gibt eine Leistung von 112,5 kW ab. a) Wie groß ist der Leistungsverlust im Generator? b) Welchen Wirkungsgrad hat der Generator?
5. Ein Dieselmotor hat einen Wirkungsgrad von 36%. Er gibt 2 Stunden eine Leistung von 45 kW ab. Wie groß ist die im Dieselkraftstoff zugeführte Energie in kJ und in MJ?
6. Bei einem Wechselgetriebe beträgt im direkten Gang das zugeführte Drehmoment 150 Nm und das abgegebene Drehmoment 145 Nm. Berechnen Sie den Wirkungsgrad in %.
7. Ein Windrad treibt mit einem Drehmoment von 25 Nm einen Generator an. Der Generator gibt bei einem Wirkungsgrad von 85% eine Leistung von 1,5 kW ab. Mit welcher Drehzahl dreht sich das Windrad?
8. Ein Kran hebt beim Verladen in 20 s einen Pkw 15 m hoch. Das Leergewicht des Pkw beträgt 1200 kg. Der mechanische Wirkungsgrad der Winden beträgt 90%, der Wirkungsgrad des Motors 0,8. Welche Leistung nimmt der Motor auf?
9. Ein von einem Benzinmotor angetriebenes Förderband transportiert in 0,5 h 12 500 kg Sand in einen Lagerbehälter. Die Antriebsleistung des Motors beträgt 0,5 kW. Das Förderband hat einen Wirkungsgrad von 78%. Berechnen Sie die Förderhöhe.
10. Der Antriebsmotor einer Segelflugschleppwinde leistet 230 kW. Die Seiltrommel hat einen Durchmesser von 500 mm. Die Schleppgeschwindigkeit eines Segelflugzeuges nach dem Abheben liegt bei 99 km/h. Der Wirkungsgrad der hydraulischen Kupplung beträgt 88%, das Zwischengetriebe hat einen Wirkungsgrad von 0,94 und der Windenwirkungsgrad beträgt 89%. Welche Schleppkraft ergibt sich im Zugseil?
11. Die Kreiselpumpe eines Pumpenaggregates fördert stündlich 27 $m^3$ Wasser in einen 60 m höher gelegenen Speicher. Der Förderwirkungsgrad in der Druckleitung beträgt 0,97, der Pumpenwirkungsgrad ist 77% und der Wirkungsgrad des Elektromotors zum Antrieb beträgt 91%. a) Wie groß ist die Förderleistung in Nm/s und in kW. b) Wie groß ist die vom Elektromotor aufgenommene Leistung?
12. Bei der Kraftübertragung im Triebwerk eines Pkws betragen die Einzelwirkungsgrade: Kupplung 0,985, Wechselgetriebe 94%, Achsgetriebe 0,980. Die am Schwungrad des Motors abgegebene Leistung beträgt 85 kW. Berechnen Sie den Gesamtwirkungsgrad in % und die Antriebsleistung an den Rädern.
13. Auf einem Rollenprüfstand **(Bild 1)** wird die Leistung eines Pkw überprüft. Die Prüfgeschwindigkeit beträgt im direkten Gang 180 km/h, die dabei wirkende Zugkraft ist 1600 N. Der Wirkungsgrad des Rollenprüfstandes beträgt 88%, der Triebwerkswirkungsgrad des Pkw ist 0,80. a) Welche Antriebsleistung wird von den Antriebsrädern des Pkws abgegeben? b) Berechnen Sie den wirksamen Gesamtwirkungsgrad. c) Wie groß ist die Motorleistung des Pkws?

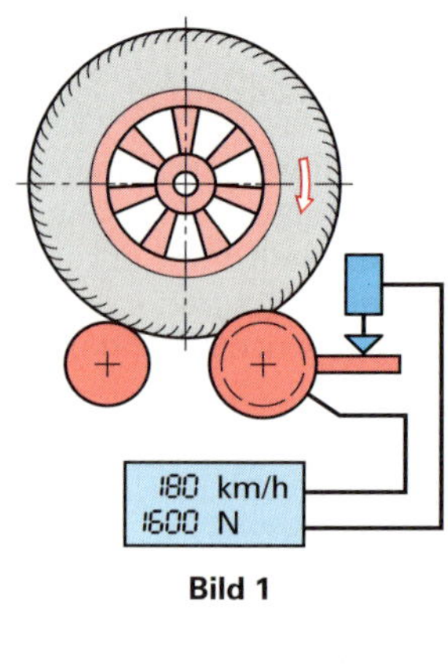

**Bild 1**

# 2.12 Drehmoment, Hebel

## Drehmoment

Greift an einem Körper eine Kraft an, deren Wirkungslinie nicht durch den Drehmittelpunkt des Körpers geht, so entsteht eine Drehwirkung, die man als Drehmoment $M$ bezeichnet. Das Drehmoment errechnet sich durch Multiplikation der Größen der Kraft $F$ mit dem wirksamen Hebelarm $r$. Der wirksame Hebelarm ist der senkrechte Abstand zwischen der Kraft und dem Drehmittelpunkt des Körpers

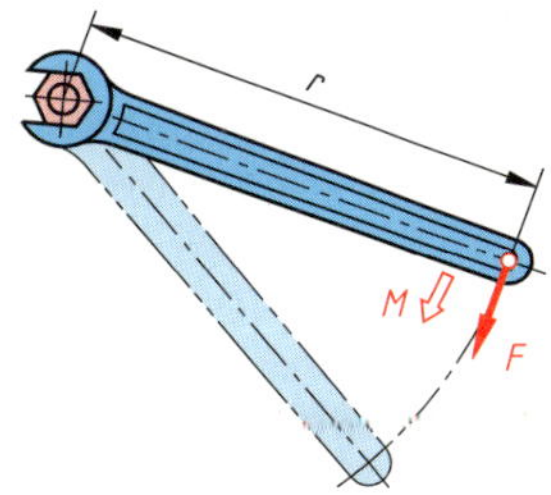


$M$ Drehmoment in Nm  $F$ Kraft in N  $r$ Hebelarm in m

$$M = F \cdot r$$

$$F = \frac{M}{r}; \quad r = \frac{M}{F}$$

**Beispiel**

Die Handkurbel einer Winde hat einen wirksamen Hebelarm von 250 mm. Die Handkraft beträgt 800 N. Wie groß ist das Drehmoment in Nm?

Gegeben: $r = 250$ mm $= 0{,}25$ m; $F = 800$ N

Gesucht: $M$ in Nm

**Lösung:** $M = F \cdot r = 800\ \text{N} \cdot 0{,}25\ \text{m} = \mathbf{200\ Nm}$

## Hebel, Hebelgesetz

Jeden starren Körper, der drehbar gelagert ist und an dem Kräfte eine Drehwirkung verursachen, bezeichnet man als Hebel. Man unterscheidet einseitige Hebel und zweiseitige Hebel. Eine besondere Art ist der Winkelhebel.

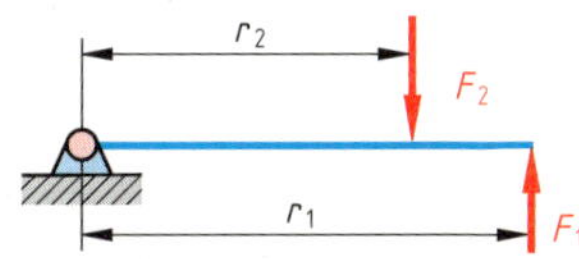

Einseitiger Hebel

Alle Kräfte am Hebel, deren Wirkungslinien nicht durch den Drehmittelpunkt des Körpers gehen, verursachen am Hebel ein Drehmoment.

Jedes Drehmoment hat einen bestimmten Drehsinn, der vom Angriffspunkt der Kraft und ihrer Wirkungsrichtung abhängt. Es ergibt z. B. $F_1 \cdot r_1$ ein linksdrehendes Drehmoment $M_1$ und $F_2 \cdot r_2$ ein rechtsdrehendes Drehmoment $M_2$.

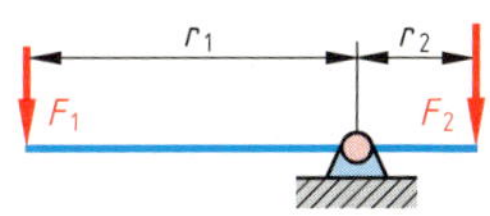

Zweiseitiger Hebel

Ein Hebel ist dann im Gleichgewicht, wenn zu jedem Drehmoment ein gleich großes, entgegengesetzt gerichtetes Drehmoment wirkt. Das linksdrehende Drehmoment versucht dem Hebel eine Linksdrehung, das rechtsdrehende Drehmoment eine Rechtsdrehung zu geben.

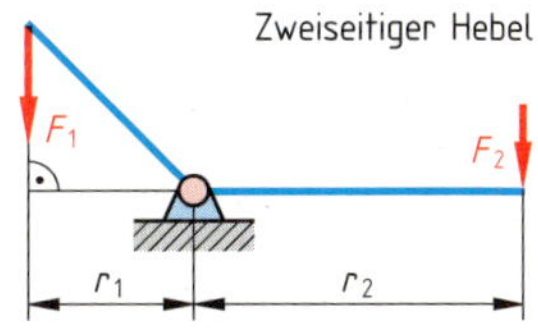

Winkelhebel

Wirken mehrere Drehmomente am Hebel, so ist er im Gleichgewicht, wenn die Summe aller linksdrehenden Drehmomente gleich der Summe aller rechtsdrehenden Drehmomente ist.

$$\Sigma \overset{\curvearrowleft}{M} = \Sigma \overset{\curvearrowright}{M}$$

$$F_1 \cdot r_1 = F_2 \cdot r_2$$

### Hebelgesetz (Momentengleichgewicht)

| Summe aller linksdrehenden Momente | = | Summe aller rechtsdrehenden Momente |
|---|---|---|

$\overset{\curvearrowleft}{M}$ linksdrehende Drehmomente in Nm  $F_1$, $F_2$ Kraft in N

$\overset{\curvearrowright}{M}$ rechtsdrehende Drehmomente in Nm  $r_1$, $r_2$ Hebelarm in m

**Beispiel**

An einem zweiseitigen Hebel **(Bild 1)**, der sich im Gleichgewicht befindet, greifen die Kräfte $F_2 = 100$ N und $F_3 = 100$ N an. Wie groß ist die Kraft $F_1$?

Gegeben: $F_2 = 100$ N; $F_3 = 100$ N; $r_1 = 0{,}6$ m; $r_2 = 0{,}3$ m; $r_3 = 1{,}2$ m.

Gesucht: $F_1$ in N

**Lösung:** $\Sigma \overset{\curvearrowleft}{M} = \Sigma \overset{\curvearrowright}{M} \longrightarrow F_1 \cdot r_1 + F_2 \cdot r_2 = F_3 \cdot r_3$

$$F_1 = \frac{F_3 \cdot r_3 - F_2 \cdot r_2}{r_1} = \frac{100\ \text{N} \cdot 1{,}2\ \text{m} - 100\ \text{N} \cdot 0{,}3\ \text{m}}{0{,}6\ \text{m}} = \mathbf{150\ N}$$

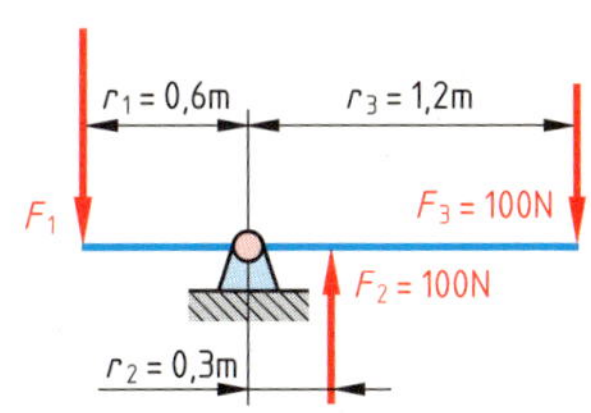


$\Sigma \overset{\curvearrowleft}{M}$ **Summe der linksdrehenden Drehmomente in Nm**

$\Sigma \overset{\curvearrowright}{M}$ **Summe der rechtsdrehenden Drehmomente in Nm**

**Bild 1**

## Übersetzungen am Hebel

Man unterscheidet Kraftübersetzungen, Hebelübersetzungen und Wegübersetzungen.

Formt man die Gleichung $F_1 \cdot r_1 = F_2 \cdot r_2$ (Hebelgesetz) um, so sieht man, dass sich die Kräfte am Hebel umgekehrt verhalten wie die zugehörigen Hebelarme. Ebenso wie die Hebelarme verhalten sich auch die Kraftwege. Als Kraftweg bezeichnet man den Weg, den der Angriffspunkt der Kraft bei Drehung des Hebels zurücklegt. Daraus ergeben sich die Übersetzungen: $i_k$, $i_h$, $i_w$.

Werden mehrere Hebel hintereinander geschaltet, so erhält man durch Multiplikation der Einzelübersetzungen die Gesamtübersetzung $i_{ges}$.

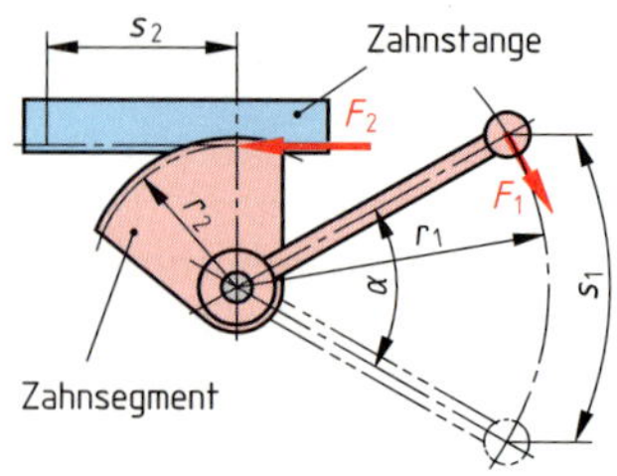


Die Kräfte am Hebel verhalten sich umgekehrt wie die zugehörigen Hebelarme.

| | | | |
|---|---|---|---|
| $F_1$, $F_2$ | Kraft in N | $s_1$, $s_2$ | Weg in mm |
| $i_k$ | Kraftübersetzung | $i_w$ | Wegübersetzung |
| $r_1$, $r_2$ | Hebelarm in m | $i_{ges}$ | Gesamtübersetzung |
| $i_h$ | Hebelarmübersetzung | $i_1$, $i_2$, $i_3$ . . . | Einzelübersetzungen |

$$i_k = \frac{F_1}{F_2}$$

$$i_h = \frac{r_2}{r_1}$$

$$i_w = \frac{s_2}{s_1}$$

$$i_k = i_h = i_w$$

$$i_{ges} = i_1 \cdot i_2 \cdot i_3 \cdot \ldots$$

**Beispiel 1**

An einem Hebel greifen die Kräfte $F_1 = 500$ N und $F_2 = 800$ N an. Wie groß ist die Kraftübersetzung?

Gegeben: $F_1 = 500$ N; $F_2 = 800$ N

Gesucht: $i_k$

**Lösung:** $i_k = \frac{F_1}{F_2} = \frac{500\ \text{N}}{800\ \text{N}} = 1 : 1{,}6 = \mathbf{0{,}6}$

**Beispiel 2**

Der Bremshebel einer Fahrradbremse hat die Hebelübersetzung 0,3. Er ist über einen Seilzug mit einer Felgenbremse verbunden, deren Hebelübersetzung 2,5 beträgt. Wie groß ist die Gesamtübersetzung?

Gegeben: $i_1 = 0{,}3$; $i_2 = 2{,}5$

Gesucht: $i_{ges}$

**Lösung:** $i_{ges} = i_1 \cdot i_2 = 0{,}3 \cdot 2{,}5 = \mathbf{0{,}75}$

### Aufgaben

1. Die Handkraft am Gabelschlüssel **(Bild 1)** beträgt 80 N. Berechnen Sie das auf die Schraube wirkende Anzugsdrehmoment.
2. Eine Keilriemenscheibe **(Bild 2)** hat einen wirksamen Durchmesser von 76 mm. Die Zugkraft des Keilriemens beträgt 45 N. Wie groß ist das Drehmoment an der Keilriemenscheibe?
3. Ein Radmutterschlüssel hat einen wirksamen Hebelarm von 400 mm Länge. Die Radmuttern sollen mit einem Drehmoment von 80 Nm angezogen werden. Welche Handkraft ist erforderlich?
4. Ein Zahnrad muss ein Drehmoment von 150 Nm übertragen. Die Zahnkraft beträgt dabei 2025 N. An welchem Halbmesser greift die Zahnkraft an?
5. Eine Schubkarre **(Bild 3)** wiegt mit der Ladung 120 kg. Der Schwerpunktabstand zur Radnabe beträgt 420 mm. Berechnen Sie a) die Gewichtskraft der Schubkarre, b) die an den Führungsholmen erforderlichen Handkräfte, c) die Hebelübersetzung.
6. Die Handkraft an einem Handbremshebel beträgt 150 N. Die Hebelarme haben eine wirksame Länge von 400 mm und 50 mm. Wie groß sind a) die Zugkraft zur Bremsbetätigung, b) die Hebelübersetzung, c) die Kraftübersetzung?

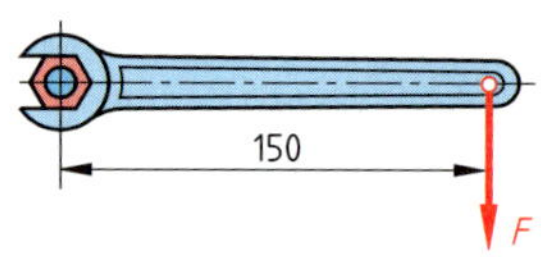


**Bild 1**

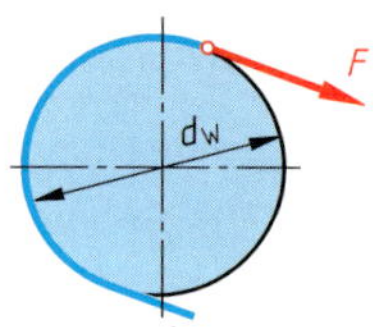


**Bild 2**

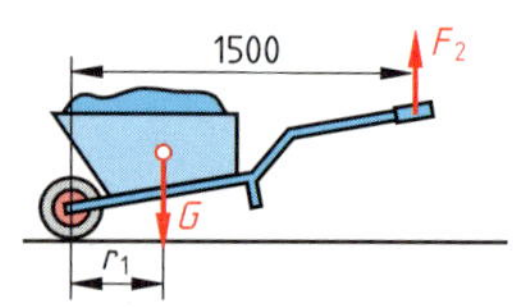


**Bild 3**

7. Auf die Hebel einer Kneifzange **(Bild 1)** wirkt eine Handkraft von jeweils 300 N. Die wirksamen Hebel sind 160 mm und 40 mm. Berechnen Sie a) die an jeder Schneide auftretende Schließkraft, b) die Kraftübersetzung.

8. Die Schließkraft der Ventilfeder **(Bild 2)** beträgt 400 N. Die Hebelarme am Kipphebel sind 20 mm und 35 mm. Wie groß ist a) die Kraft an der Stößelstange bei Öffnungsbeginn, b) die Kraftübersetzung?

9. Die Fußkraft am Bremspedal **(Bild 3)** beträgt 300 N. Die Kolbenstangenkraft ist 1500 N. Ihr Hebelarm ist 50 mm lang. Welche Länge hat der Hebelarm $r_1$?

10. Am Schwinghebel **(Bild 4)** greift der Nocken in einer Entfernung von 36 mm vom Drehpunkt mit einer Kraft von 600 N an. Der Abstand zwischen Drehpunkt und Ventil beträgt 45 mm. Wie groß ist a) die Hebelarmübersetzung, b) die in diesem Augenblick auf das Ventil wirkende Kraft?

11. Das Sicherheitsventil **(Bild 5)** benötigt eine Schließkraft von 120 N, die durch ein am Schließhebel angehängtes Gewicht von 3 kg bewirkt wird. Der Schließhebel hat eine Länge von 175 mm. Wie groß ist der Abstand zwischen dem Ventil und der Aufhängung des Gewichts?

12. Zum Ausrücken einer Kupplung ist am Ausrücker eine Kraft von 1280 N erforderlich. Die Hebelübersetzung des Ausrückhebels beträgt 0,45. Das Kupplungspedal hat eine Übersetzung von 0,42. Wie groß ist die erforderliche Pedalkraft?

13. Ein Bremspedal wirkt über einen einseitigen Hebel auf die Kolbenstange des Hauptzylinder. Beim Bremsen wird eine Fußkraft von 360 N aufgebracht. Die Hebelarme sind $r_1 = 280$ mm und $r_2 = 80$ mm. Berechnen Sie a) die Kolbenstangenkraft, b) die Hebelarmübersetzung.

14. Ein Handbremshebel wird mit einer Handkraft von 150 N betätigt. Dadurch wird im eingehängten Zugseil eine Kraft von 900 N erzeugt. Der große Hebelarm ist $r_1 = 450$ mm. a) Fertigen Sie eine Systemskizze an. b) Wie groß ist der kleine Hebelarm $r_2$? c) Berechnen Sie die Kraftübersetzung.

15. Auf einen Ventilfederspanner **(Bild 6)** wirkt die Spannkraft der Ventilfeder mit 620 N. Die Hebelarme sind $r_1 = 320$ mm und $r_2 = 40$ mm. Berechnen Sie a) die Hebelarmübersetzung, b) die Betätigungskraft am Handgriff.

16. Ein Motor wiegt 165 kg. Er hängt nach dem Ausbau an einem hydraulischen Montagekran **(Bild 7)**. Die wirksamen Hebelarme sind $r_1 = 1380$ mm und $r_2 = 364$ mm. Berechnen Sie a) die Hubkraft im Tragseil, b) die Hebelarmübersetzung, c) die Kolbenstangenkraft des Hydraulikzylinders in N und in daN.

17. Der Hydraulikkolben eines Werkstattkrans **(Bild 7)** erzeugt eine maximale Kraft von 7200 N. Die wirksamen Hebelarme sind $r_1 = 1480$ mm und $r_2 = 360$ mm. Berechnen Sie a) die maximale Hubkraft am Kranhaken, b) die Kraftübersetzung. c) Welche höchste Last kann angehoben werden?

18. Der Handbremshebel der Vorderradbremse eines Mopeds hat die Hebelarmübersetzung 0,36. Bremshebel und Bremsnocken der Trommelbremse haben eine Hebelarmübersetzung von 0,15. Die Spannkraft am Bremsnocken beträgt 2400 N. Berechnen Sie a) die Gesamtübersetzung, b) die Handkraft.

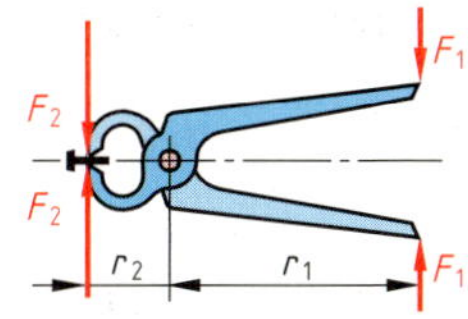


**Bild 1**

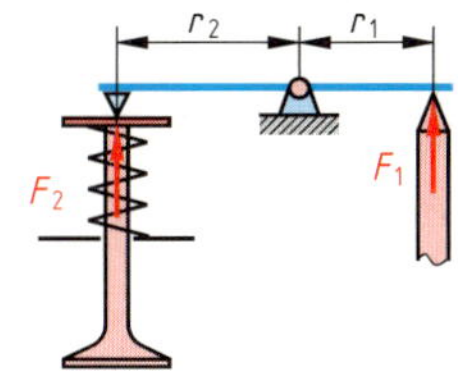


**Bild 2**

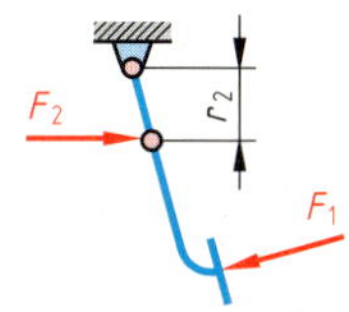


**Bild 3**

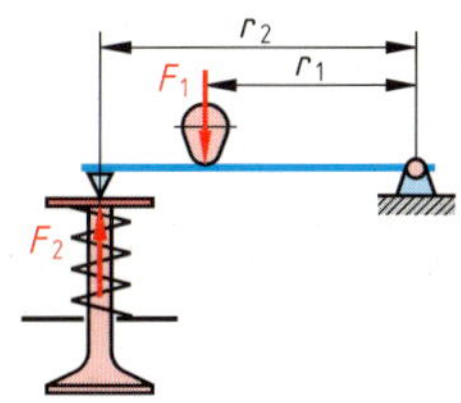


**Bild 4**

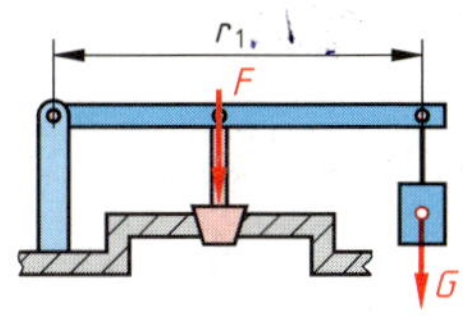


**Bild 5**

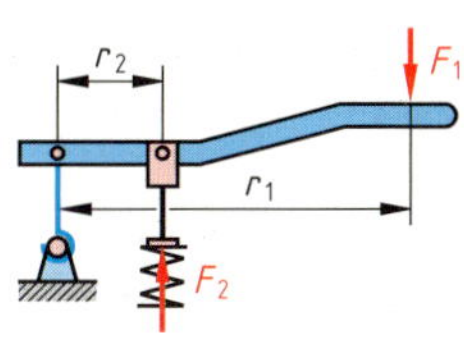


**Bild 6**

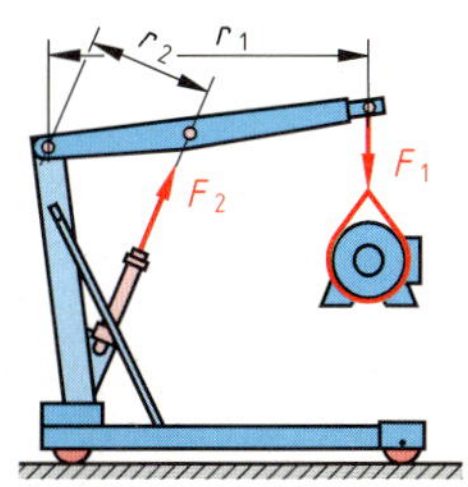


**Bild 7**

## 2.13 Auflagerkräfte, Achskräfte

Durch Kräfte beanspruchte Bauteile, z. B. Achsen, Wellen, Träger, Fahrzeugrahmen verteilen ihre wirkenden Kräfte, die z. B. durch Lasten hervorgerufen werden, auf die abstützenden Auflager. Daraus ergeben sich dann die Auflagerkräfte. Gleichgewichtszustand am tragenden Bauteil kommt zustande durch:

| Momentengleichgewicht | Kräftegleichgewicht |
|---|---|
| Die Summe der linksdrehenden Momente ist gleich der Summe der rechtsdrehenden Momente. | Die Summe der Lastkräfte ist gleich der Summe der Auflagerkräfte. |

Die eine Auflagerkraft berechnet man mit Hilfe des Momentengleichgewichts. Dazu wird als Drehpunkt der Auflagepunkt der anderen Auflagerkraft angenommen.

Die zweite Auflagerkraft kann mit Hilfe der Gleichung für das Kräftegleichgewicht ermittelt werden.

| Lösungsplan zur Berechnung von Auflager- und Achskräften | |
|---|---|
| 1. | Anfertigung einer Skizze als Balkenmodell |
| 2. | Eintragung der Kraftpfeile |
| 3. | Drehpunkt für das Momentengleichgewicht festlegen |
| 4. | Eintragung der Hebelarme |
| 5. | Aufstellung des Momentengleichgewichts |
| 6. | Aufstellung des Kräftegleichgewichts |

**Momentengleichgewicht**

$$\Sigma \overset{\frown}{M} = \Sigma \overset{\frown}{M}$$

bezüglich Drehpunkt in B

$$F_A = \frac{F_1 \cdot l_1 + F_2 \cdot l_2 \ldots}{l}$$

**Kräftegleichgewicht**

$$\Sigma F \uparrow = \Sigma F \downarrow$$

$$F_A + F_B = F_1 + F_2 \ldots$$

| | |
|---|---|
| $\Sigma \overset{\frown}{M}$ | Summe linksdrehende Drehmomente in Nm |
| $\Sigma \overset{\frown}{M}$ | Summe rechtsdrehende Drehmomente in Nm |
| $F_A$ | Auflagerkraft im Auflager A in N |
| $F_B$ | Auflagerkraft im Auflager B in N |
| $F_1, F_2 \ldots$ | Kräfte in N |
| $l, l_1, l_2 \ldots$ | wirksame Hebellängen in m |

**Beispiel 1**

Ein Brückenlaufkran **(Bild 1)** überspannt eine Montagehalle. Die Kranbrücke ist im Abstand von 24 m aufgelagert. Sie hat eine Gewichtskraft von 60 000 N. Die Laufkatze befindet sich momentan 16 m vom rechten Auflager entfernt. Die Kranbrücke wird von der Laufkatze einschließlich einer angehängten Last mit einer Gesamtkraft von 36 000 N belastet. Wie groß sind die Auflagerkräfte der Kranbrücke in N und in kN?

Gegeben: $G = F_1 = 60\,000$ N; $F_2 = 36\,000$ N; $l = 24$ m; $l_1 = 12$ m; $l_2 = 16$ m

Gesucht: $F_A$ in N und in kN; $F_B$ in N und in kN

**Lösung:** Momentengleichgewicht zur Bestimmung der Auflagerkraft $F_A$ bezüglich des Drehpunktes im rechten Auflager B:

$$\Sigma \overset{\frown}{M} = \Sigma \overset{\frown}{M}$$

$$F_A \cdot l = F_1 \cdot l_1 + F_2 \cdot l_2$$

$$F_A = \frac{F_1 \cdot l_1 + F_2 \cdot l_2}{l} = \frac{60\,000\ \text{N} \cdot 12\ \text{m} + 36\,000\ \text{N} \cdot 16\ \text{m}}{24\ \text{m}} =$$

$$= \mathbf{54\,000\ N = 54\ kN}$$

Kräftegleichgewicht zur Bestimmung der Auflagerkraft $F_B$:

$$\Sigma F \uparrow = \Sigma F \downarrow$$

$$F_A + F_B = F_1 + F_2$$

$$F_B = F_1 + F_2 - F_A = 60\,000\ \text{N} + 36\,000\ \text{N} - 54\,000\ \text{N} =$$

$$= \mathbf{42\,000\ N = 42\ kN}$$

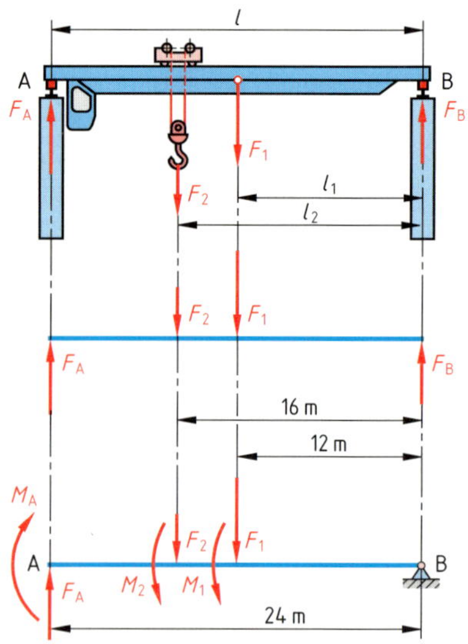


**Bild 1**

**Achskräfte von Fahrzeugen** werden für Vorder- und Hinterachse mit den Rechengängen für die Auflagerkraftbestimmung berechnet.

**Beispiel 2**

Ein Pkw **(Bild 1)** hat ein Gesamtgewicht von 1800 kg. Er hat einen Radstand von 2790 mm. Der Schwerpunktabstand von der Hinterachse beträgt 1240 mm. Errechnen Sie die Achskraft für die Vorder- und für die Hinterachse.

Gegeben: $m = 1800$ kg; $l_1 = 1240$ mm; $l = 2790$ mm

Gesucht: $F_v$ in N; $F_h$ in N

**Lösung:** $F_1 = G = m \cdot g = 1800\ \text{kg} \cdot 9{,}81\ \text{m/s}^2 = 17\,658\ \text{N}$

$$F_v = F_A = \frac{F_1 \cdot l_1}{l} = \frac{17\,658\ \text{N} \cdot 1240\ \text{mm}}{2790\ \text{mm}} = \mathbf{7848\ N}$$

$$F_h = F_B = F_1 - F_A = 17\,658\ \text{N} - 7848\ \text{N} = \mathbf{9810\ N}$$

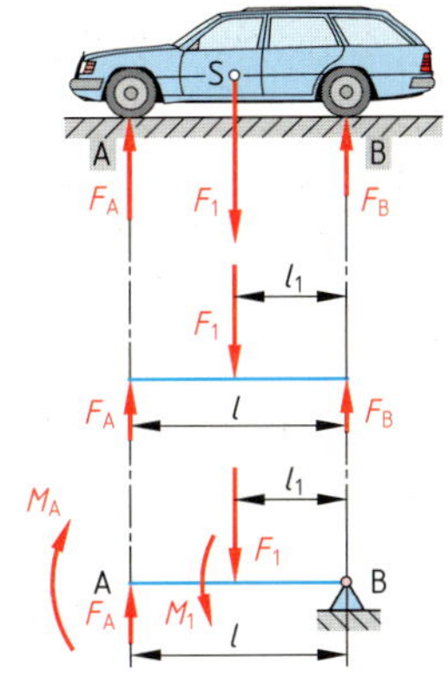


Bild 1

**Beispiel 3**

Ein Lkw **(Bild 2)** hat ein Leergewicht von 2500 kg. Seine Zuladung ist 5000 kg. Berechnen Sie seine Achskräfte unter der Annahme, dass der Drehpunkt für das Momentengleichgewicht in A bei der Vorderachse liegt.

Gegeben: Abstände vom Drehpunkt A: $l_1 = 1800$ mm; $l_2 = 3000$ mm; $l = 4000$ mm; $m_F = 2500$ kg; $m_L = 5000$ kg

Gesucht: $F_v$ in N; $F_h$ in N

**Lösung:** $F_1 = G_F = m_F \cdot g = 2500\ \text{kg} \cdot 9{,}81\ \text{m/s}^2 = 24\,525\ \text{N} \approx 25\,000\ \text{N}$

$F_2 = G_L = m_L \cdot g = 5000\ \text{kg} \cdot 9{,}81\ \text{m/s}^2 = 49\,050\ \text{N} \approx 50\,000\ \text{N}$

Momentengleichgewicht bezüglich Drehpunkt in A:

$$F_B = \frac{F_1 \cdot l_1 + F_2 \cdot l_2}{l} = \frac{25\,000\ \text{N} \cdot 1800\ \text{mm} + 50\,000\ \text{N} \cdot 3000\ \text{mm}}{4000\ \text{mm}}$$

$F_B = \mathbf{48\,750\ N}$

Kräftegleichgewicht:

$F_A = F_1 + F_2 - F_B = 25\,000\ \text{N} + 50\,000\ \text{N} - 48\,750\ \text{N} = \mathbf{26\,250\ N}$

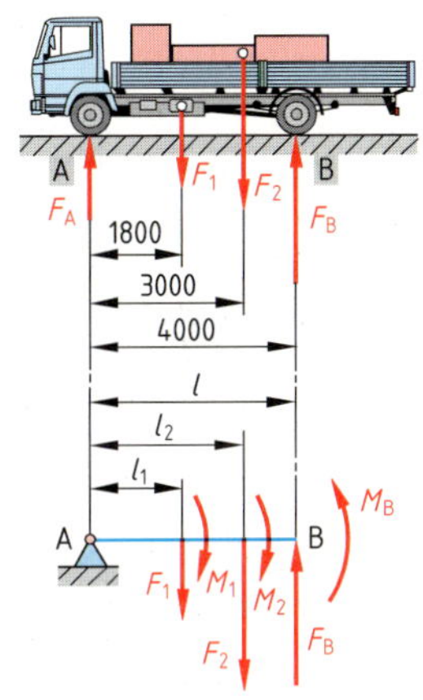


Bild 2

## Aufgaben

1. Der Anker eines Generators **(Bild 3)** wiegt einschließlich der Ankerwelle 12 t. Der Lagerabstand $l$ beträgt 5500 mm. Der Schwerpunktabstand $l_1$ zum Lager A beträgt 3250 mm. Errechnen Sie die Auflagerkräfte.
2. Ein Laufkran **(Bild 4)** überspannt eine Montagehalle der Breite 25 m. Die Laufkatze befindet sich momentan 15 m von der linken Hallenwand entfernt. Am Kranhaken hängt eine Last von 900 kg. Wie verteilt sich die Last auf die 4 Laufrollen der Kranbrücke?
3. Eine Brücke überspannt einen Fluss. Ihre Auflager haben einen Abstand von 48 m. Ein Lkw mit einem Gewicht von 16 t belastet die Brücke 8 m vom linken Auflager. Wie verteilt sich die Belastung der Brücke durch den Lkw auf die Auflager?
4. Ein Pkw hat ein zulässiges Gesamtgewicht von 1810 kg. Der Radstand beträgt 2636 mm. Sein Schwerpunktabstand zur Hinterachse ist $l_2 = 1260$ mm. Berechnen Sie für Vorder- und Hinterachse die Achskräfte.
5. Ein Pkw hat ein Gesamtgewicht von 1800 kg. Seine Vorderachskraft beträgt 7848 N, die Hinterachskraft 9810 N. Das Fahrzeug hat einen Radstand von 2260 mm. Berechnen Sie den Schwerpunktabstand von der Vorderachse und von der Hinterachse.

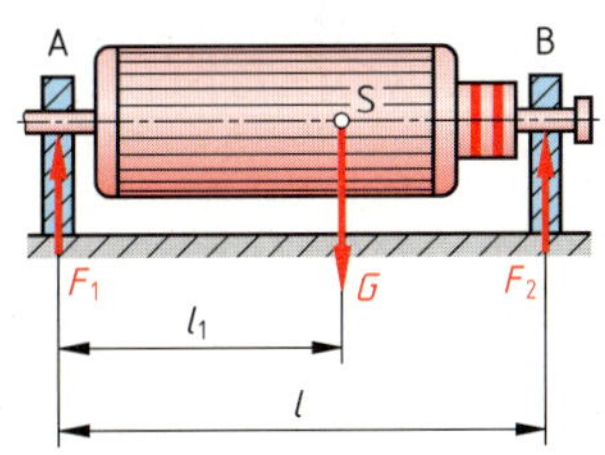


Bild 3

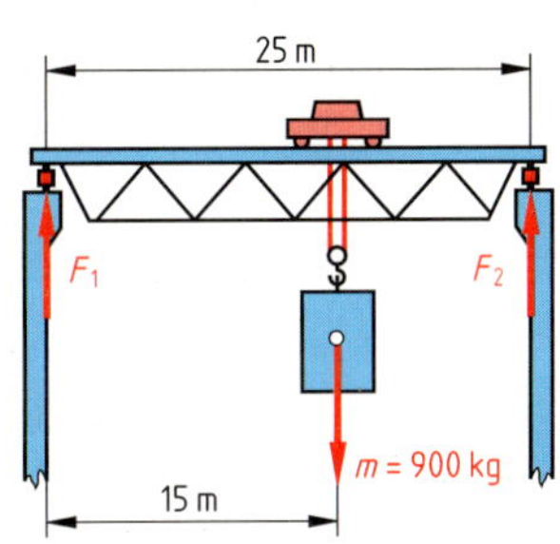


Bild 4

6. Am Ende eines Sprungbretts steht ein Springer **(Bild 1)**. Er wiegt 75 kg. Berechnen Sie die in den Auflagern des Sprungbretts wirkenden Kräfte.

7. Ein Pkw hat ein Gewicht von 1500 kg. Der Schwerpunktabstand zur Vorderachse beträgt 1000 mm. Die Achslastverteilung auf Vorder- und Hinterachse ist 60% zu 40%. Berechnen Sie die Achslasten und die Achskräfte. Wie groß ist der Radstand des Fahrzeugs?

8. Ein Einachsanhänger wiegt mit der Zuladung 750 kg. Sein Gesamtschwerpunkt liegt 450 mm vor der Anhängerachse. Die Anhängerkupplung hat einen Abstand von 2,1 m zur Anhängerachse. Welche Stützkraft wirkt an der Kugel der Anhängevorrichtung? Welche Achslast hat der Anhänger?

9. Ein Lkw für den Containertransport **(Bild 2)** lädt einen Container auf. a) Berechnen Sie die Vorder- und die Hinterachskraft beim Anheben. b) Wie groß sind dabei die Radlasten an den Vorder- und an den Hinterrädern? c) Bei welcher Last beginnt die Vorderachse abzuheben?

10. Ein Lkw **(Bild 3)** hat ein Leergewicht von 6000 kg. Er hat eine Maschine von 4000 kg Gewicht geladen. Die Schwerpunktabstände zur Vorderachse sind 1500 mm und 3000 mm. Der Radstand beträgt 4000 mm. Wie groß sind die Achskräfte?

11. Ein Traktor **(Bild 4)** hat ein Leergewicht von 1800 kg. Sein Radstand ist $l$ = 2700 mm. Der Schwerpunktabstand $l_1$ des Fahrzeugs zur Vorderachse ist 1500 mm. Auf einer Hilfsladefläche befindet sich eine 75 kg schwere Zuladung. Der Abstand des Schwerpunkts der Ladung zur Hinterachse beträgt $l_4$ = 1400 mm. Berechnen Sie a) die Achskräfte des unbeladenen Traktors, b) die Entlastung der Vorderachse durch die Zuladung, c) die Achskräfte des beladenen Traktors.

12. An einem Pkw ist ein Anhänger angekuppelt **(Bild 5)**. Der Abstand $l_3$ zwischen Kugel der Anhängevorrichtung und der Anhängerachse beträgt 2400 mm. Der Anhänger ist mit einer Last $m_1$ = 400 kg im Abstand $l_1$ = 400 mm von der Anhängerachse und mit einer Last $m_2$ = 300 kg im Abstand $l_2$ = 300 mm von der Anhängerachse beladen. Der Pkw hat einen Radstand von $l_4$ = 2636 mm. Der Abstand zwischen dem Kugelkopf der Anhängevorrichtung und der Hinterachse des Pkw beträgt $l_5$ = 1170 mm. a) Berechnen Sie die Stützlast am Kugelkopf der Anhängevorrichtung. b) Welche zusätzliche Hinterachskraft ergibt sich aufgrund der Stützlast? c) Wie groß ist die Entlastung der Vorderachse aufgrund der Stützlast?

13. Ein vollbeladener, zweiachsiger Lkw hat ein Gewicht von 17,6 t. Seine Achslastverteilung von Vorder- zu Hinterachse ist 4 : 6. Berechnen Sie die Achskräfte und die Radlasten.

14. Ein Sattelkraftfahrzeug **(Bild 6)** besteht aus der Sattelzugmaschine und dem Sattelanhänger. Berechnen Sie a) das Zuggesamtgewicht, b) die Achskraft und die Achslast des Sattelanhängers, c) die Aufliegekraft und die Sattellast an der Sattelkupplung, d) die Achskräfte und die Achslasten der Zugmaschine, e) die Radlast an der Vorderachse der Zugmaschine.

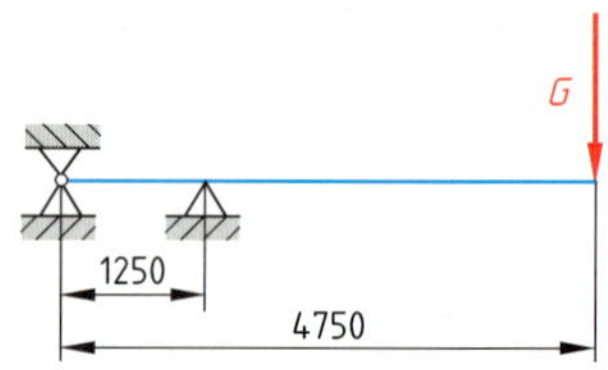

**Bild 1**

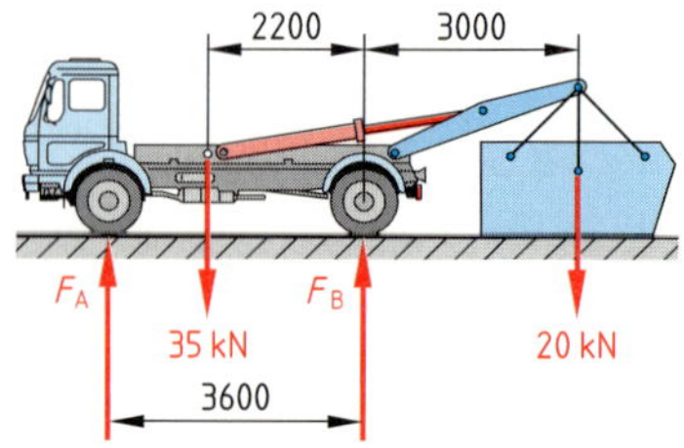

**Bild 2**

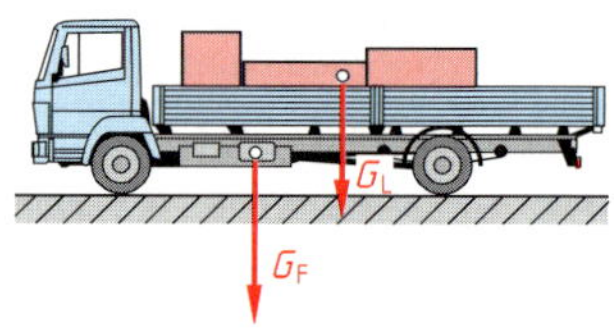

**Bild 3**

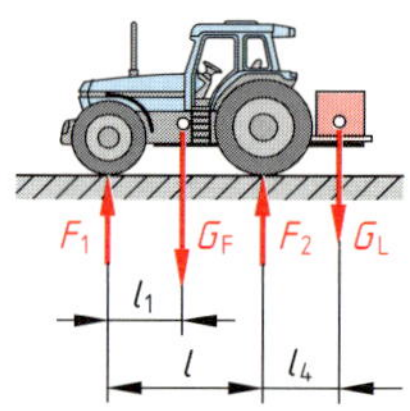

**Bild 4**

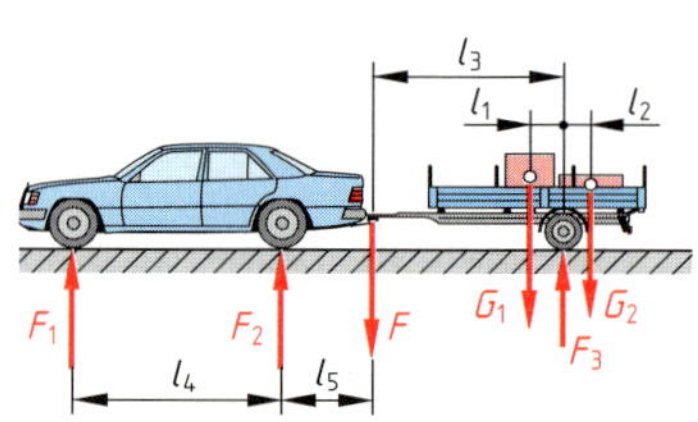

**Bild 5**

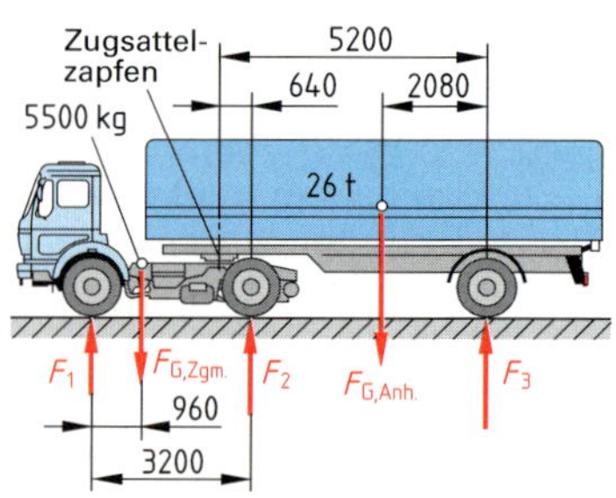

**Bild 6**

## 2.14 Rollen, Flaschenzüge

### Feste Rolle

Rollen dienen zur Umlenkung von Kräften. Die erforderliche Zugkraft $F$ am Seil ist so groß wie die Gewichtskraft $G$ der Last. Der Kraftweg $s$ ist gleich dem Lastweg $h$.

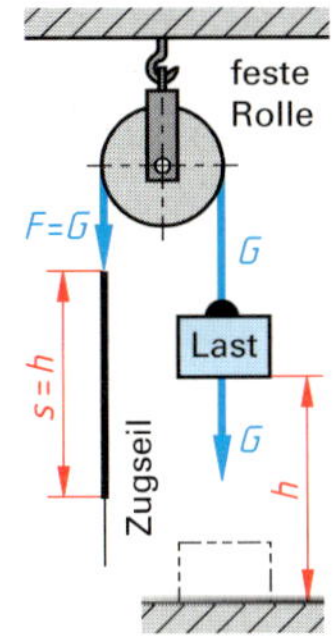


$$F = G$$

$$s = h$$

$F$ Kraft in N
$G$ Gewichtskraft der Last in N
$s$ Kraftweg in m
$h$ Lastweg in m (Hubhöhe)
$z$ Anzahl der Rollen bzw. tragenden Seilstränge

### Feste und lose Rolle (einfacher Flaschenzug)

Feste und lose Rolle verteilen die Last gleichmäßig auf zwei Seilstränge. Die Kraft $F$ am Zugseil ist daher nur halb so groß wie die Gewichtskraft der Last $G$. Beim Heben der Last verkürzen sich die beiden tragenden Seilstränge $z$ je um den Lastweg $h$. Der Kraftweg am Zugseil $s$ ist doppelt so groß wie der Lastweg.

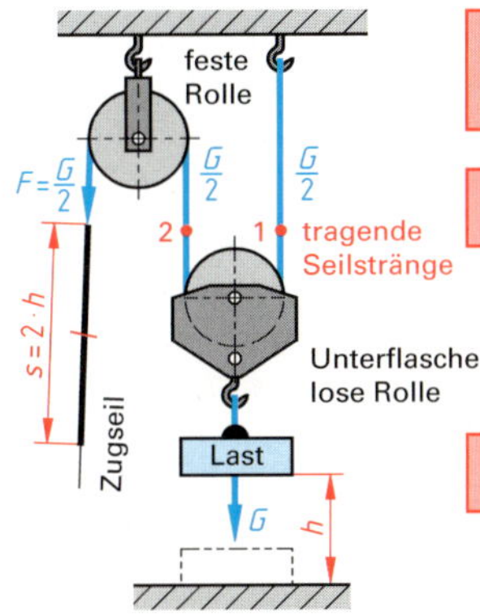


$$F = \frac{G}{2}$$

$$s = 2 \cdot h$$

$$F \cdot s = \frac{G}{2} \cdot 2 \cdot h$$

$$F \cdot s = G \cdot h$$

$$F = \frac{G \cdot h}{s}$$

$$G = \frac{F \cdot s}{h}$$

**Beispiel**

Mit einer festen und einer losen Rolle soll eine Fahrzeugachse mit einer Gewichtskraft von 400 N auf eine Höhe von 2 m hochgehoben werden. Wie groß sind a) die Kraft am Zugseil, b) der Kraftweg?

Gegeben: $G = 400$ N; $h = 2$ m

Gesucht: a) $F$ in N; b) $s$ in m

**Lösung:** a) $F = \frac{G}{2} = \frac{400\text{ N}}{2} = \mathbf{200\text{ N}}$; b) $s = 2 \cdot h = 2 \cdot 2\text{ m} = \mathbf{4\text{ m}}$

### Flaschenzug

Ein Flaschenzug hat mehrere feste und lose Rollen. Die festen bzw. losen Rollen sind nebeneinander oder untereinander angeordnet. Die Gewichtskraft der Last $G$ verteilt sich gleichmäßig auf die tragenden Seilstränge $z$. Die Zahl der tragenden Seilstränge ist gleich der Summe der festen und losen Rollen des betreffenden Flaschenzuges.

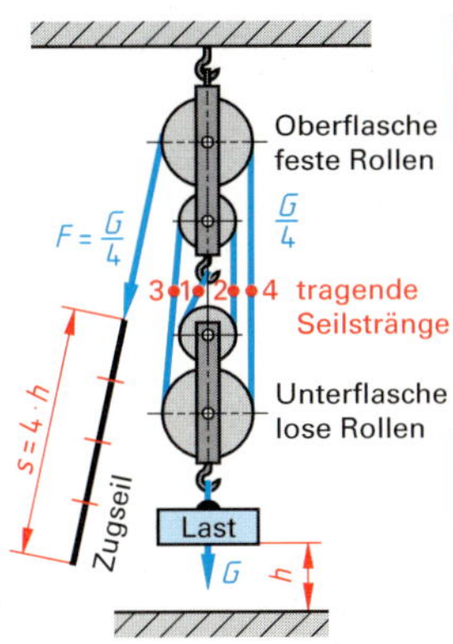


$$F = \frac{G}{z}$$

$$G = z \cdot F$$

$$z = \frac{G}{F}$$

$$s = z \cdot h$$

$$h = \frac{s}{z}$$

$$z = \frac{s}{h}$$

**Beispiel**

Ein Flaschenzug hat 6 Rollen (3 feste und 3 lose Rollen). Eine Last mit einer Gewichtskraft von 2400 N soll 3,5 m hochgehoben werden. a) Wie groß ist die erforderliche Zugkraft? b) Wie lang ist der Kraftweg?

Gegeben: $z = 6$; $G = 2400$ N

Gesucht: a) $F$ in N; b) $s$ in m

**Lösung:** a) $F = \frac{G}{z} = \frac{2400\text{ N}}{6} = \mathbf{400\text{ N}}$; b) $s = z \cdot h = 6 \cdot 3{,}5\text{ m} = \mathbf{21\text{ m}}$

## Aufgaben

1. Mit einer festen Rolle soll ein Kübel mit einem Gewicht (Masse) von 6,5 kg gefüllt mit 25 l Zementmörtel, Dichte = 1,4 kg/dm³, hochgezogen werden. Welche Zugkraft muss überschritten werden?
2. Ein Getriebe mit einer Gewichtskraft von 640 N soll mit einem einfachen Flaschenzug hochgehoben werden. Die lose Rolle hat eine Gewichtskraft von 120 N. Die Reibungskräfte bleiben unberücksichtigt. Wie groß ist die Kraft am Zugseil?
3. An einer festen und losen Rolle wird mit 430 N gezogen und eine Last 1,4 m angehoben. Die lose Rolle hat 60 N Gewichtskraft. Wie groß ist a) die Gewichtskraft der Last, b) der Kraftweg?
4. Mit einem Rollenflaschenzug, der aus zwei festen und zwei losen Rollen besteht, soll eine Hinterachse mit einer Gewichtskraft von 1600 N auf eine Höhe von 1,5 m angehoben werden. a) Welche Zugkraft ist am Zugseil erforderlich? b) Wie groß ist die verrichtete Arbeit?
5. Ein Rollenflaschenzug hat 6 tragende Seilstränge. Die Zugkraft beträgt 250 N. Welche Last wird gehoben?
6. Mit einem Flaschenzug soll eine Last mit einer Gewichtskraft von 2400 N gehoben werden. Die Zugkraft am Zugseil soll nicht mehr als 300 N betragen. Wie viel tragende Stränge muss der Flaschenzug mindestens haben?
7. Mit einem Rollenflaschenzug mit drei festen und drei losen Rollen soll mit einer Kette, die eine Gewichtskraft von 65 N hat, ein Motor mit einer Gewichtskraft von 1850 N aus einem Fahrzeug herausgehoben werden. Die Unterflasche hat eine Gewichtskraft von 50 N. Die Hubhöhe beträgt 1,2 m. Wie groß ist a) die Zugkraft am Zugseil, b) der Kraftweg, c) die verrichtete Hubarbeit?

## 2.15 Reibung

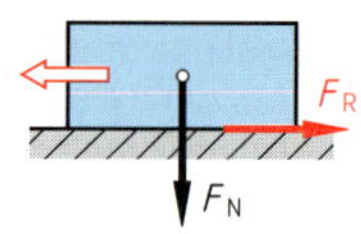


Werden zwei Körper gegeneinander gedrückt, z. B. ein Körper drückt durch sein Gewicht auf seine Unterlage, und wirkt eine Verschiebekraft auf einen Körper ein, so entsteht Reibung. Die Reibungskraft ist die Widerstandskraft, die der Verschiebung entgegenwirkt.

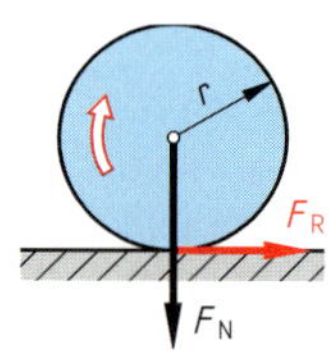


Die Reibungskraft $F_R$ ist abhängig von der Kraft $F_N$, mit der die Körper senkrecht aufeinander gedrückt werden (Normalkraft) und der Reibungszahl $\mu$, die durch Versuche bestimmt wird. Tabellen für Reibungszahlen siehe Tabellenbuch Kraftfahrzeugtechnik.

Man unterscheidet Haftreibung, Gleitreibung und Rollreibung.

**Haftreibungskraft** ist der Widerstand, den ein in Ruhe befindlicher Körper seiner Bewegung bzw. Verschiebung entgegensetzt.

**Gleitreibungskraft** ist der Widerstand, den ein im Gleiten (Bewegung) befindlicher Körper dem Gleiten entgegensetzt. Die Gleitreibungskraft ist immer kleiner als die Haftreibungskraft.

**Rollreibungskraft** ist der Widerstand, den ein rollender Körper seiner Bewegung entgegensetzt. Die Rollreibungskraft ist wesentlich kleiner als die Gleitreibungskraft.

$$F_R = F_N \cdot \mu$$

$$F_N = \frac{F_R}{\mu}$$

$$\mu = \frac{F_R}{F_N}$$

$F_R$ Reibungskraft in N
$F_N$ Normalkraft in N
$\mu$ Reibungszahl
$\mu_H$ Haftreibungszahl
$\mu_G$ Gleitreibungszahl
$\mu_R$ Rollreibungszahl

**Beispiel**

Eine Kiste mit einer Gewichtskraft von 600 N soll verschoben werden; die Haftreibungszahl ist 0,7. Welche Kraft ist zum Anschieben erforderlich?

Gegeben: $F_N = 600$ N; $\mu_H = 0{,}7$

Gesucht: $F_R$ in N

**Lösung:** $F_R = F_N \cdot \mu_H = 600\ \text{N} \cdot 0{,}7 = \mathbf{420\ N}$

## Aufgaben

1. Auf das Antriebsrad eines Kfz wirkt eine Gewichtskraft von $F_N$ = 2625 N. Die Haftreibungszahl zwischen Reifen und Fahrbahn beträgt $\mu$ = 0,5. Wie groß ist die größte übertragbare Antriebskraft $F_R$?
2. Eine Kiste mit einer Gewichtskraft von 600 N wird mit einer Kraft von 420 N verschoben. Wie groß ist die Haftreibungszahl?
3. In einer Werkstatt wird eine Maschine ein Stück zur Seite geschoben. Die Haftreibungszahl beträgt 0,5; die zur Überwindung der Haftreibung erforderliche Kraft 800 N. Welche Gewichtskraft hat die Maschine?
4. Eine Drehmaschine mit einem Gewicht von 840 kg wurde verschoben. Beim Anschieben war eine Kraft von 4320 N und während des Verschiebens eine Kraft von 3600 N erforderlich. Wie groß war a) die Haftreibungszahl, b) die Gleitreibungszahl?
5. Ein Pkw mit einem Gesamtgewicht von 1460 kg hat beim Bremsen ein Achslastverhältnis Vorder- zur Hinterachse von 60%/40%. Die Haftreibungszahl zwischen Reifen und Fahrbahn aus Asphalt beträgt in trockenem Zustand 0,6 und bei vereister Fahrbahn 0,04. Wie groß ist beim Bremsen die größtmögliche Haftreibungskraft an der Vorder- und der Hinterachse a) bei trockener Fahrbahn, b) bei vereister Fahrbahn?
6. Ein Lagerzapfen übt auf das Gleitlager eine Normalkraft von 6400 N aus. Die Gleitreibungszahl zwischen Lagerzapfen und Gleitlager beträgt 0,06. Wie groß ist die Gleitreibungskraft?
7. Ein Schlitten mit einem Gewicht von 9,5 kg, auf dem ein Kind mit einem Gewicht von 28 kg sitzt, wird gezogen. Die Gleitreibungszahl zwischen Schlittenkufen und Schnee beträgt 0,025. Welche Zugkraft ist erforderlich?
8. Bei einer Scheibenbremse **(Bild 1)** werden die Bremsbeläge mit einer Kraft von je 12 kN an die Bremsscheibe gepresst. Die Reibungszahl zwischen Scheibe und Bremsbelag ist 0,35. Wie groß ist die Bremskraft an der Bremsscheibe?
9. Bei der Außenbackenbremse eines Baggers **(Bild 2)** wirkt an der Trommel eine Bremskraft (Umfangskraft) von 5500 N. Jeder Bremsklotz wird dabei mit einer Kraft von 8300 N gegen die Bremstrommel gepresst. Wie groß ist die Gleitreibungszahl zwischen Trommel und Bremsbelag?
10. Der Werkzeugschlitten einer Drehmaschine hat ein Gewicht von 142 kg. Die Gleitreibungszahl zwischen Bettführung und Werkzeugschlitten beträgt 0,08. Welche Verschiebekraft ist beim Leerzug mindestens erforderlich?
11. Am Rollenstößel eines Diesel-Einspritzpumpenelements **(Bild 3)** wirkt zur Erzeugung des Einspritzdruckes eine Hubkraft von 3250 N. Die Rollreibungszahl zwischen dem Nocken der Pumpenwelle und der Rolle des Rollenstößels ist 0,008; die Gleitreibungszahl der Rolle des Rollenstößels auf ihrer Achse ist 0,09. Wie groß ist a) die Rollreibung zwischen Nocken und Rolle, b) die Gleitreibung der Rolle auf ihrer Achse?
12. Ein Pkw-Anhänger mit einem Gesamtgewicht von 750 kg soll auf einem Betonboden bewegt werden. Die Rollreibungszahl für Luftreifen auf Beton beträgt 0,015. Wie groß ist die erforderliche Kraft?
13. Auf ebener Straße wird ein Pkw mit einer Kraft von 250 N geschoben. Die Rollreibungszahl für Luftreifen auf Asphalt beträgt 0,02. Wie groß ist a) die Gewichtskraft, b) das Gewicht des Pkw?

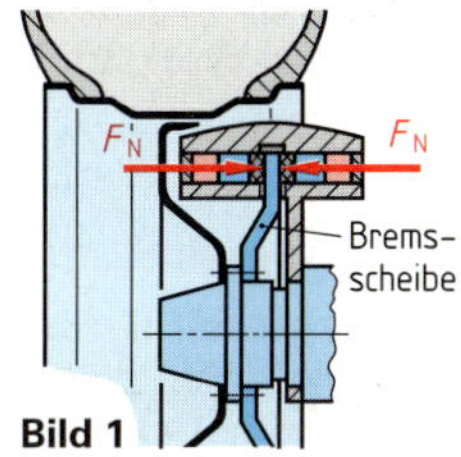

**Bild 1**

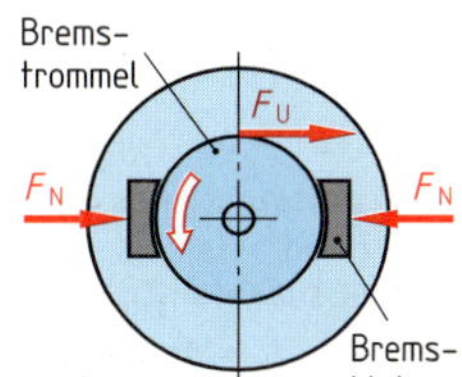

**Bild 2**

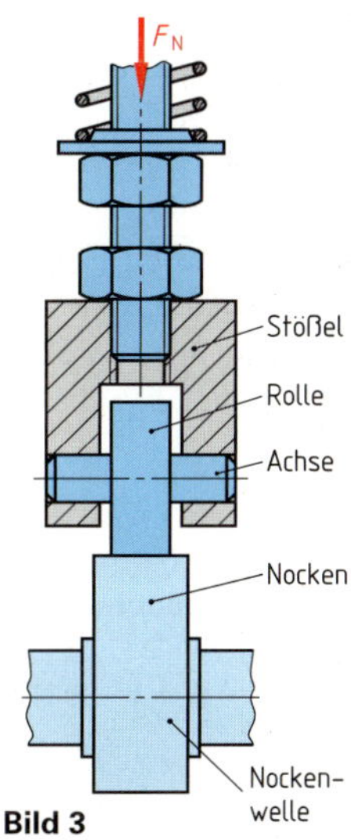

**Bild 3**

## 2.16 Festigkeit

### 2.16.1 Zugfestigkeit

Wird ein Werkstück durch eine Kraft $F$ auf Zug beansprucht, so entsteht in seinem Inneren eine Zugspannung $\sigma$, die Formänderungen bzw. Bruch des Werkstückes zur Folge haben kann. Die Zugspannung ist der Widerstand, den jeder $mm^2$ vom Querschnitt $S$ der Beanspruchung entgegensetzt.

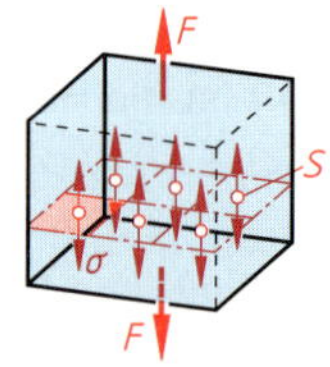


Als Zugfestigkeit $R_m$ bezeichnet man die Zugspannung, bei der der Bruch des Werkstückes eintritt (Bruchgrenze).

Um Schäden und Unfallgefahren vorzubeugen, müssen Bauteile von Fahrzeugen und Maschinen so bemessen sein, dass sie in Abhängigkeit vom Werkstoff nicht immer bis zur Festigkeit $R_m$ des Werkstoffes, sondern evtl. nur bis zu seiner Streckgrenze $R_e$ oder seiner Dehngrenze $R_{p\,0,2}$ beansprucht werden. Weiterhin muss stets eine entsprechende Sicherheit vorhanden sein. Die Sicherheit wird durch die Sicherheitszahl $\nu$ gekennzeichnet. Sie gibt an mit welchem Teil der Belastungsgrenze das Werkstück beansprucht werden darf.

Abhängig vom Werkstoff gilt als Belastungsgrenze:

- Zugfestigkeit $R_m$ für spröde Werkstoffe (GG)
- Streckgrenze $R_e$ für zähe Werkstoffe (Stahl mit $R_m \leq 600\ N/mm^2$)
- 0,2 %-Dehngrenze $R_{p\,0,2}$ zähe Werkstoffe (Stahl mit $R_m > 600\ N/mm^2$)

$$\sigma = \frac{F}{S}$$

$$F = \sigma \cdot S$$

$$S = \frac{F}{\sigma}$$

$$R_m = \frac{F_m}{S}$$

$$F_m = R_m \cdot S$$

$$S = \frac{F_m}{R_m}$$

$$\sigma_{zul} = \frac{R_m}{\nu}$$

$$\nu = \frac{R_m}{\sigma_{zul}}$$

$$R_m = \sigma_{zul} \cdot \nu$$

$$F_{zul} = \sigma_{zul} \cdot S$$

$$\sigma_{zul} = \frac{F_{zul}}{S}$$

$$S = \frac{F_{zul}}{\sigma_{zul}}$$

**Beispiel 1**

Eine Zugstange aus Stahl S235JR ($R_e$ = 230 $N/mm^2$) wird mit einer Kraft von 12 000 N belastet. Es wird 5fache Sicherheit vorgeschrieben. Wie groß muss der Durchmesser der Zugstange sein?

Gegeben: $R_e = 230\ N/mm^2$; $F_{zul} = 12\,000\ N$; $\nu = 5$

Gesucht: $d$ in mm

**Lösung:** $$\sigma_{zul} = \frac{R_e}{\nu} = \frac{230\ N/mm^2}{5} = 46\ N/mm^2$$

$$S = \frac{F_{zul}}{\sigma_{zul}} = \frac{12\,000\ N}{46\ N/mm^2} = 260{,}87\ mm^2$$

$$d = \sqrt{\frac{4 \cdot S}{\pi}} = \sqrt{\frac{4 \cdot 260{,}87\ mm^2}{\pi}} = \mathbf{18{,}23\ mm}$$

**Beispiel 2**

Für eine Schraube M 8x30 – 6,8 ist eine 8fache Sicherheit gegen die Streckgrenze $R_e$ vorgeschrieben. Wie groß ist die zulässige Spannung?

Gegeben: $R_e = 6 \cdot 80\ N/mm^2 = 480\ N/mm^2$; $\nu = 8$

Gesucht: $\sigma_{zul}$ in $N/mm^2$

**Lösung:** $$\sigma_{zul} = \frac{R_e}{\nu} = \frac{480\ N/mm^2}{8} = \mathbf{60\ N/mm^2}$$

| | |
|---|---|
| $F$ | Zugkraft in N |
| $F_m$ | Höchstzugkraft in N |
| $F_{zul}$ | Zulässige Zugkraft in N |
| $S$ | Querschnitt in $mm^2$ |
| $\sigma$ | Zugspannung in $N/mm^2$ |
| $\sigma_{zul}$ | Zulässige Zugspannung in $N/mm^2$ |
| $\nu$ | Sicherheitszahl (Sicherheit) |
| $R_m$ | Zugfestigkeit in $N/mm^2$ evtl. $R_e$ oder $R_{p\,0,2}$ in $N/mm^2$ |

## Aufgaben

1. Ein Rundstahl mit einem Durchmesser von $d = 11$ mm ist unter Einwirkung einer Zugkraft von $F = 50\,350$ N gerissen. Wie groß ist die Zugfestigkeit $R_m$?
2. An einer Kette **(Bild 1)** aus Stahl S185 ($R_e = 180$ N/mm²), $d = 5$ mm, hängt eine Last mit einer zulässigen Gewichtskraft von 3000 N. Wie groß ist a) die zulässige Zugspannung, b) die Sicherheit gegen die Streckgrenze bei Zugbeanspruchung?
3. Eine rohrförmige Abschleppstange aus Stahl ($R_e = 350$ N/mm²) hat einen Außendurchmesser von 30 mm und einen Innendurchmesser von 24,8 mm. Wie groß ist ihre zulässige Zugkraft bei 5facher Sicherheit gegen die Streckgrenze?
4. Der Werkstoff für eine Zugstange darf bei 2,5facher Sicherheit gegen die Streckgrenze eine zulässige Zugspannung von 152 N/mm² nicht überschreiten. a) Wie groß muss die Streckgrenze des Werkstoffes sein? b) Welchen Durchmesser muss die Zugstange für eine Zugkraft von 45 000 N haben?
5. Die vier Befestigungsschrauben für den Zylinder eines luftgekühlten Motors müssen eine Kraft von 32 470 N aufnehmen. Der Schraubenwerkstoff hat eine Streckgrenze von 792 N/mm². a) Wie groß muss bei 3facher Sicherheit gegen die Streckgrenze der Spannungsquerschnitt sein? b) Welche Gewindegröße wird gewählt?
6. Ein Abschleppseil besteht aus 46 einzelnen Stahldrähten ($R_{p\,0,2} = 850$ N/mm²) mit je 1,3 mm Durchmesser. Wie groß ist die zul. Zugkraft bei 2facher Sicherheit gegen die 0,2%-Dehngrenze?

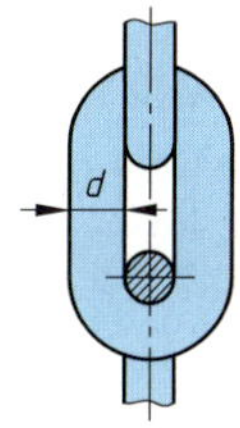

**Bild 1**

## 2.16.2 Druckfestigkeit

Wird ein Werkstück durch eine Druckkraft $F$ beansprucht, so entsteht in seinem Querschnitt $S$ eine Druckspannung $\sigma_d$. Als Druckfestigkeit $\sigma_{dB}$ bezeichnet man die Druckspannung, bei der das Werkstück bricht.

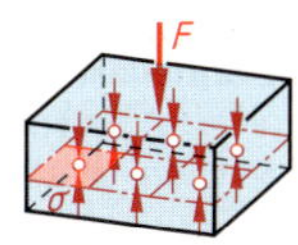


Auch bei der Druckbeanspruchung darf zur Sicherheit nur mit einem Teil der vom Werkstoff abhängigen Belastungsgrenze gerechnet werden.

Vom Werkstoff abhängige Belastungsgrenzen sind:
- Druckfestigkeit $\sigma_{dB}$ bei spröden Werkstoffen (GG)
- Quetschgrenze $\sigma_{dF}$ bei zähen Werkstoffen (St; $R_m \leq 600$ N/mm²)
- 0,2%-Stauchgrenze $\sigma_{d0,2}$ bei zähen Werkstoffen (St; $R_m > 600$ N/mm²)

Die zulässige Druckspannung $\sigma_{dzul}$ errechnet sich mit Hilfe der Sicherheitszahl $\nu$ und der vom Werkstoff abhängigen Belastungsgrenze.

Bei metallischen Werkstoffen ist die Druckfestigkeit größer als die Zugfestigkeit. Ist die zulässige Zugbeanspruchung bekannt, so kann die Berechnung der Druckbeanspruchung entfallen.

$$\sigma_d = \frac{F}{S}$$

$$F = \sigma_d \cdot S; \qquad S = \frac{F}{\sigma_d}$$

$$\sigma_{dB} = \frac{F_B}{S}$$

$$\sigma_{dzul} = \frac{\sigma_{dB}}{\nu}$$

$$F_{zul} = \sigma_{dzul} \cdot S$$

$$\sigma_{dzul} = \frac{F_{zul}}{S}; \qquad S = \frac{F_{zul}}{\sigma_{dzul}}$$

$F$ Druckkraft in N
$F_B$ Druckkraft beim Bruch in N
$F_{zul}$ Zulässige Druckkraft in N
$S$ Querschnitt in mm²
$\sigma_d$ Druckspannung in N/mm²
$\sigma_{dB}$ Druckfestigkeit in N/mm²
$\sigma_{dzul}$ Zulässige Druckspannung in N/mm²
$\nu$ Sicherheitszahl

**Beispiel**

Eine quadratische Platte aus Gusseisen mit einem Querschnitt von 256 cm² wird mit 5,12 MN belastet. Wie groß ist die Druckspannung?

Gegeben: $S = 256$ cm²; $F = 5{,}12$ MN $= 5\,120\,000$ N

Gesucht: $\sigma_d$ in N/mm²

**Lösung:** $\sigma_d = \frac{F}{S} = \frac{5\,120\,000\text{ N}}{25\,600\text{ mm}^2} = \mathbf{200\ N/mm^2}$

## Aufgaben

1. Eine kurze zylindrische Säule aus Gusseisen mit einem Querschnitt $S = 145\ cm^2$ wird mit einer Druckkraft $F = 2{,}6$ MN belastet. Wie groß ist die Druckspannung $\sigma_d$?
2. Die Druckschraube M 12 eines Abziehers ist aus Stahl mit einer 0,2%-Stauchgrenze von 640 $N/mm^2$ hergestellt. Wie groß ist ihre zulässige Druckkraft bei 2facher Sicherheit?
3. Eine Hohlsäule aus GG mit 800 $N/mm^2$ Druckfestigkeit wird mit einer Kraft von 3 200 000 N belastet. Ihr Innendurchmesser ist 90 mm. Es ist 2,5fache Sicherheit vorgegeben. Wie groß sind a) die zulässige Spannung und b) der Außendurchmesser der Säule?

## 2.16.3 Scherfestigkeit

Die Kraftwirkung ist bei der Zug- und Druckbeanspruchung immer senkrecht zum Querschnitt. Im Gegensatz wirkt bei der Scherbeanspruchung, die Kraft $F$ senkrecht dazu in Richtung des Querschnittes $S$. Dadurch wird das Werkstück auf Abscherung beansprucht und es entsteht die Scherspannung $\tau_a$. Wird die Scherfestigkeit $\tau_{aB}$ überschritten, so erfolgt das Abscheren.

Werkstücke, die bei Scherbelastung nicht abscheren sollen, dürfen zur Sicherheit nur bis zu einem Teil der Scherfestigkeit beansprucht werden.

Die zulässige Scherspannung $\tau_{zul}$ errechnet sich mit Hilfe der Sicherheitszahl $\nu$ aus der Scherfestigkeit.

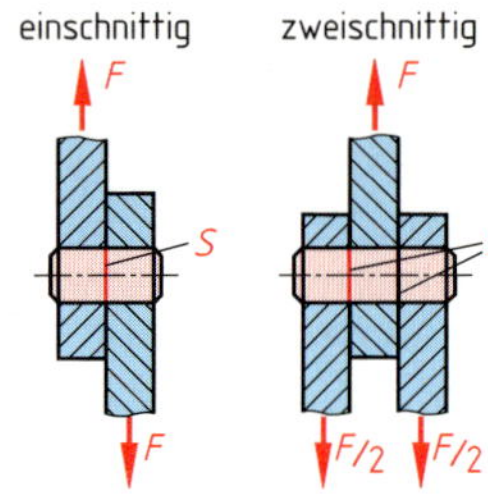


$S = \frac{\pi \cdot d^2}{4}$  $S = 2 \cdot \frac{\pi \cdot d^2}{4}$

$$\tau_a = \frac{F}{S}$$

$$\tau_{aB} = \frac{F_B}{S}$$

$$F_B = \tau_{aB} \cdot S; \quad S = \frac{F_B}{\tau_{aB}}$$

$$\tau_{azul} = \frac{\tau_{aB}}{\nu}$$

$$\tau_{aB} = \tau_{azul} \cdot \nu; \quad \nu = \frac{\tau_{aB}}{\tau_{azul}}$$

$$F_{zul} = \tau_{azul} \cdot S$$

$$\tau_{azul} = \frac{F_{zul}}{S}; \quad S = \frac{F_{zul}}{\tau_{azul}}$$

$$\tau_{aB} = 0{,}8 \cdot R_m$$

**Beispiel 1**

Bei einer Doppellaschenverbindung sind die Laschen durch einen Stahlbolzen mit 12 mm Durchmesser und 800 $N/mm^2$ Zugfestigkeit miteinander verbunden. Wie groß darf die Scherkraft bei 2,5facher Sicherheit sein?

Gegeben: $d = 12$ mm; $R_m = 800\ N/mm^2$; $\nu = 2$

Gesucht: $F_{zul}$ in kN

**Lösung:** $S = 2 \cdot \frac{\pi \cdot d^2}{4} = 2 \cdot \frac{\pi \cdot 12^2\ mm^2}{4} = 226\ mm^2$

$\tau_{aB} = 0{,}8 \cdot R_m = 0{,}8 \cdot 800\ N/mm^2 = 640\ N/mm^2$

$\tau_{azul} = \frac{\tau_{aB}}{\nu} = \frac{640\ N/mm^2}{2} = 320\ N/mm^2$

$F_{zul} = \tau_{azul} \cdot S = 320\ N/mm^2 \cdot 226\ mm^2$

$= \mathbf{78\,320\ N = 78{,}32\ kN}$

**Beispiel 2**

Mit einer Schlagschere wird Flachstahl 20 x 5 (S275JR; $R_m = 420\ N/mm^2$) abgetrennt. Wie groß muss die Scherkraft sein?

Gegeben: $l = 20$ mm; $b = 5$ mm; $R_m = 420\ N/mm^2$

Gesucht: $F_B$ in N

**Lösung:** $S = l \cdot s = 20\ mm \cdot 5\ mm = 100\ mm^2$

$\tau_{aB} = 0{,}8 \cdot R_m = 0{,}8 \cdot 420\ N/mm^2 = 336\ N/mm^2$

$F_B = \tau_{aB} \cdot S = 336\ N/mm^2 \cdot 100\ mm^2 = \mathbf{33\,600\ N}$

| | |
|---|---|
| $\tau_a$ | Scherspannung in $N/mm^2$ |
| $\tau_{aB}$ | Scherfestigkeit in $N/mm^2$ |
| $\tau_{azul}$ | Zulässige Scherspannung in $N/mm^2$ |
| $F_{zul}$ | Zulässige Scherkraft in N; Werkstoff nicht getrennt |
| $F$ | Scherkraft in N |
| $F_B$ | Abscherkraft in N; der Werkstoff wird getrennt |
| $S$ | Querschnitt in $mm^2$ |
| $\nu$ | Sicherheitszahl (Sicherheit) |

## Aufgaben

1. Bei einer Nietverbindung wird der Niet auf Abscherung beansprucht. Der Nietdurchmesser ist 5 mm, der Nietwerkstoff hat eine Zugfestigkeit von 380 N/mm². Die Scherkraft beträgt 3000 N. Eine 2fache Sicherheit ist vorgeschrieben. Wie groß sind a) die Scherfestigkeit? b) die Scherspannung? c) die zulässige Scherspannung? d) die zulässige Scherkraft? e) Liegt die Nietbeanspruchung noch im Sicherheitsbereich?
2. Der Gelenkbolzen **(Bild 1)** aus Stahl S275JR ($R_m$ = 420 N/mm²) hat einen Durchmesser von 20 mm. Er soll 8fache Sicherheit bieten. Wie groß darf die an der Zugstange auftretende Zugkraft sein?
3. Auf einen Kolbenbolzen **(Bild 2)** wirkt eine höchste Kolbenkraft von 24 000 N. Die zulässige Scherspannung des Kolbenbolzenwerkstoffes beträgt 80 N/mm². a) Wie groß muss eine Scherfläche am Kolbenbolzen sein? b) Wie groß ist der Innendurchmesser *d* des hohlen Kolbenbolzens, wenn der Außendurchmesser *D* = 25 mm beträgt?
4. Die Rollenkette eines Motorrades **(Bild 3)** ist auf eine zulässige Zugkraft von 2500 N ausgelegt. Die Kettenbolzen haben einen Durchmesser von je 3 mm. Wie groß ist a) die zulässige Scherfestigkeit, b) die vorhandene Sicherheit, wenn die Streckgrenze des für die Kettenbolzen verwendeten Werkstoffes 600 N/mm² beträgt?
5. In ein 5 mm starkes Stahlblech aus Stahl S235JR ($R_m$ = 350 N/mm²) sollen Löcher mit einem Durchmesser von 8 mm geschnitten werden. Wie groß muss die Stempelkraft sein?

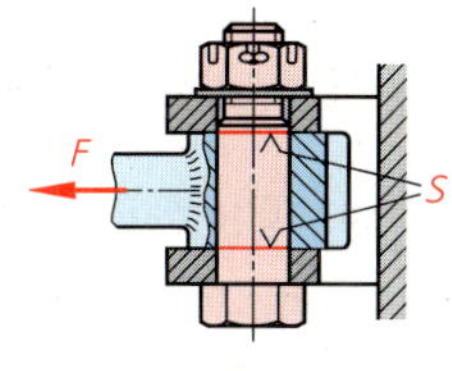


**Bild 1**

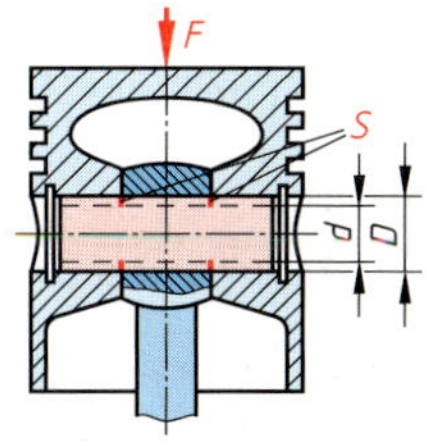


**Bild 2**

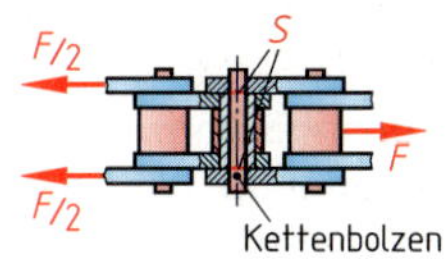


**Bild 3**

## 2.16.4 Flächenpressung

Werden zwei Werkstücke mit der Kraft *F* gegeneinandergepresst, so tritt an der Berührungsfläche *A* die Flächenpressung *p* auf. Bei zylindrischen Werkstücken (z. B. Lagerzapfen) wirkt als gepresste Fläche die Fläche des Längsschnittes ($l \cdot d$).

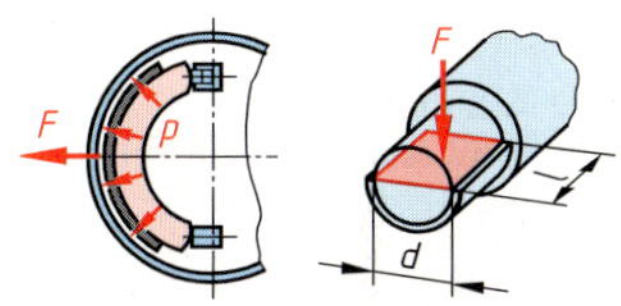


**Beispiel**

Ein Lagerzapfen mit 40 mm Durchmesser wird mit einer Kraft 12 000 N in die Lagerschale von 20 mm Länge gepresst. Wie groß ist die Flächenpressung?

Gegeben: $d$ = 40 mm; $F$ = 12 000 N; $l$ = 20 mm

Gesucht: $p$ in N/cm²

**Lösung:** $A = l \cdot d = 2\text{ cm} \cdot 4\text{ cm} = 8\text{ cm}^2$

$$p = \frac{F}{A} = \frac{12\,000\text{ N}}{8\text{ cm}^2} = \mathbf{1500\ N/cm^2}$$

$$p = \frac{F}{A}$$

$$F = p \cdot A; \quad A = \frac{F}{p}$$

$p$ Flächenpressung in N/cm²
$F$ Kraft in N
$A$ Fläche in cm²

## Aufgaben

1. Ein Kupplungsbelag hat die Abmessungen $D$ = 150 mm, $d$ = 100 mm. Die Anpresskraft der Kupplungsdruckfedern beträgt 1750 N. Wie groß ist die Flächenpressung?
2. Wie groß ist die Flächenpressung in der Pleuelbüchse aus Aufgabe 3 oben, wenn diese 24 mm lang ist?
3. Der Hauptlagerzapfen einer Kurbelwelle hat 60 mm Durchmesser und wird mit einer Kraft von 15 000 N belastet. Für die Lagerschale ist eine Flächenpressung von 800 N/cm² zulässig. Welche Breite muss die Lagerschale haben?

# 2.17 Hydraulik – Pneumatik

## 2.17.1 Druck

### Druck, allgemein

Unter dem Druck $p$, der auf eine Flüssigkeit oder ein Gas wirkt, versteht man die Kraft $F$, die senkrecht auf die Flächeneinheit $A$ der Flüssigkeit oder des Gases wirkt.

Die SI-Einheit des Druckes ist das Pascal (Pa) bzw. das Newton pro Quadratmeter (N/m²). Als zweckmäßige Einheit verwendet man meist Bar (bar) bzw. Millibar (mbar).

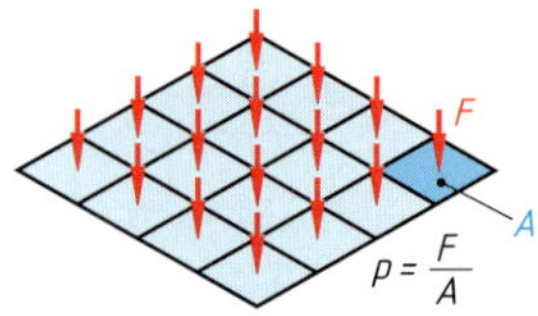


$p$ Druck in N/cm²
$F$ Kraft in N
$A$ Fläche in cm²

$$p = \frac{F}{A}$$

$$F = p \cdot A$$

$$1\ \text{Pa} = 1\ \frac{\text{N}}{\text{m}^2}$$

$$1\ \text{bar} = 10\ \frac{\text{N}}{\text{cm}^2}$$

### Absoluter Druck, Atmosphärendruck, Überdruck

**Absoluter Druck** ist der in einem Behälter herrschende Druck gegenüber dem Druck 0 im Vakuum.

**Atmosphärendruck** ist der in der Atmosphäre herrschende Luftdruck gegenüber dem Druck 0 im Vakuum.

**Überdruck, atmosphärische Druckdifferenz** ist der Druckunterschied zwischen dem absoluten Druck und dem Atmosphärendruck. Negative Werte des Überdruckes kennzeichnen den Unterdruckbereich.

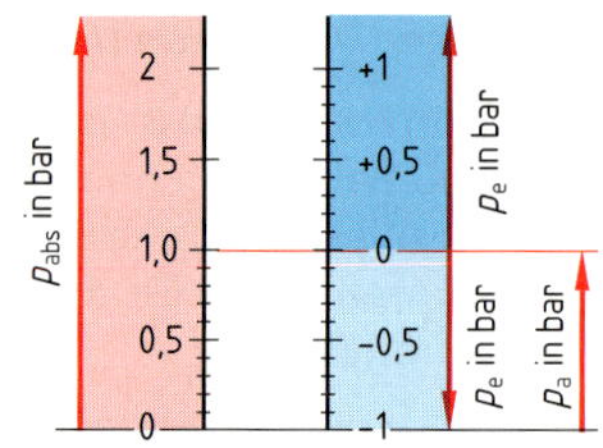


$p_{abs}$ Absoluter Druck in bar, mbar, hPa
$p_a$ Atmosphärendruck in bar, mbar, hPa
$p_e$ Überdruck in bar, mbar, hPa

$$p_{abs} = p_e + p_a$$

$$p_e = p_{abs} - p_a$$

1 bar = 1000 mbar

1 mbar = 1 hPa

**Beispiel**

Der Arbeitskolben eines Hydraulikzylinders hat einen Durchmesser von 16 mm, die Kolbenkraft beträgt 650 N. Wie groß ist der Flüssigkeitsdruck?

Gegeben: $d = 1{,}6$ cm; $F = 650$ N

Gesucht: $p$ in bar

**Lösung:** $p = \frac{F}{A} = \frac{650\ \text{N}}{2{,}01\ \text{cm}^2} = 323\ \frac{\text{N}}{\text{cm}^2} = \mathbf{32{,}3\ bar}$

$$A = \frac{\pi \cdot d^2}{4} = \frac{\pi \cdot 1{,}6^2\ \text{cm}^2}{4} = 2{,}01\ \text{cm}^2$$

### Aufgaben

1. Der absolute Druck in einem Behälter beträgt 16,5 bar bei einem Atmosphärendruck von 1000 hPa. Wie groß ist der Überdruck im Behälter?
2. Im Ansaugkrümmer herrscht ein Druck $p_e = -350$ mbar; der Atmosphärendruck beträgt 1020 hPa. Wie groß ist der absolute Druck in bar?
3. Wie groß ist der absolute Druck in einem Reifen, wenn der Überdruck 3,5 bar beträgt bei einem Luftdruck von 980 hPa?
4. Der Kolben eines Hydraulikzylinders **(Bild 1)** hat 120 mm Durchmesser, der Flüssigkeitsdruck beträgt 35 bar. Wie groß ist die Kolbenstangenkraft?
5. Ein Kolben **(Bild 2)** hat einen Durchmesser von 50 mm. An der Kolbenstange wirkt eine Kraft von 660 N. Wie groß ist der Druck, der auf den Kolbenboden wirkt?
6. Die Hubkraft einer hydraulischen Hebebühne beträgt 24,88 kN, der Flüssigkeitsdruck 5,5 bar. Wie groß ist der Kolbendurchmesser in mm?

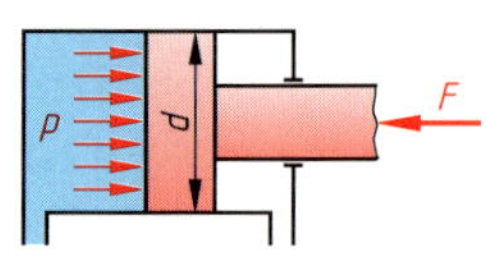


**Bild 1**

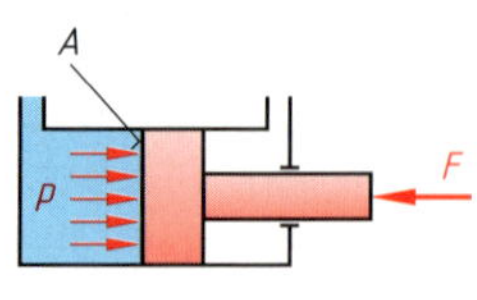


**Bild 2**

## 2.17.2 Hydrostatischer Druck

Hydrostatischer Druck (Druck in ruhender Flüssigkeit) ist der Druck, den eine Flüssigkeit auf ihre Gefäßwand ausübt. Dabei unterscheidet man zwischen Bodendruck und Seitendruck.

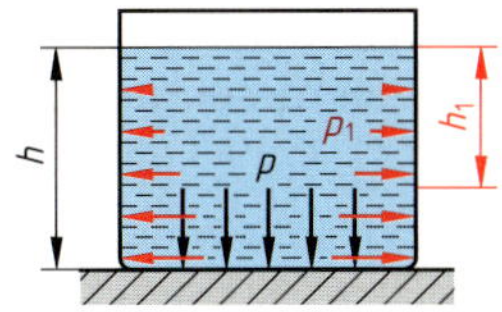


$$p = \varrho \cdot g \cdot h$$

$$h = \frac{p}{\varrho \cdot g}$$

Der hydrostatische Druck ist abhängig von
- der Flüssigkeitshöhe
- der Dichte der Flüssigkeit
- der Fallbeschleunigung

$p$, $p_1$ Boden- bzw. Seitendruck in $N/m^2$
$h$, $h_1$ Höhe der Flüssigkeitssäule in m
$g$ Fallbeschleunigung in $m/s^2$
$\varrho$ Dichte der Flüssigkeit in $kg/m^3$

**Beispiel**

Ein Behälter ist mit Dieselkraftstoff ($\varrho$ = 0,85 kg/dm³) 60 cm hoch gefüllt. Wie groß ist der Bodendruck?

Gegeben: $h$ = 60 cm = 0,6 m; $\varrho$ = 0,85 kg/dm³ = 850 kg/m³; $g \approx$ 10 m/s²

Gesucht: $p$ in bar

**Lösung:** $p = \varrho \cdot g \cdot h = 850\ kg/m^3 \cdot 10\ m/s^2 \cdot 0{,}6\ m = 5100\ N/m^2 \approx \mathbf{0{,}05\ bar}$

### Aufgaben

1. Ein Behälter ist mit Benzin ($\varrho$ = 0,72 kg/dm³) bis zu einer Höhe von 80 cm gefüllt. a) Wie groß ist der Bodendruck? b) Wie groß ist der Seitendruck in 35 cm Tiefe?
2. a) Wie groß ist der Bodendruck in einem 50 m tiefen See? b) Welchem Druck ist ein Taucher in 20 m Tiefe ausgesetzt?
3. Aus dem unterirdischen Vorratsbehälter saugt die Pumpe einer Zapfsäule mit einem Druck von – 0,25 bar Superkraftstoff mit einer Dichte von 0,77 kg/dm³. Wie groß ist die Saughöhe?

## 2.17.3 Auftrieb in Flüssigkeiten

Wird ein Körper ganz oder teilweise in eine Flüssigkeit getaucht, so erfährt er eine Auftriebskraft.

Die Größe der Auftriebskraft ist abhängig von
- dem Volumen der verdrängten Flüssigkeit
- der Dichte der verdrängten Flüssigkeit
- der Fallbeschleunigung

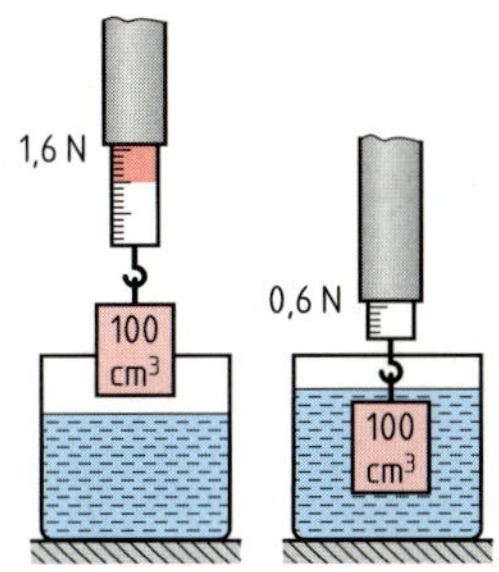


$$F_A = V \cdot \varrho \cdot g$$

$$V = \frac{F_A}{\varrho \cdot g}$$

$V$ Volumen der verdrängten Flüssigkeitsmenge in $dm^3$
$F_A$ Auftriebskraft in N
$\varrho$ Dichte der Flüssigkeit in $kg/dm^3$
$g$ Fallbeschleunigung in $m/s^2$

**Beispiel**

Ein Körper mit Volumen 100 cm³ wird in Wasser mit Dichte 1 kg/dm³ ganz eingetaucht. Wie groß ist die Auftriebskraft?

Gegeben: $V$ = 0,1 dm³; $\varrho$ = 1 kg/dm³; $g \approx$ 10 m/s²

Gesucht: $F_A$ in N

**Lösung:** $F_A = V \cdot \varrho \cdot g = 0{,}1\ dm^3 \cdot 1\ kg/dm^3 \cdot 10\ m/s^2 = \mathbf{1\ N}$

### Aufgaben

1. Der Schwimmer eines Säureprüfers hat eine Gewichtskraft von 0,092 N, die Dichte der verdünnten Schwefelsäure beträgt 1,28 kg/dm³. Wie groß ist das Eintauchvolumen des Schwimmers?
2. Der Schwimmer einer Gefrierschutzspindel hat ein Gewicht von 18,2 g; er verdrängt beim Ausspindeln ein Volumen von 16,5 cm³. Wie groß ist die Dichte der Kühlflüssigkeit?
3. Der Schwimmer eines Vergasers hat ein Volumen von 120 cm³. Benzin: $\varrho$ = 0,74 kg/dm³. Wie groß ist die Auftriebskraft des Schwimmers, wenn er mit $^3/_4$ seines Volumens eintaucht?
4. Die Gewichtskraft eines Körpers nimmt beim Eintauchen in Flüssigkeit mit Dichte 0,82 kg/dm³ von 9,75 N auf 8,725 N ab. a) Welches Volumen hat der Körper? b) Wie groß ist seine Dichte?

## 2.17.4 Hydraulische Kraftübertragung

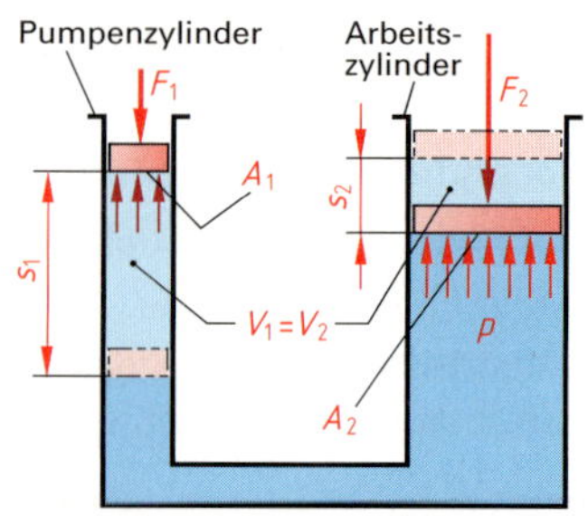


Wird in einem allseitig geschlossenen System auf eine Flüssigkeit ein Druck ausgeübt, so pflanzt sich dieser nach allen Seiten gleichmäßig fort, sodass im ganzen System überall ein gleich großer Druck wirkt.

Der Flüssigkeitsdruck bewirkt am Kolben eine Kolbenkraft, die der Kolbenfläche verhältnisgleich ist. Werden die Kolben einer Hydraulikanlage mit verschieden großen Durchmessern ausgeführt, so erreicht man eine hydraulische Kraftübersetzung.

In der hydraulischen Presse wird im Pumpenzylinder der Pumpenkolben mit der Kolbenfläche $A_1$ um den Kolbenweg $s_1$ bewegt und dabei das Flüssigkeitsvolumen $V$ aus dem Pumpenzylinder verdrängt. Im Arbeitszylinder verschiebt dieses Volumen den Arbeitskolben mit der Kolbenfläche $A_2$ um den Kolbenweg $s_2$.

Am Pumpenkolben mit der Kolbenfläche $A_1$ ist zur Erzeugung des Druckes $p$ die Kolbenkraft $F_1$ erforderlich.

Am Kolben des Arbeitszylinders bewirkt der Druck $p$ die Kolbenkraft $F_2$. Da die Kolbenfläche $A_2$ im Arbeitszylinder größer ist als die Kolbenfläche $A_1$ im Pumpenzylinder, ist die Kolbenkraft $F_2$ des Arbeitskolbens größer als die Kolbenkraft $F_1$ des Pumpenkolbens.

Das Verhältnis der Kolbenkräfte $F_1 : F_2$ ist das hydraulische Übersetzungsverhältnis $i_{hyd}$; es ist gleich dem Verhältnis der Kolbenflächen $A_1 : A_2$.

$$p = \frac{F_1}{A_1}$$

$$p = \frac{F_2}{A_2}$$

$$A_1 \cdot s_1 = A_2 \cdot s_2$$

$$F_1 = p \cdot A_1$$

$$F_2 = p \cdot A_2$$

$$i_{hyd} = \frac{F_1}{F_2}$$

$$i_{hyd} = \frac{A_1}{A_2}$$

| | |
|---|---|
| $p$ | Flüssigkeitsdruck in N/cm² |
| $F_1, F_2$ | Kräfte an den Kolben in N |
| $A_1, A_2$ | Kolbenflächen in cm² |
| $s_1, s_2$ | Kolbenwege in cm |
| $i_{hyd}$ | hydraulisches Übersetzungsverhältnis |

**Beispiel**

Der Pumpenkolben einer hydraulischen Presse hat 15 mm Durchmesser und der Arbeitskolben 90 mm Durchmesser. Die Kraft am Pumpenkolben beträgt 200 N. Wie groß ist a) der Flüssigkeitsdruck? b) die Kraft am Arbeitskolben?

Gegeben: $d_1 = 1{,}5$ cm; $d_2 = 9$ cm; $F_1 = 200$ N

Gesucht: a) $p$ in bar; b) $F_2$ in N

Lösung: a) $A_1 = \frac{\pi \cdot d_1^2}{4} = \frac{\pi \cdot 1{,}5^2\ \text{cm}^2}{4} = 1{,}77\ \text{cm}^2$; $p = \frac{F_1}{A_1} = \frac{200\ \text{N}}{1{,}77\ \text{cm}^2} = 113\ \frac{\text{N}}{\text{cm}^2} = \mathbf{11{,}3\ bar}$

b) $A_2 = \frac{\pi \cdot d_2^2}{4} = \frac{\pi \cdot 9^2\ \text{cm}^2}{4} = 63{,}6\ \text{cm}^2$; $F_2 = p \cdot A_2 = 113\ \frac{\text{N}}{\text{cm}^2} \cdot 63{,}6\ \text{cm}^2 = \mathbf{7187\ N}$

### Aufgaben

1. Der Pumpenkolben einer hydraulischen Presse hat eine Kolbenfläche von 12 cm² und der Arbeitskolben von 1600 cm². Am Arbeitskolben wird eine Kraft von 99,2 kN benötigt. Wie groß ist a) der Flüssigkeitsdruck, b) das hydraulische Übersetzungsverhältnis, c) die erforderliche Kraft am Pumpenkolben?

2. Der Arbeitskolben einer hydraulischen Hebebühne **(Bild 1)** hat einen Durchmesser von 320 mm. Der Flüssigkeitsdruck beträgt 5,6 bar. Wie groß ist a) die Hubkraft des Arbeitskolbens, b) das hydraulische Übersetzungsverhältnis, wenn der Durchmesser des Pumpenkolbens 50 mm beträgt?

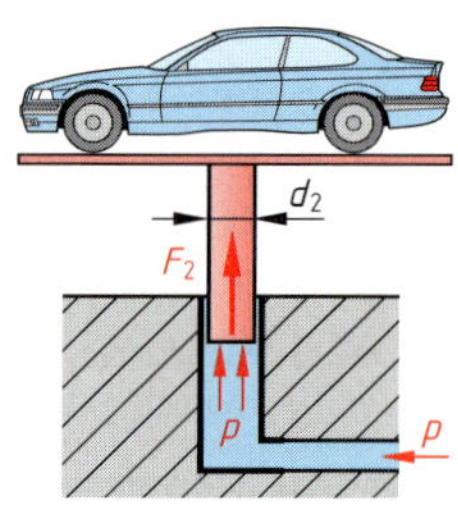


**Bild 1**

3. Eine hydraulische Hebebühne hat am Pumpenzylinder 48 mm Durchmesser und am Arbeitszylinder 260 mm Durchmesser; der Flüssigkeitsdruck beträgt 6,5 bar. Wie groß ist a) die Hubkraft des Arbeitskolbens und b) das hydraulische Übersetzungsverhältnis?

4. Eine Werkstattpresse hat eine Presskraft von 40 000 N. Das hydraulische Übersetzungsverhältnis ist 0,02 und der Druck 13 bar. Wie groß ist a) die Pumpenkolbenkraft, b) der Pumpenkolbendurchmesser?

5. Ein hydraulischer Wagenheber erzeugt eine Hubkraft von 30,5 kN; die Pumpenkolbenkraft beträgt 400 N, der Flüssigkeitsdruck 12,7 bar. Wie groß ist a) der Arbeitskolbendurchmesser, b) der Pumpenkolbendurchmesser, c) das hydraulische Übersetzungsverhältnis?

6. In einem hydraulischen Stufenzylinder **(Bild 1)** betragen die Kolbendurchmesser $d_1$ = 22 mm und $d_2$ = 35 mm. Die Kolbenstangenkraft am kleinen Kolben beträgt 950 N. Wie groß ist a) der Flüssigkeitsdruck, b) die Kolbenstangenkraft am großen Kolben?

7. Der Kolbendurchmesser des Hydraulikzylinders **(Bild 2)** beträgt 100 mm, der Kolbenstangendurchmesser 70 mm, der Flüssigkeitsdruck 50 bar. Wie groß ist die Kolbenkraft a) beim Ausfahren, b) beim Einfahren?

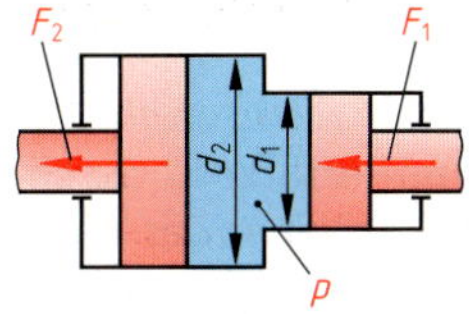

**Bild 1**

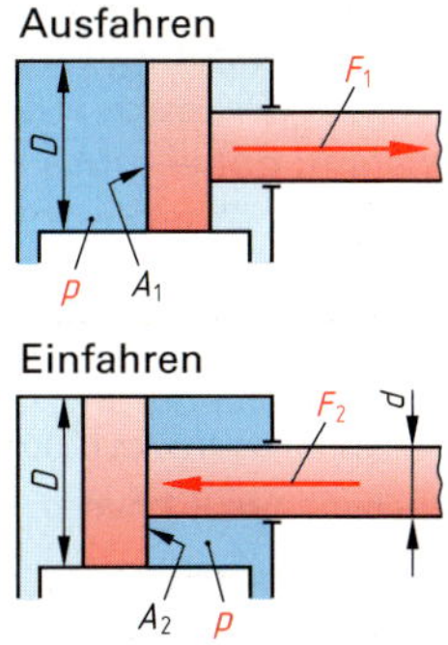

**Bild 2**

## 2.17.5 Strömung bei Querschnittsänderung

Strömt in einer Rohrleitung eine Flüssigkeit oder ein Gas, so sind die Durchflussmengen, die in einer Sekunde durch jeden Querschnitt der Rohrleitung strömen, gleich groß. Bei einer Verengung des Querschnitts muss die Durchflussgeschwindigkeit größer werden, damit die gleiche Menge in der Sekunde durchströmt.

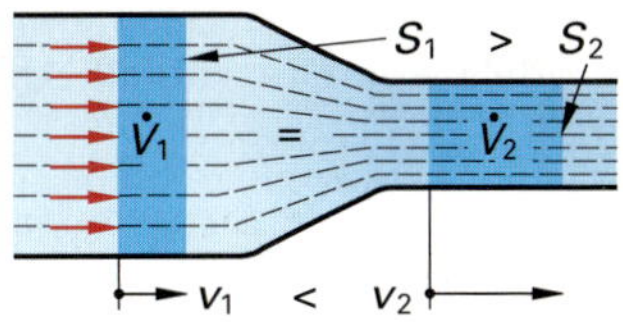


$S_1$, $S_2$ Querschnittsflächen in cm²
$v_1$, $v_2$ Durchflussgeschwindigkeiten in cm/s
$\dot{V}_1$, $\dot{V}_2$ Durchflussmengen in cm³/s

$$\dot{V}_1 = S_1 \cdot v_1 = S_2 \cdot v_2$$

$$v_1 = \frac{S_2 \cdot v_2}{S_1}$$

$$v_2 = \frac{S_1 \cdot v_1}{S_2}$$

**Beispiel**

Eine Wasserleitung hat eine Querschnittsfläche von 700 cm². Sie wird verjüngt auf eine Querschnittsfläche von 350 cm². Die Strömungsgeschwindigkeit im großen Querschnitt beträgt 2 m/s. Wie groß ist die Strömungsgeschwindigkeit im kleineren Querschnitt?

Gegeben: $S_1$ = 700 cm²; $S_2$ = 350 cm²; $v_1$ = 2 m/s

Gesucht: $v_2$ in m/s

**Lösung:** $v_2 = \frac{S_1 \cdot v_1}{S_2} = \frac{700\ \text{cm}^2 \cdot 200\ \text{cm/s}}{350\ \text{cm}^2}$ = 400 cm/s = **4 m/s**

### Aufgaben

1. Durch eine Kraftstoffleitung strömen je Sekunde 15 cm³ Dieselkraftstoff. Wie groß muss der Innendurchmesser der Kraftstoffleitung sein, wenn die Strömungsgeschwindigkeit des Dieselkraftstoffes 0,3 m/s beträgt?

2. In einer Kühlwasserleitung verengt sich der Querschnitt von 8,05 cm² auf 6,2 cm². Die Strömungsgeschwindigkeit vor der Verengung beträgt 2,0 m/s. Wie groß ist die Strömungsgeschwindigkeit im verengten Querschnitt?

3. Im Vergaser wird durch den Lufttrichter der Mischkammerdurchmesser von 32 mm auf 23 mm reduziert. Vor dem Lufttrichter hat die Luft eine Strömungsgeschwindigkeit von 20 m/s. Wie groß ist sie an der engsten Stelle des Lufttrichters?

## 2.17.6 Druck und Volumen von Gasen

Gase lassen sich verdichten. Das Verdichten kann erfolgen durch Raumverkleinerung bei gleichbleibender Masse oder durch Einpressen von Gas in einen gleichbleibenden Raum. In beiden Fällen steigt der Gasdruck an.

Wenn bei diesen Vorgängen die Temperatur konstant bleibt, gilt das Boyle-Mariottesche Gesetz: das Produkt aus Druck und Volumen ist konstant; dabei muss immer mit dem absoluten Druck gerechnet werden.

**Beispiel 1**

In einem Druckluftbehälter mit dem Volumen 50 l beträgt der Überdruck 6 bar. Wie viel Liter Luft von Atmosphärendruck (1000 hPa) sind das?

Gegeben: $p_1 = 1$ bar; $p_2 = 7$ bar; $V_2 = 50$ l

Gesucht: $V_1$ in l

**Lösung:** $V_1 = \frac{p_2 \cdot V_2}{p_1} = \frac{7\ \text{bar} \cdot 50\ \text{l}}{1\ \text{bar}} = \mathbf{350\ l}$

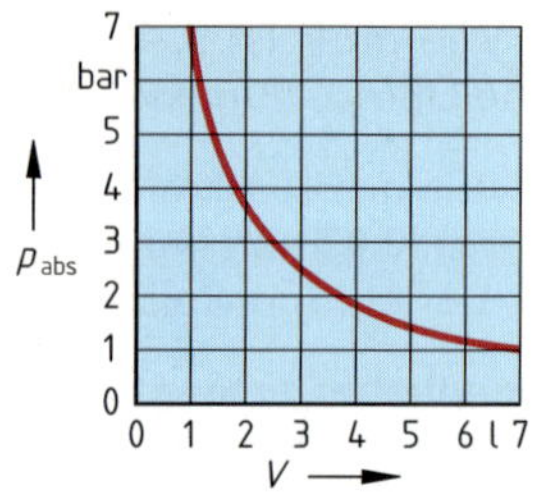


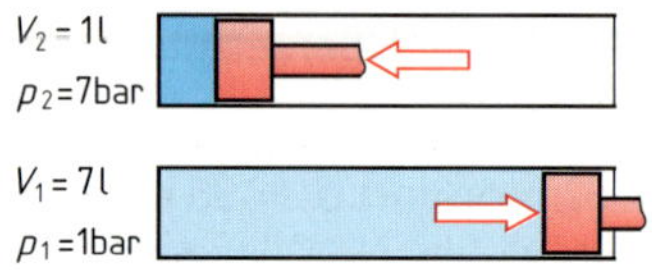


$$p_1 \cdot V_1 = p_2 \cdot V_2$$

$$p_1 = \frac{p_2 \cdot V_2}{V_1}$$

$$p_2 = \frac{p_1 \cdot V_1}{V_2}$$

$$V_1 = \frac{p_2 \cdot V_2}{p_1}$$

$$V_2 = \frac{p_1 \cdot V_1}{p_2}$$

$p_1$ absoluter Druck in bar vor dem Verdichten
$p_2$ absoluter Druck in bar nach dem Verdichten
$V_1$ Volumen in l vor dem Verdichten
$V_2$ Volumen in l nach dem Verdichten

Wenn während der Gasentnahme mit konstantem Atmosphärendruck von 1000 hPa und konstanter Temperatur gerechnet werden kann, gilt: die entnommene Gasmenge $V$ ist gleich dem Produkt aus Druckabfall $\Delta p$ und Behältervolumen $V_{Beh}$.

**Beispiel 2**

In einer Sauerstoffflasche von 40 l Inhalt fällt der Druck von 15 bar auf 7 bar ab. Wie viel Liter Sauerstoff sind entnommen worden?

Gegeben: $V_{Beh} = 40$ l; $\Delta p = 15$ bar $- 7$ bar $= 8$ bar

Gesucht: $V$ in l

**Lösung:** $V = \Delta p \cdot V_{Beh} = 8 \cdot 40 = \mathbf{320\ l}$

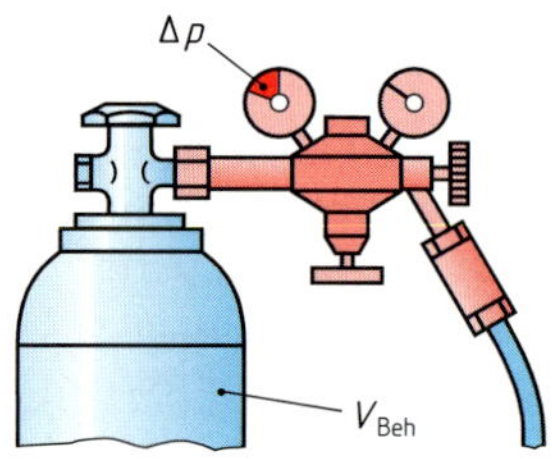


$$V = \Delta p \cdot V_{Beh}$$

$$\Delta p = \frac{V}{V_{Beh}}$$

$$V_{Beh} = \frac{V}{\Delta p}$$

$V$ Gasentnahme bzw. Gaszunahme in l
$V_{Beh}$ Behälterinhalt in l
$\Delta p$ Druckabfall bzw. Druckanstieg in bar

### Aufgaben

1. Der Fülldruck einer 40-Liter-Gasflasche beträgt 150 bar. Wie viel Liter Gas sind entnommen worden, wenn der Flaschendruck auf 98 bar abgesunken ist?
2. Der Druckbehälter eines Kompressors hat ein Volumen von 150 l; das Manometer zeigt einen Behälterdruck von 7,2 bar an. Wie viele Reifen können mit dem Luftvorrat gefüllt werden, wenn jeder Reifen ein Volumen von 36 l hat und der Reifendruck 2,1 bar betragen soll?
3. Der Kompressor einer Druckluftbremsanlage muss so bemessen sein, dass innerhalb von 30 Sekunden der Druck in dem 100-Liter-Druckluftbehälter von 4,5 bar auf 5 bar ansteigt. Wie viel Liter Luft muss der Kompressor in dieser Zeit in den Behälter pressen?
4. Aus einer 40-Liter-Pressluftflasche können 340 l Luft von Atmosphärendruck entnommen werden. Wie groß war der Flaschendruck vor der Gasentnahme?
5. Der Gasdruck einer 50-Liter-Sauerstoffflasche beträgt 120 bar. Es werden 260 l Gas entnommen. Wie weit fällt der Flaschendruck ab?
6. Ein Pkw-Reifen wird mit 61 l Luft gefüllt und erhält dabei einen Reifendruck von 1,9 bar. Welches Volumen hat der Reifen?
7. In einer Druckluftbremsanlage fällt der Druck im Luftbehälter beim Bremsen von 7,1 bar auf 6,7 bar; dabei werden 24 l Luft verbraucht. Wie groß ist das Volumen des Luftbehälters?

## 2.17.7 Druck, Volumen und Temperatur von Gasen

Bei der Verdichtung von gasförmigen Stoffen erfolgt neben einer Drucksteigerung auch eine Temperaturerhöhung. Soll die Temperaturänderung, die auch den Druck beeinflusst, berücksichtigt werden, dann gilt das allgemeine Gasgesetz.

$V_1 > V_2$
$T_1 < T_2$
$p_1 < p_2$

| Ausgangszustand | Endzustand |
|---|---|
| $p_1$ absoluter Druck in bar | $p_2$ absoluter Druck in bar |
| $V_1$ Volumen in l | $V_2$ Volumen in l |
| $T_1$ Temperatur in K | $T_2$ Temperatur in K |

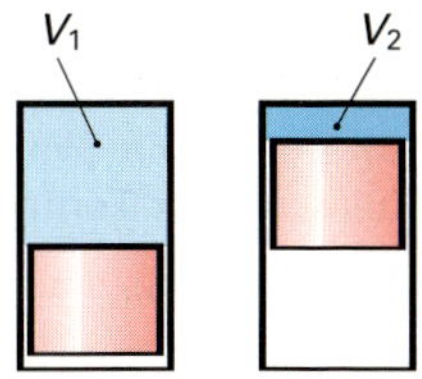


$$\frac{p_1 \cdot V_1}{T_1} = \frac{p_2 \cdot V_2}{T_2}$$

$$p_2 = \frac{p_1 \cdot V_1 \cdot T_2}{V_2 \cdot T_1}$$

$$T_2 = \frac{p_2 \cdot V_2 \cdot T_1}{p_1 \cdot V_1}$$

$$V_2 = \frac{p_1 \cdot V_1 \cdot T_2}{p_2 \cdot T_1}$$

**Beispiel**

Der Hubraum eines Zylinders beträgt 300 cm³, der Verdichtungsraum 43 cm³. Der Motor saugt Luft von atmosphärischem Druck an. Die Ansaugtemperatur beträgt 100 °C. Beim Verdichten steigt die Gastemperatur auf 450 °C. Wie groß ist der Verdichtungsenddruck?

Gegeben: $V_1 = V_h + V_c = 343\ \text{cm}^3$; $p_1 = 1$ bar; $V_2 = V_c = 43\ \text{cm}^3$
$T_1 = 100\ °\text{C} = 373$ K; $T_2 = 450\ °\text{C} = 723$ K

Gesucht: $p_2$ in bar; Verdichtungsenddruck in bar.

**Lösung:** $$p_2 = \frac{p_1 \cdot V_1 \cdot T_2}{T_1 \cdot V_2} = \frac{1\ \text{bar} \cdot 0{,}343\ \text{l} \cdot 723\ \text{K}}{373\ \text{K} \cdot 0{,}043\ \text{l}} = \mathbf{15{,}5\ bar}$$

Verdichtungsenddruck = 15,5 bar – 1 bar = **14,5 bar**

### Aufgaben

1. Ein Ottomotor hat einen Zylinderhubraum von 0,458 l und einen Verdichtungsraum von 57 cm³. Das Kraftstoff-Luft-Gemisch wird mit Atmosphärendruck 1000 hPa angesaugt, die Ansaugtemperatur beträgt 85 °C, die Verdichtungsendtemperatur 480 °C. Wie groß ist der Verdichtungsenddruck?
2. Bei einem Dieselmotor beträgt der Zylinderhubraum 1,8 l und der Verdichtungsraum 110 cm³. Der Motor saugt Luft von Atmosphärendruck 1000 hPa an mit einer Temperatur von 95 °C; die Verdichtungsendtemperatur beträgt 700 °C. Wie groß ist der Verdichtungsenddruck?
3. Ein Pkw-Reifen wird bei einer Temperatur von 10 °C und einem Atmosphärendruck von 1000 hPa mit einem Reifendruck von 2,2 bar versehen. Das Reifenvolumen beträgt 35 l. Bei schneller Autobahnfahrt steigt die Reifentemperatur auf 70 °C an. Wie groß ist der Reifendruck am Ende der Autobahnfahrt?
4. Eine 50-Liter-Sauerstoffflasche wird bei 15 °C und Atmosphärendruck 1000 mbar mit einem Fülldruck von 200 bar versehen. Welchen Druck würde das Inhaltsmanometer bei unverändertem Atmosphärendruck anzeigen, wenn sich die Temperatur der Sauerstoffflasche durch Sonneneinstrahlung um 50 °C erhöhen würde?
5. Ein Einzylindermotor hat einen Hubraum von 300 cm³, das Verdichtungsverhältnis beträgt 8,5. Die Ansaugluft hat atmosphärischen Druck (1000 hPa) und eine Temperatur von 22 °C. Der Verdichtungsenddruck wurde mit 14,2 bar ermittelt. Wie groß ist die Verdichtungsendtemperatur?
6. Bei einer Temperatur von 15 °C erhält ein Reifen mit einem Volumen von 24 l einen Reifendruck von 1,9 bar. Wie hoch ist die Reifentemperatur, wenn während der Fahrt der Reifendruck auf 2,15 bar ansteigt?
7. Zylinderhubraum und Verdichtungsraum eines Dieselmotors haben zusammen ein Volumen von 700 cm³; der Motor saugt Luft vom atmosphärischen Druck 1000 hPa an, der Verdichtungsenddruck beträgt 18 bar, die Ansaugtemperatur beträgt 80 °C, die Verdichtungsendtemperatur 600 °C. Wie groß ist der Verdichtungsraum?

# 2.18 Wärmetechnik

## 2.18.1 Temperatur und Wärme

### Temperatur

Die **SI-Basiseinheit** der Temperatur ist das **Kelvin (K).** Besonderer Name für das Kelvin bei der Angabe von Celsius-Temperaturen ist der **Grad Celsius (°C).** Die Kelvin-Skale beginnt bei –273 °C (genau –273,15 °C), dem absoluten Nullpunkt der Temperatur.

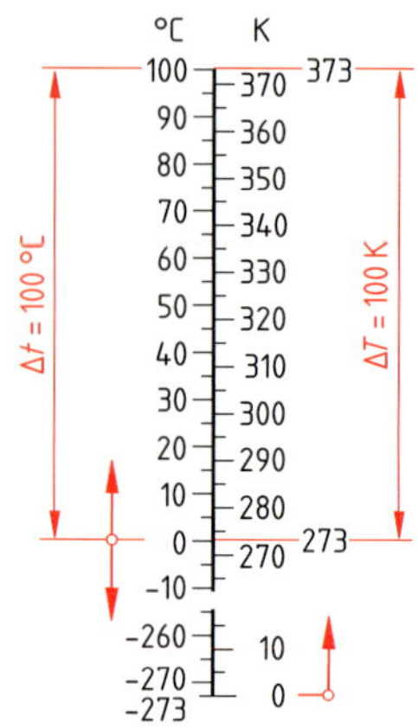


Soll eine Kelvin-Temperatur $T$ als Summe der Kelvin-Temperatur $T_0 = 273$ K und einer Celsius-Temperatur $t$ angegeben werden, so wird die Celsius-Temperatur in der Einheit Kelvin eingesetzt.

**Beispiel 1**

Die Temperatur $t$ im Klassenzimmer beträgt 20 °C. Wie groß ist die Kelvin-Temperatur $T$?

**Lösung:** $T = T_0 + t = 273\ \text{K} + 20\ \text{K} = \mathbf{293\ K}$

Die Celsius-Temperatur $t$ ist die Differenz zwischen einer beliebigen Kelvin-Temperatur $T$ und der Temperatur $T_0 = 273$ K (Schmelzpunkt des Eises).

$$t = T - T_0$$

**Beispiel 2**

Die Temperatur $T$ des Kühlwassers beträgt 360 K. Wie groß ist die Celsius-Temperatur?

**Lösung:** $t = T - T_0 = 360\ \text{K} - 273\ \text{K} = 87\ \text{K} = \mathbf{87\ °C}$

$$\Delta t = t_2 - t_1$$

$$\Delta t = \Delta T$$

$$\Delta T = T_2 - T_1$$

Die Differenz $\Delta t$ zweier Celsius-Temperaturen $t_1$ und $t_2$ ist gleich der Differenz $\Delta T$ der entsprechenden Kelvin-Temperaturen $T_1$ und $T_2$. Temperaturdifferenzen können in °C oder in K angegeben werden; im Technischen Rechnen werden sie meist in K angegeben, weil auch die Stoffwerte in der Wärmetechnik auf Kelvin bezogen sind.

$t$ Temperatur in °C
$T$ Temperatur in K
$\Delta t$ Temperaturdifferenz in °C
$\Delta T$ Temperaturdifferenz in K

**Beispiel 3**

Die Kühlwassertemperatur steigt von 18 °C auf 97 °C. Wie groß ist die Temperaturdifferenz in K?

**Lösung:** $\Delta T = \Delta t = t_2 - t_1 = 97\ °\text{C} - 18\ °\text{C} = 79\ °\text{C} = \mathbf{79\ K}$

### Wärmeaufnahme, Wärmeabgabe

Die **SI-Einheit** der Wärme ist das **Joule (J),** bzw. **Kilo-Joule (kJ).** Die Wärmemenge $Q$, die ein Stoff aufnimmt oder abgibt, ist abhängig von der Masse $m$ des Stoffes, seiner spezifischen Wärmekapazität $c$ und der Temperaturdifferenz $\Delta T$.

$$Q = m \cdot c \cdot \Delta T$$

$$\Delta T = \frac{Q}{m \cdot c}$$

**Beispiel**

Eine Stahlschiene mit einer spezifischen Wärmekapazität von 0,490 kJ/(kg · K) und einer Masse von 30 kg wird von 10 °C auf 60 °C erwärmt. Wie groß ist die aufgenommene Wärmemenge?

Gegeben: $m = 30$ kg; $\Delta T = 50$ K; $c = 0{,}490$ kJ/(kg · K)

Gesucht: $Q$ in kJ

**Lösung:** $Q = m \cdot c \cdot \Delta T = 30\ \text{kg} \cdot 0{,}490\ \frac{\text{kJ}}{\text{kg} \cdot \text{K}} \cdot 50\ \text{K} = \mathbf{735\ kJ}$

$Q$ Wärmemenge in kJ
$m$ Masse in kg
$\Delta T$ Temperaturdifferenz in K
$c$ Spezifische Wärmekapazität in kJ/(kg · K)

## Verbrennung, Spezifischer Heizwert

Die **Wärmemenge $Q$,** die bei der Verbrennung eines Brennstoffes oder eines Kraftstoffes frei wird, ist abhängig von der Masse $m$ des Stoffes und von seinem spezifischen Heizwert $H_u$. Der spezifische Heizwert $H_u$ gibt die Wärmemenge $Q$ in kJ an, die bei der Verbrennung von 1 kg des Brennstoffes bzw. des Kraftstoffes frei wird.

$$Q = m \cdot H_u$$

$$Q = V \cdot \varrho \cdot H_u$$

$Q$ Wärmemenge in kJ
$H_u$ spezifischer Heizwert in kJ/kg
$m$ Masse in kg
$V$ Volumen in $dm^3$
$\varrho$ Dichte in $kg/dm^3$

**Beispiel**

2,5 kg Normalbenzin mit einem spezifischen Heizwert von 42 700 kJ/kg werden verbrannt. Welche Wärmemenge wird dabei frei?

Gegeben: $m = 2{,}5$ kg; $H_u = 42\,700$ kJ/kg

Gesucht: $Q$ in kJ

**Lösung:** $Q = m \cdot H_u = 2{,}5 \text{ kg} \cdot 42\,700 \text{ kJ/kg} = \mathbf{106\,750 \text{ kJ}}$

## Aufgaben

1. Die Temperatur $t$ der Kühlflüssigkeit beträgt 92 °C. Wie groß ist die Temperatur $T$ in K?
2. Bei einem Dieselmotor beträgt die Temperatur der Ansaugluft im Zylinder 85 °C und die Verdichtungsendtemperatur 850 °C. Wie groß ist a) die Verdichtungsendtemperatur in K, b) die Temperatursteigerung bei der Verdichtung in °C und in K?
3. 5 l Wasser mit einer spezifischen Wärmekapazität $c = 4{,}18$ kJ/(kg · K) werden von 10 °C auf 80 °C erwärmt. Wie groß ist die vom Wasser aufgenommene Wärmemenge?
4. Ein Lötkolben aus Kupfer mit einer Masse von 250 g soll von 18 °C auf 400 °C aufgeheizt werden. Welche Wärmemenge muss dem Lötkolben zugeführt werden?
5. 10,7 l Kühlflüssigkeit ($c$ = 3,68 kJ/(kg · K); $\varrho$ = 1,04 $kg/dm^3$) nehmen eine Wärmemenge von 3370 kJ auf. Wie groß ist die Temperaturdifferenz?
6. Ein Viertaktmotor hat eine Ölfüllung von 3,5 l; die Dichte des Motoröls beträgt 0,91 $kg/dm^3$, die spezifische Wärmekapazität 2,09 kJ/(kg · K). Auf welche Temperatur erwärmt sich das Motoröl, wenn der Motor bei 20 °C gestartet wird und das Öl eine Wärmemenge von 512 kJ aufnimmt?
7. Ein Pkw verbraucht 9,2 l Normalbenzin auf 100 km; die Dichte des Kraftstoffes beträgt 0,74 $kg/dm^3$ und der spezifische Heizwert 42 700 kJ/kg. Wie groß ist die entstehende Wärmemenge?
8. Für die Warmluftheizung einer Kfz-Werkstatt werden täglich 57 kg Heizöl verbrannt mit einem spezifischen Heizwert von 43 200 kJ/kg. Welche Wärmemenge wird dabei frei?
9. Bei Schweißarbeiten werden 1460 l Acetylen verbrannt; die Dichte des Acetylens beträgt 1,17 $kg/m^3$, der spezifische Heizwert 48 100 kJ/kg. Welche Wärmemenge wird frei?
10. In einer Gasheizung werden je Minute 40 l Erdgas verbrannt; die Dichte des Erdgases beträgt 0,83 $kg/m^3$, sein spezifischer Heizwert 47 700 kJ/kg. Welche Wärmemenge wird bei der Verbrennung je Stunde frei?

## 2.18.2 Zustandsänderungen

Die **spezifische Schmelzwärme $q_s$** ist die Wärmemenge in kJ, die der Stoffmenge 1 kg bei der Schmelztemperatur zugeführt werden muss, um sie vom festen in den flüssigen Zustand umzuwandeln. Beim umgekehrten Vorgang wird diese Wärmemenge wieder frei, der Stoff gibt die **Erstarrungswärme** ab.

Die **spezifische Verdampfungswärme $q_v$** ist die Wärmemenge in kJ, die notwendig ist, um 1 kg Flüssigkeit bei Siedetemperatur und Normalluftdruck vollkommen in den dampfförmigen Zustand umzuwandeln. Beim umgekehrten Vorgang wird diese Wärmemenge wieder frei, der Stoff gibt die **Verflüssigungswärme** (Kondensationswärme) ab.

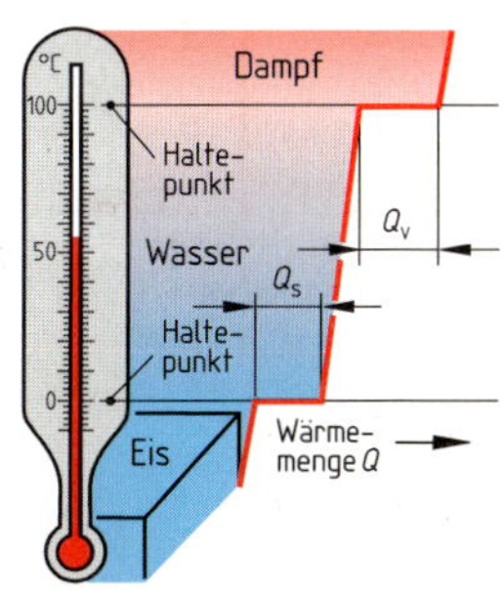

**Beispiel**

5 kg Eis von 0 °C sind in Dampf von 100 °C umzuwandeln. Wie groß ist die Gesamt-Wärmemenge?

Gegeben: $m = 5$ kg; $q_s = 333$ kJ/kg; $q_v = 2258$ kJ/kg; $c = 4{,}2$ kJ/(kg · K); $\Delta T = 100$ K

Gesucht: $Q_{ges}$ in kJ

**Lösung:**

| | | |
|---|---|---|
| Umwandlung zu Wasser: | $Q_s = m \cdot q_s = 5\text{ kg} \cdot 333\text{ kJ/kg}$ | = 1665 kJ |
| Erwärmung auf Siedetemperatur: | $Q = m \cdot c \cdot \Delta T = 5\text{ kg} \cdot 4{,}2\text{ kJ/(kg} \cdot \text{K)} \cdot 100\text{ K}$ | = 2100 kJ |
| Umwandlung zu Dampf: | $Q_v = m \cdot q_v = 5\text{ kg} \cdot 2258\text{ kJ/kg}$ | = 11 290 kJ |
| Gesamt-Wärmemenge: | $Q_{ges} = Q_s + Q + Q_v$ | **= 15 055 kJ** |

$$Q_s = m \cdot q_s$$

$$Q_v = m \cdot q_v$$

$m$ Masse in kg
$q_s$ spezifische Schmelzwärme in kJ/kg
$q_v$ spezifische Verdampfungswärme in kJ/kg
$Q_s$ Schmelzwärme in kJ
$Q_v$ Verdampfungswärme in kJ

**Aufgaben**

1. 3 kg Blei von 20 °C sollen geschmolzen werden; die spezifische Wärmekapazität von Blei beträgt 0,13 kJ/(kg · K), die Schmelzwärme 24,3 kJ/kg. Wie groß ist die erforderliche Wärmemenge a) zum Erwärmen auf die Schmelztemperatur von 327 °C, b) zum Schmelzen?
2. Ein Motorblock aus Gusseisen mit einer Masse von 46 kg erstarrt nach dem Gießen bei 1200 °C und kühlt auf 20 °C ab ($c = 0{,}50$ kJ/(kg · K); $q_s = 125$ kJ/kg). Welche Wärmemenge wird beim Abkühlen aus dem flüssigen Zustand frei?
3. 2 l Normalbenzin (Dichte 0,74 kg/dm³, Verdampfungswärme 405 kJ/kg) sollen verdampft werden. Welche Wärmemenge ist erforderlich?
4. Zum Verdampfen von Superbenzin (Verdampfungswärme 419 kJ/kg) sind 628 kJ erforderlich. Wie groß ist die Masse des Superkraftstoffes?
5. 9 l Kühlflüssigkeit mit einer spezifischen Wärmekapazität von 3,94 kJ/(kg · K) werden von 15 °C auf 95 °C erwärmt. Wie viel Liter Methanol mit einem spezifischen Heizwert von 19 700 kJ/kg und einer Dichte von 0,79 kg/dm³ müssen dazu verbrannt werden?

## 2.18.3 Wärmeausdehnung

Bei Erwärmung dehnen sich die meisten Stoffe aus und ziehen sich bei Abkühlung zusammen. Die Wärmeausdehnung erfolgt nach allen Seiten, sie ist abhängig von der Länge bzw. vom Rauminhalt des Körpers, vom Werkstoff (Wärmeausdehnungszahl) sowie vom Temperaturunterschied.

### Längenausdehnung fester Stoffe

$l_1$ Länge vor Erwärmung in m
$l_2$ Länge nach Erwärmung in m
$\Delta l$ Längendifferenz in m
$\Delta T$ Temperaturdifferenz in K
$\alpha$ Längenausdehnungszahl in 1/K

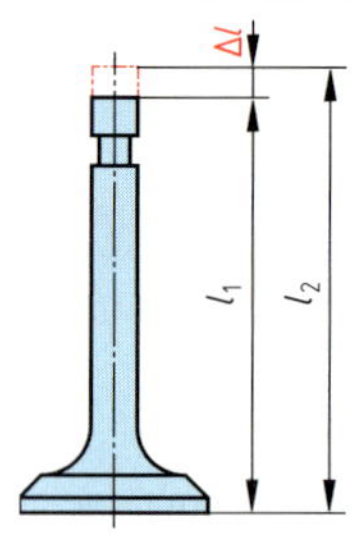


$$\Delta l = l_1 \cdot \alpha \cdot \Delta T$$

$$\Delta T = \frac{\Delta l}{l_1 \cdot \alpha}$$

$$l_2 = l_1 + \Delta l$$

$$l_2 = l_1 \cdot (1 + \alpha \cdot \Delta T)$$

$$l_1 = \frac{l_2}{1 + \alpha \cdot \Delta T}$$

**Beispiel**

Ein Stahlstab von 1,5 m Länge ($\alpha = 0{,}0000115$ 1/K) wird von 20 °C auf 120 °C erwärmt. Wie groß ist die Längendifferenz?

Gegeben: $l_1 = 1{,}5$ m; $\Delta T = 100$ K; $\alpha = 0{,}0000115$ 1/K

Gesucht: $\Delta l$ in mm

**Lösung:** $\Delta l = l_1 \cdot \alpha \cdot \Delta T = 1{,}5\text{ m} \cdot 0{,}0000115\text{ 1/K} \cdot 100\text{ K} = 0{,}001725\text{ m} =$ **1,725 mm**

## Raumausdehnung fester und flüssiger Stoffe

$$\Delta V = V_1 \cdot \gamma \cdot \Delta T$$

$V_1$ Rauminhalt vor Erwärmung in $dm^3$
$V_2$ Rauminhalt nach Erwärmung in $dm^3$
$\Delta V$ Raumdifferenz in $dm^3$
$\Delta T$ Temperaturdifferenz in K
$\gamma$ Raumausdehnungszahl in 1/K
(für feste Stoffe: $\gamma \approx 3 \cdot \alpha$)

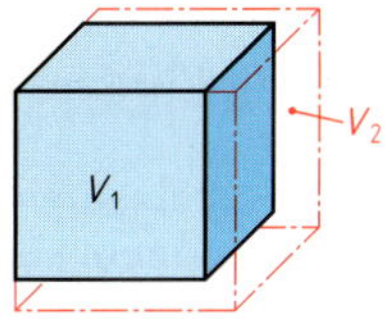


$$\Delta T = \frac{\Delta V}{V_1 \cdot \gamma}$$

$$V_2 = V_1 + \Delta V$$

**Beispiel**

55 l Benzin ($\gamma$ = 0,001 1/K) erwärmen sich im Kraftstoffbehälter von 10 °C auf 30 °C. Wie groß ist die Volumendifferenz?

Gegeben: $V_1 = 55\ dm^3$; $\gamma = 0{,}001\ 1/K$; $\Delta T = 20\ K$

Gesucht: $\Delta V$ in $dm^3$

**Lösung:** $\Delta V = V_1 \cdot \gamma \cdot \Delta T = 55\ dm^3 \cdot 0{,}001\ 1/K \cdot 20\ K = \mathbf{1{,}1\ dm^3}$

$$V_2 = V_1 \cdot (1 + \gamma \cdot \Delta T)$$

$$V_1 = \frac{V_2}{1 + \gamma \cdot \Delta T}$$

## Raumausdehnung gasförmiger Stoffe

Die Raumausdehnungszahl $\gamma$ für Gase ist 1/273 des Volumens, das sie bei 0 °C besitzen. Wenn das Ausgangsvolumen $V_1$ nicht bei 0 °C liegt, muss auf das Volumen $V_0$ bei 0 °C umgerechnet werden.

$$V_0 = \frac{V_1}{1 + \gamma \cdot \Delta T_1}$$

$V_0$ Rauminhalt bei 273 K = 0 °C in $dm^3$
$V_1$ Rauminhalt vor Erwärmung in $dm^3$
$V_2$ Rauminhalt nach Erwärmung in $dm^3$
$T_0$ Temperatur 273 K = 0 °C
$T_1$ Temperatur vor Erwärmung in K
$T_2$ Temperatur nach Erwärmung in K
$\gamma$ Raumausdehnungszahl 1/273 1/K

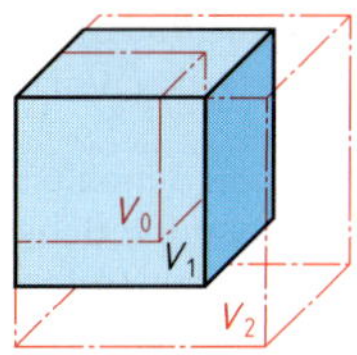


$$\Delta T_1 = T_1 - T_0$$

$$V_2 = V_0 \cdot (1 + \gamma \cdot \Delta T_2)$$

$$\Delta T_2 = T_2 - T_0$$

**Beispiel**

2 $dm^3$ Luft werden bei gleichbleibendem Druck von 20 °C auf 300 °C erwärmt. Wie groß ist das Volumen bei 0 °C und nach Erwärmung?

Gegeben: $V_1 = 2\ dm^3$; $\gamma = 1/273\ 1/K$; $\Delta T_1 = 20\ K$; $\Delta T_2 = 300\ K$

Gesucht: $V_0$ in $dm^3$; $V_2$ in $dm^3$

**Lösung:** Volumen bei 0 °C: $V_0 = \frac{V_1}{1 + \gamma \cdot \Delta T_1} = \frac{2\ dm^3}{1 + \frac{1}{273}\ \frac{1}{K} \cdot 20\ K} = \mathbf{1{,}86\ dm^3}$

Volumen bei 300 °C: $V_2 = V_0 \cdot (1 + \gamma \cdot \Delta T_2) =$
$= 1{,}86\ dm^3 \cdot \left(1 + \frac{1}{273}\ \frac{1}{K} \cdot 300\ K\right) = \mathbf{3{,}9\ dm^3}$

### Aufgaben

1. Eine Stößelstange aus Stahl ($\alpha$ = 0,0000115 1/K) hat bei 20 °C eine Länge von 250 mm. Im Betrieb beträgt die Temperatur 70 °C. Wie lang ist die Stößelstange nach Erwärmung?
2. Der Kolbenboden eines Kolbens aus einer Al-Legierung ($\alpha$ = 0,0000175 1/K) hat bei 200 °C einen Durchmesser von 80,2 mm. Wie groß ist der Kolbenbodendurchmesser nach Abkühlung auf 20 °C?
3. Ein Auslassventil ($\alpha$ = 0,0000185 1/K) hat bei 20 °C eine Länge von 102 mm; nach Erwärmung beträgt die Länge 102,57 mm. Auf welche Temperatur wurde das Ventil erwärmt?
4. Das Kühlflüssigkeitsvolumen ($\gamma$ = 0,00018 1/K) eines Motors steigt bei Erwärmung von 25 °C auf Betriebstemperatur von 13 l auf 13,17 l an. Wie groß ist die Betriebstemperatur?
5. Das Kühlsystem eines Motors enthält 8 l Kühlflüssigkeit ($\gamma$ = 0,00018 1/K) mit einer Temperatur von 18 °C. Wie groß ist das Volumen bei einer Betriebstemperatur von 80 °C?
6. Ein Kraftstoffbehälter soll 80 l Dieselkraftstoff ($\gamma$ = 0,001 1/K) aufnehmen. Wie groß muss sein Volumen mindestens sein, wenn die Temperaturerhöhung 45 °C betragen kann?
7. 30 l Luft werden von 15 °C auf 90 °C erwärmt. a) Wie groß war das Volumen bei 0 °C? b) Wie groß ist die Volumenzunahme bei Erwärmung von 15 °C auf 90 °C?

# 2.19 Riementrieb

## 2.19.1 Einfache Übersetzung (Einfacher Riementrieb)

Riementriebe dienen der kraftschlüssigen Übertragung von Drehbewegungen von der treibenden Welle auf die angetriebene Welle. Dabei können Drehzahlen und Drehmomente übersetzt werden.

Wird der Riemenschlupf vernachlässigt, so ist die Umfangsgeschwindigkeit $v_1$ der treibenden Scheibe gleich der Riemengeschwindigkeit $v$ und diese gleich der Umfangsgeschwindigkeit $v_2$ der getriebenen Scheibe. Somit ist die Umfangsgeschwindigkeit der treibenden Scheibe gleich der Umfangsgeschwindigkeit der getriebenen Scheibe.

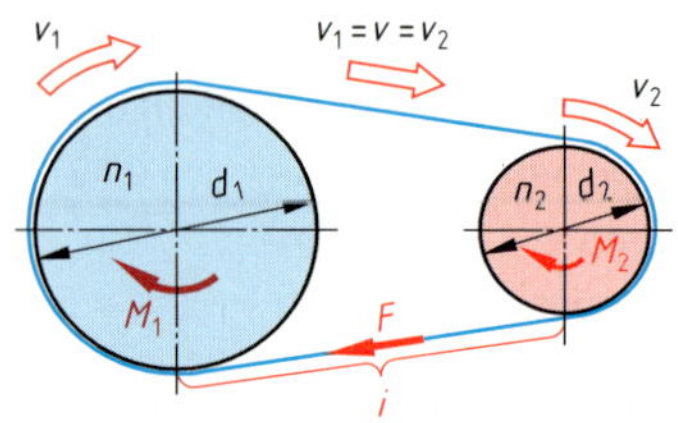


$n_1 \cdot d_1 = n_2 \cdot d_2$ bezeichnet man als **Antriebsgleichung**.

Durch Umformung der Antriebsgleichung erhält man eine Verhältnisgleichung, in der die Drehzahlen zu den Durchmessern und zu den Drehmomenten im umgekehrten Verhältnis stehen. Das Übersetzungsverhältnis $i$ kann damit aus den Durchmessern oder aus den Drehzahlen ermittelt werden. Riementriebe wandeln das Drehmoment im umgekehrten Verhältnis zur Drehzahl. Auch die Drehmomente können mit dem Übersetzungsverhältnis berechnet werden.

$$n_1 \cdot d_1 = n_2 \cdot d_2$$

$$i = \frac{n_1}{n_2}; \qquad i = \frac{d_2}{d_1}$$

$$i = \frac{M_2}{M_1}$$

$$M_1 = F \cdot r_1; \qquad M_2 = F \cdot r_2$$

- $n_1$ Drehzahl der treibenden Scheibe in 1/min
- $d_1$ Durchmesser der treibenden Scheibe in mm
- $r_1$ Radius (Hebelarm) der treibenden Scheibe in m
- $M_1$ Drehmoment der treibenden Scheibe in Nm
- $n_2$ Drehzahl der getriebenen Scheibe in 1/min
- $d_2$ Durchmesser der getriebenen Scheibe in mm
- $r_2$ Radius (Hebelarm) der getriebenen Scheibe in m
- $M_2$ Drehmoment der getriebenen Scheibe in Nm
- $F$ Riemenzugkraft in N
- $i$ Übersetzung

**Beispiel**

Eine Seilwinde wird über einen einfachen Riementrieb mit einer Motordrehzahl von 2400 1/min angetrieben. Die Scheibe am Motor hat einen Durchmesser von 100 mm. Die Drehzahl der Windenwelle beträgt 600 1/min. a) Welchen Durchmesser hat die Scheibe auf der Windenwelle? b) Wie groß ist die Übersetzung?

Gegeben: $n_1 = 2400$ 1/min; $d_1 = 100$ mm; $n_2 = 600$ 1/min

Gesucht: a) $d_2$ in mm; b) $i$

**Lösung:** a) $d_2 = \frac{n_1 \cdot d_1}{n_2} = \frac{2400 \text{ 1/min} \cdot 100 \text{ mm}}{600 \text{ 1/min}} = \mathbf{400\ mm}$

b) $i = \frac{n_1}{n_2} = \frac{2400 \text{ 1/min}}{600 \text{ 1/min}} = \frac{4}{1} = 4 : 1 = \mathbf{4}$

| $i$ | Übersetzung |
|---|---|
| $i > 1$ | ins Langsame |
| $i = 1$ | direkt, d.h. 1 : 1 |
| $i < 1$ | ins Schnelle |

**Aufgaben**

1. Bei einem Riementrieb mit einfacher Übersetzung $i = 2,5$ hat die treibende Scheibe einen Durchmesser von 125 mm und eine Drehzahl von 1800 1/min. Wie groß sind Drehzahl und Durchmesser der getriebenen Riemenscheibe?
2. Ein Kreissägeblatt **(Bild 1)** hat eine Drehzahl von 800 1/min. Die Riemenscheibe auf der Sägemaschinenwelle hat einen Durchmesser von 300 mm. Die Riemenscheibe am Motor hat einen Durchmesser von 90 mm. a) Welche Drehzahl hat der Motor? b) Wie groß ist die Übersetzung?

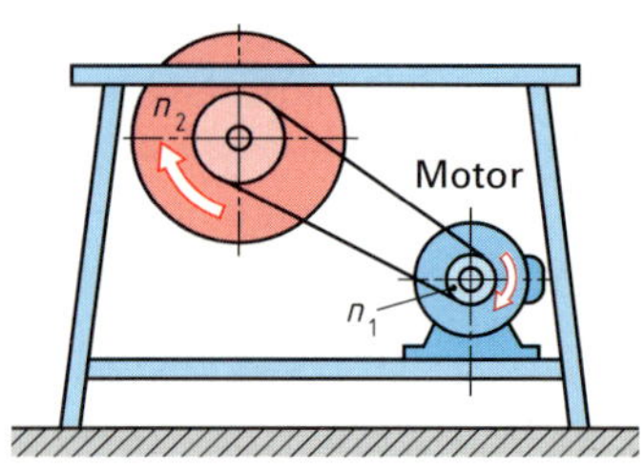


**Bild 1**

3. Ein Lkw-Motor hat eine Drehzahl von 1500 1/min. Der Durchmesser seiner Riemenscheibe ist 80 mm. Der Kompressor hat eine Riemenscheibe von 220 mm Durchmesser. Wie groß ist a) die Übersetzung, b) die Drehzahl der Kompressorwelle?
4. Berechnen Sie für den Keilriemenantrieb eines Kfz-Motors **(Bild 1)** a) die Motordrehzahl, b) die Ventilatordrehzahl, c) die Übersetzungen, d) die Riemengeschwindigkeit.
5. Berechnen Sie für das Getriebe **(Bild 2)** die fehlenden Größen.

| Aufgabe | a | b | c | d |
|---|---|---|---|---|
| $n_1$ in 1/min | 250 | ? | 320 | ? |
| $n_2$ in 1/min | ? | 1800 | 360 | 1250 |
| $r_1$ in mm | 76 | ? | 100 | ? |
| $r_2$ in mm | ? | 120 | ? | 50 |
| $i$ | 1,5 | 1,3 | ? | 0,32 |

6. Die Generatordrehzahl eines Pkw **(Bild 3)** beträgt 7200 1/min bei einem Drehmoment von 1,2 Nm. Der wirksame Riemenscheibendurchmesser ist 66 mm. Die Übersetzung des Keilriemenantriebes ist 0,5. Berechnen Sie a) die Motordrehzahl, b) den wirksamen Durchmesser der Keilriemenscheibe auf der Kurbelwelle, c) die Riemenzugkraft, d) das für den Generatorantrieb erforderliche Motordrehmoment.

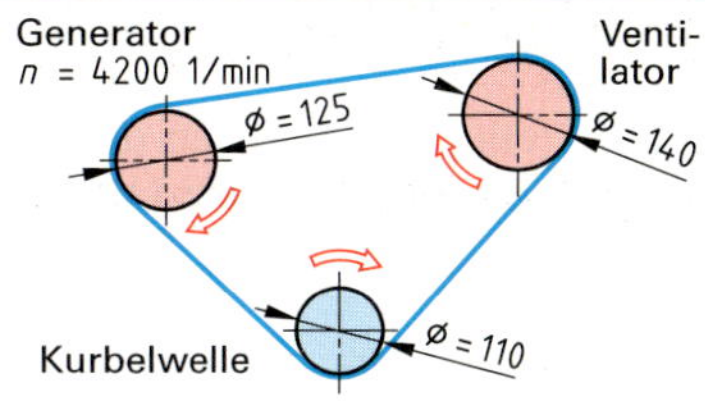

**Bild 1**

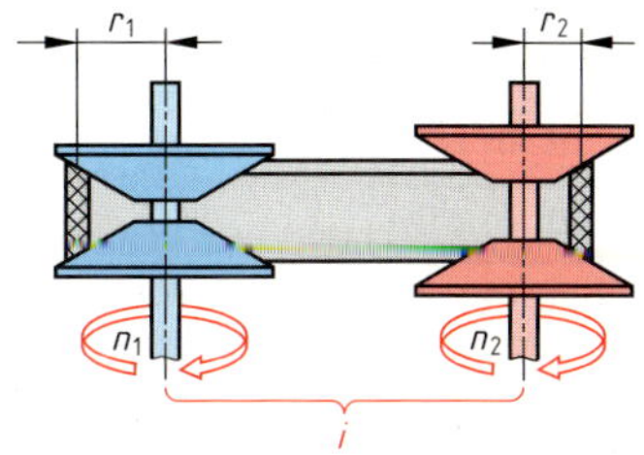

**Bild 2**

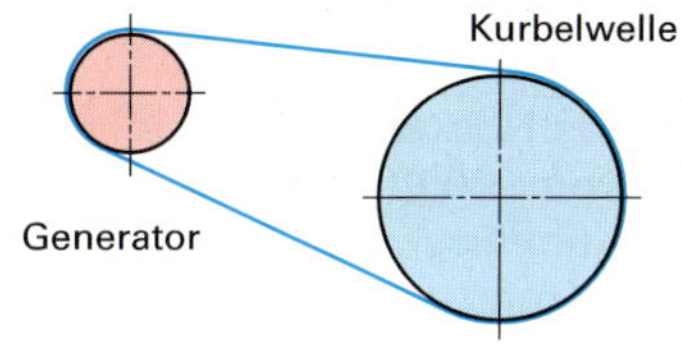

**Bild 3**

## 2.19.2 Doppelte, mehrfache Übersetzung (Doppelter Riementrieb)

Bei einer doppelten Übersetzung sind zwei Einzelübersetzungen hintereinander geschaltet. Die Riemenscheiben $d_2$ und $d_3$ sind dabei verblockt und haben somit die gleiche Drehzahl.

Bei einer doppelten Übersetzung ist die Gesamtübersetzung gleich dem Verhältnis der Drehzahl der ersten treibenden Scheibe zur Drehzahl der letzten getriebenen Scheibe. Außerdem ist die Gesamtübersetzung das Produkt der Einzelübersetzungen.

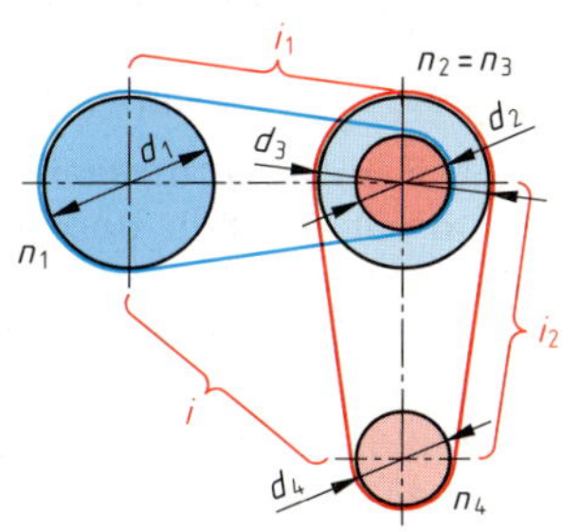


$i_{ges}$ Gesamtübersetzung
$i_1, i_2, i_3$ Einzelübersetzungen
$n_1, n_3$ Drehzahl der treibenden Scheiben in 1/min
$n_2, n_4$ Drehzahl der getriebenen Scheiben in 1/min
$d_1, d_3$ Durchmesser der treibenden Scheiben in mm
$d_2, d_4$ Durchmesser der getriebenen Scheiben in mm
1, 3, 5 . . . Indizes für treibend
2, 4, 6 . . . Indizes für getrieben

$$i_1 = \frac{n_1}{n_2} = \frac{d_2}{d_1} \qquad i_2 = \frac{n_3}{n_4} = \frac{d_4}{d_3}$$

$$i_{ges} = i_1 \cdot i_2 \qquad i_{ges} = \frac{n_1}{n_4}$$

$$i_{ges} = \frac{M_4}{M_1}$$

$$i_{ges} = \frac{n_1 \cdot n_3}{n_2 \cdot n_4} = \frac{d_2}{d_1} \cdot \frac{d_4}{d_3}$$

$$i_{ges} = i_1 \cdot i_2 \cdot i_3 \ldots$$

**Beispiel**

Bei einem Riementrieb mit doppelter Übersetzung hat die erste treibende Scheibe eine Drehzahl von 200 1/min und die letzte getriebene Scheibe eine Drehzahl von 1600 1/min. Die Einzelübersetzungen der beiden Scheibenpaare sind $i_1 = 0{,}25$ und $i_2 = 0{,}5$. Berechnen Sie a) die Gesamtübersetzung aus den Drehzahlen, b) die Gesamtübersetzung aus den Einzelübersetzungen.

Gegeben: $n_1 = 200$ 1/min; $n_4 = 1600$ 1/min; $i_1 = 0{,}25$; $i_2 = 0{,}5$

Gesucht: a) $i_{ges}$ aus $n_1$ und $n_4$; b) $i_{ges}$ aus $i_1$ und $i_2$

**Lösung:** a) $i_{ges} = \frac{n_1}{n_4} = \frac{200\ 1/\text{min}}{1600\ 1/\text{min}} = \frac{1}{8} = 1 : 8 = \mathbf{0{,}125}$

b) $i_{ges} = i_1 \cdot i_2 = 0{,}25 \cdot 0{,}5 = \mathbf{0{,}125}$

## Aufgaben

1. Die fehlenden Größen der Riementriebe mit doppelter Übersetzung **(Bild 1)** sind zu errechnen.

| Aufgabe | a | b | c | d |
|---|---|---|---|---|
| $n_1$ in 1/min | 1500 | 1450 | 140 | 125 |
| $n_4$ in 1/min | 125 | 145 | 2800 | ? |
| $d_1$ in mm | 90 | 120 | 400 | ? |
| $d_2$ in mm | 360 | 480 | ? | 200 |
| $d_3$ in mm | 140 | ? | 400 | 400 |
| $d_4$ in mm | ? | 250 | 100 | ? |
| $i$ | ? | ? | ? | 0,125 |
| $i_1$ | ? | ? | ? | ? |
| $i_2$ | ? | ? | ? | 0,3125 |

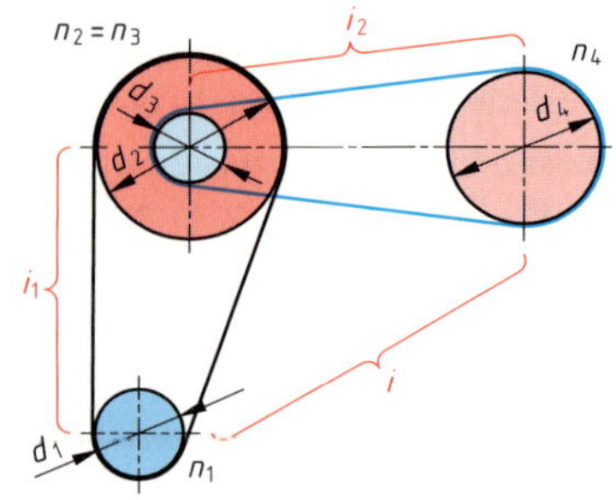


**Bild 1**

2. Die Nockenwelle eines Pkw-Motors **(Bild 2)** hat eine Drehzahl von 2400 1/min. Die Keilriemenscheiben auf der Welle der Kühlflüssigkeitspumpe haben die wirksamen Durchmesser 90 mm und 180 mm. Die Übersetzungen sind $i_1$ = 0,75 und $i_2$ = 0,4. Berechnen Sie a) die wirksamen Durchmesser der Keilriemenscheiben auf der Nockenwelle und auf der Generatorwelle, b) die Gesamtübersetzung, c) die Drehzahlen des Generators und der Kühlflüssigkeitspumpe.

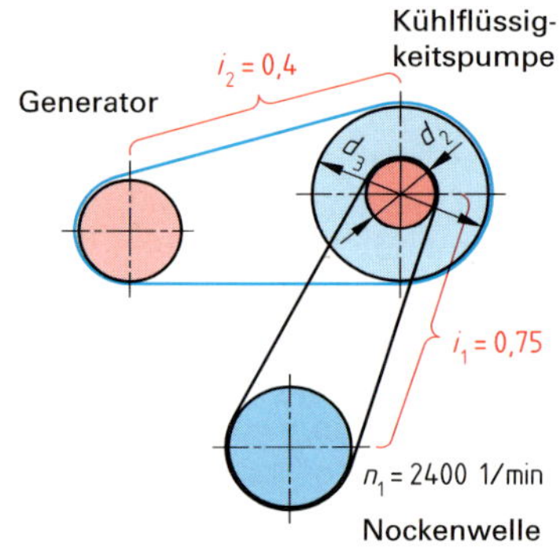


**Bild 2**

3. Ein Klimakompressor wird über einen doppelten Riementrieb mit einer Motordrehzahl von 5200 1/min angetrieben. Es ist $d_1$ = 130 mm, $d_2$ = 126 mm, $d_3$ = 138 mm und $i_2$ = 1,85. Berechnen Sie a) die Gesamtübersetzung, b) die Kompressordrehzahl.

4. Eine Säulenbohrmaschine **(Bild 3)** wird von einem Elektromotor über einen doppelten Riementrieb angetrieben. Die angegebenen Durchmesser der Keilriemenscheiben sind die für die Übersetzung wirksamen Durchmesser. Berechnen Sie a) die an der Bohrspindel möglichen Drehzahlen, b) die größte und die kleinste Gesamtübersetzung, c) die größte und die kleinste Einzelübersetzung in dem doppelten Riementrieb, d) die größte Riemengeschwindigkeit.

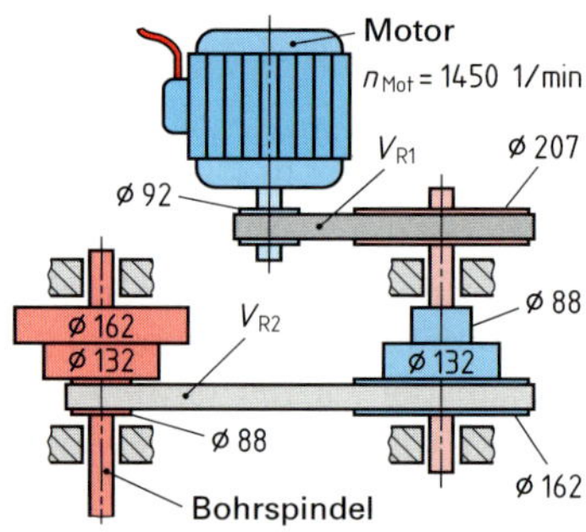


**Bild 3**

5. In einem Omnibus ist für den Antrieb von Generator, Kühlmittelpumpe und Ventilator ein Riementrieb mit doppelter Übersetzung **(Bild 4)** eingebaut. Die Riemenscheiben haben den wirksamen Durchmesser $d_1$ = 200 mm, $d_2$ = 225 mm, $d_4$ = 90 mm, $d_5$ = 100 mm. Die Motordrehzahl beträgt 1800 1/min. Der Generator hat eine Drehzahl von 4800 1/min. Die Übersetzung zwischen Räderblock und Ventilator ist 1,6. Die Umfangsgeschwindigkeit der Flügelspitzen des Ventilators darf dabei höchstens 44 m/s betragen. Berechnen Sie a) den wirksamen Durchmesser der Riemenscheibe des Räderblocks für den Generatorantrieb, b) die Drehzahl des Ventilators, c) den wirksamen Durchmesser der Riemenscheibe auf der Ventilatorwelle, d) die Gesamtübersetzungen, e) den Durchmesser des Ventilators.

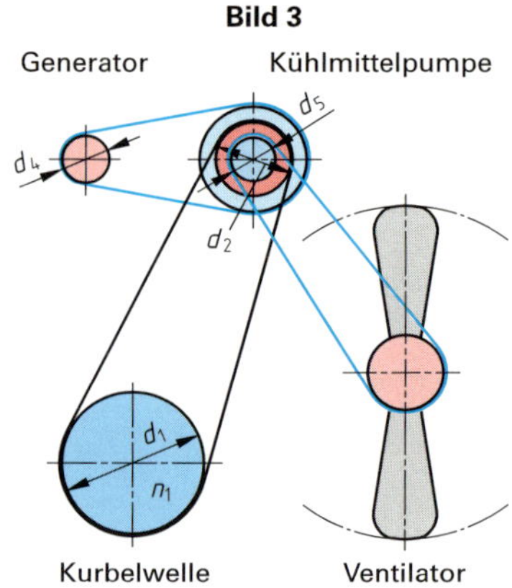


**Bild 4**